U0336366

广联达 计量计价实训系列教程

GUANGLIANDA JILIANG JIJIA SHIXUN XILIE JIAOCHENG

建筑工程计量与计价实训教程（黑龙江版）

JIANZHU GONGCHENG JILIANG YU JIJIA
SHIXUN JIAOCHENG

主 编

王艳玉 哈尔滨职业技术学院
王全杰 广联达软件股份有限公司
周岩枫 黑龙江生物科技职业技术学院

副主编

朱溢镕 广联达软件股份有限公司
魏春石 齐齐哈尔工程学院
英鹏程 黑龙江职业学院

参 编

刘师雨 广联达软件股份有限公司
杨化奎 哈尔滨职业技术学院
满 莉 黑龙江建筑职业技术学院
李 威 哈尔滨学院
曾爱民 黑龙江建筑职业技术学院
田施雨 黑龙江农业经济职业学院
黄 丹 齐齐哈尔工程学院
牟 群 佳木斯职业学院
付蓉凤 鹤岗师范高等专科学校
靳玉喜 黑龙江交通职业技术学院
胥 阳 黑龙江生物科技职业技术学院

主 审

于顺达 黑龙江建筑职业技术学院

重庆大学出版社

内 容 提 要

本书分建筑工程计量与计价两篇。上篇建筑工程计量详细介绍了如何识图,如何从清单与定额的角度进行分析,确定算什么、如何算的问题;然后讲解了如何应用广联达土建算量软件完成工程量的计算。下篇建筑工程计价主要介绍了在采用广联达造价系列软件完成土建工程量计算与钢筋工程量计算后,如何完成工程量清单计价的全过程,并提供了报表实例。

通过本书学习,可以让学生掌握正确的算量流程和组价流程,掌握软件的应用方法,能够独立完成工程量计算和清单计价。

本书可作为高校工程造价专业的实训教材,也可作为建筑工程技术、工程管理等专业的教学参考用书,以及岗位技能培训教材或自学用书。

图书在版编目(CIP)数据

建筑工程计量与计价实训教程:黑龙江版/王艳玉,
王全杰,周岩枫主编. —重庆:重庆大学出版社,
2014.10
广联达计量计价实训系列教程
ISBN 978-7-5624-8597-1

Ⅰ.①建… Ⅱ.①王…②王…③周… Ⅲ.①建筑工程—计量—教材②建筑造价—教材 Ⅳ.①TU723.3

中国版本图书馆 CIP 数据核字(2014)第 222426 号

广联达计量计价实训系列教程
建筑工程计量与计价实训教程
(黑龙江版)

主 编 王艳玉 王全杰 周岩枫
副主编 朱溢镕 魏春石 英鹏程
主 审 于顺达
策划编辑:林青山 刘颖果
责任编辑:刘颖果 版式设计:刘颖果
责任校对:关德强 责任印制:赵 晟

*

重庆大学出版社出版发行
出版人:邓晓益
社址:重庆市沙坪坝区大学城西路 21 号
邮编:401331
电话:(023) 88617190 88617185(中小学)
传真:(023) 88617186 88617166
网址:http://www.cqup.com.cn
邮箱:fxk@ cqup.com.cn(营销中心)
全国新华书店经销
万州日报印刷厂印刷

*

开本:787×1092 1/16 印张:17.75 字数:443 千
2014 年 10 月第 1 版 2014 年 10 月第 1 次印刷
印数:1—3 000
ISBN 978-7-5624-8597-1 定价:39.00 元

编审委员会

再版说明

　　近年来,每次与工程造价专业的老师交流时,大家都希望能够有一套广联达造价系列软件的实训教材——帮助老师们切实提高教学效果,让学生真正掌握使用软件编制造价的技能,从而满足企业对工程造价人才的需求,达到"零适应期"的应用教学目标。

　　围绕工程造价专业学生"零适应期"的应用教学目标,我们对150多家企业进行了深度调研,包括:建筑安装施工企业69家、房地产开发企业21家、工程造价咨询企业25家、建设管理单位27家。通过调研,我们分析总结出企业对工程造价人才的四点核心要求:

　　1.识读建筑工程图纸能力　　　　　　　　　　　90%

　　2.编制招投标价格和标书能力　　　　　　　　　87%

　　3.造价软件运用能力　　　　　　　　　　　　　94%

　　4.沟通、协作能力强　　　　　　　　　　　　　85%

　　同时,我们还调研了近300所院校,包括本科、高职高专、中职等。从中我们了解到,各院校工程造价实训教学的推行情况,以及对软件实训教学的期待:

　　1.进行计量计价手工实训　　　　　　　　　　　98%

　　2.造价软件实训教学　　　　　　　　　　　　　85%

　　3.造价软件作为课程教学　　　　　　　　　　　93%

　　4.采用本地定额与清单进行实训教学　　　　　　96%

　　5.合适图纸难找　　　　　　　　　　　　　　　80%

　　6.不经常使用软件,对软件功能掌握不熟练　　　36%

　　7.软件教学准备时间长、投入大,尤其需要编制答案　73%

　　8.学生的学习效果不好评估　　　　　　　　　　90%

　　9.答疑困难,软件中相互影响因素多　　　　　　94%

　　10.计量计价课程要理论与实际紧密结合　　　　　98%

　　从本次面向企业和学校展开的广泛交流与调研中,我们得出如下结论:

　　1.工程造价专业计量计价实训是一门将工程识图、工程结构、计量计价等相关课程的知识、理论、方法与实际工作结合的应用性课程。

　　2.工程造价技能需要实践。在工程造价实际业务的实践中,能够更深入领会所学知识,全面透彻理解知识体系,做到融会贯通、知行合一。

　　3.工程造价需要团队协作。随着建筑工程规模的扩大,工程多样性、差异性、复杂性的提高,工期要求越来越紧,工程造价人员需要通过多人协作来完成项目;因此,造价课程的实践需要以团队合作方式进行,在过程中培养学生与人合作的团队精神。

工程计量与计价是造价人员的核心技能,计量计价实训课程是学生从学校走向工作岗位的练兵场,架起了学校与企业的桥梁。

计量计价课程的开发团队需要企业业务专家、学校优秀教师、软件企业金牌讲师三方的精诚协作,共同完成。业务专家以提供实际业务案例、优秀的业务实践流程、工作成果要求为重点;教师以教学方式、章节划分、课时安排为重点;软件讲师则以如何应用软件解决业务问题、软件应用流程、软件功能讲解为重点。

依据计量计价课程本地化的要求,我们组建了由企业、学校、软件公司三方专家构成的地方专家编委员会,确定了课程编制原则:

1.培养学生工作技能、方法、思路;

2.采用实际工程案例;

3.以工作任务为导向,任务驱动的方式;

4.加强业务联系实际,包括工程识图,从定额与清单两个角度分析算什么、如何算;

5.以团队协作的方式进行实践,加强讨论与分享环节;

6.课程应以技能培训的实效作为检验的唯一标准;

7.课程应方便教师教学,做到好教、易学。

教材中业务分析由各地业务专家及教师编写,软件操作部分由广联达软件股份有限公司讲师编写,课程中各个阶段工程由专家及教师编制完成(广联达软件股份有限公司审核),教学指南、教学PPT、教学视频由广联达软件股份有限公司组织编写并录制,教学软件需求由企业专家、学校教师共同编制,教学相关软件由广联达软件股份有限公司开发。

本教程编制框架分为7个部分:

1.图纸分析,解决识图的问题;

2.业务分析,从清单、定额两个方面进行分析,解决本工程要算什么以及如何算的问题;

3.如何应用软件进行计算;

4.本阶段的实战任务;

5.工程实战分析;

6.练习与思考;

7.知识拓展。

在上述调研分析的基础上,广联达组织编写了第一版4本实训教材。教材上市两年多来,销售超过10万册,使用反响良好,全国大多高等职业院校采用此实训教程作为工程造价等专业软件操作实训教材。在这两年的时间里,土建实训教程已经实现了15个地区本地化。随着2013新清单的推广应用,各地新定额的配套实施,广联达教育事业部联合各地高校专业资深教师完成已开发地区本地化教程及课程资料包的更新,教材中按照新清单及地区新定额,结合广联达新土建算量计价软件重新编制了案例模型文件,对教材整体框架进行了调整,更适应高校软件实训课程教学,满足高校实训教学需要。

新版教材、配套资源以及授课模式讲解如下:

一、土建计量计价实训教程

1.《办公大厦建筑工程图》

2.《钢筋工程量计算实训教程》

3.《建筑工程计量与计价实训教程》(分地区版)

二、土建计量计价实训教程资料包

为了方便教师开展教学,与目前新清单、新定额相配套,切实提高实际教学质量,按照新的内容全面更新实训教学配套资源:

教学指南:

4.《钢筋工程量计算实训教学指南》

5.《建筑工程计量与计价实训教学指南》

教学参考:

6. 钢筋工程量计算实训授课PPT

7. 建筑工程计量与计价实训授课PPT

8. 钢筋工程量计算实训教学参考视频

9. 建筑工程计量与计价实训教学参考视频

10. 钢筋工程量计算实训阶段参考答案

11. 建筑工程计量与计价实训阶段参考答案

教学软件:

12. 广联达BIM钢筋算量软件　GGJ2013

13. 广联达BIM土建算量软件　GCL2013

14. 广联达计价软件　GBQ4.0

15. 广联达钢筋算量评分软件　GGJPF2013:可以批量地对钢筋工程进行评分

16. 广联达土建算量评分软件　GCLPF2013:可以批量地对土建算量工程进行评分

17. 广联达计价评分软件　GBQPF4.0:可以批量地对计价文件进行评分

18. 广联达钢筋对量软件　GSS2014:可以快速查找学生工程与标准答案之间的区别,找出问题所在

19. 广联达图形对量软件　GST2014

20. 广联达计价审核软件　GSH4.0:快速查找两组价文件之间的不同之处

以上除教材外的4~20项内容由广联达软件股份有限公司以课程的方式提供。

三、教学授课模式

针对之前老师对授课资料包的运用不清楚的地方,我们建议老师们采用"团建八步教学法"模式进行教学,充分合理、有效利用我们的授课资料包所有内容,高效完成教学任务,提升课堂教学效果。

何为团建? 团建也就是将班级学生按照成绩优劣等情况合理地搭配分成若干个小组,有效地形成若干个团队,形成共同学习、相互帮助的小团队。同时,老师引导各个团队形成不同的班级管理职能小组(学习小组、纪律小组、服务小组、娱乐小组等)。授课时老师组织引导各职能小组发挥作用,帮助老师有效管理课堂和自主组织学习。本授课方法主要以组建团队为主导,以团建的形式培养学生自我组织学习、自我管理,形成团队意识、竞争意识。在实训过程中,所有学生以小组团队身份出现。老师按照八步教学法的步骤,首先对整个实训工程案例进行切片式阶段任务设计,每个阶段任务利用八步教学法合理贯穿实施。整个课程利用我们提供的教学资料包进行教学,备、教、练、考、评一体化课堂设计,老师主要扮演组织者引导者角色,学生作为实训学习的主体,发挥主要作用,实训效果在学生身上得到充分体现。

团建八步教学法框架图:

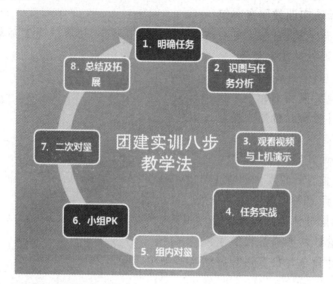

八步教学授课操作流程如下:

第一步　明确任务:1.本堂课的任务是什么;2.该任务是在什么情境下;3.该任务计算范围(哪些项目需要计算? 哪些项目不需要计算?)。

第二步　该任务对应的案例工程图纸的识图及业务分析:(结合案例图纸)以团队的方式进行图纸及业务分析,找出各任务中涉及构件的关键参数及图纸说明,以团队的方式从定额、清单两个角度进行业务分析,确定算什么,如何算。

第三步　观看视频与上机演示:老师可以采用播放完整的案例操作以及业务讲解视频,也可以自行根据需要上机演示操作,主要是明确本阶段的软件应用的重要功能,操作上机的重点及难点。

第四步　任务实战:老师根据已布置的任务,规定完成任务的时间,团队学生自己动手操作,配合老师辅导指引,在规定时间内完成阶段任务。(**其中,在套取清单的过程中,此环节强烈建议采用教材统一提供的教学清单库。土建实训教程采用本地化"2014 土建实训教程教学专用清单库",此清单库为高校专用清单库,采用 12 位清单编码,和广联达高校算量大赛对接,主要用于结果评测。**)学生在规定时间内完成任务后,提交个人成果,老师利用评分软件当堂对学生成果资料进行评测,得出个人成绩。

第五步　组内对量:评分完毕后,学生根据每个人的成绩,在小组内利用对量软件进行对量,讨论完成对量问题,如找问题、查错误、优劣搭配、自我提升。老师要求每个小组最终出具一份能代表小组实力的结果文件。

第六步　小组 PK:每个小组上交最终成功文件后,老师再次使用评分软件进行评分,测出各个小组的成绩优劣,希望能通过此成绩刺激小组的团队意识以及学习动力。

第七步　二次对量:老师下发标准答案,学生再次利用对量软件与标准答案进行结果对比,从而找出错误点加以改正,掌握本堂课所有内容,提升自己的能力。

第八步　学生小组及个人总结:老师针对本堂课的情况进行总结及知识拓展,最终共同完成本堂课的教学任务。

本教程由哈尔滨职业技术学院王艳玉、广联达软件股份有限公司王全杰、黑龙江生物科技职业技术学院周岩枫主编;广联达软件股份有限公司朱溢镕、齐齐哈尔工程学院魏春石、黑龙江职业学院英鹏程担任副主编,并参与教程方案设计、编制、审核等;黑龙江建筑职业技术学院于顺达担任主审工作。同时参与编制的人员还有广联达软件股份有限公司刘师雨、哈尔滨职业技术学院杨化奎、黑龙江建筑职业技术学院满莉、哈尔滨学院李威、黑龙江建筑职业技术学院曾爱民、黑龙江农业经济职业学院田施雨、齐齐哈尔工程学院黄丹、佳木斯职业学院牟群、鹤岗师范高等专科学校付蓉凤、黑龙江交通职业技术学院靳玉喜、黑龙江生物科技职业技术学院胥阳及众多院校参与评审的专家,在此一并表示衷心的感谢。

在课程方案设计阶段,借鉴了河南运照工程管理有限公司造价业务实训方案、实训培训方法,从而保证了本系列教程的实用性、有效性。本教程汲取了北京城市建设学校和北京交通职业技术学院的实训教学经验,让教程内容更适合初学者。同时,感谢编委会对教程提出的宝贵意见。

在本教程的调研、修订过程中,工程教育事业部高杨经理、李永涛、王光思、李洪涛、沈默等同事给予了热情的帮助,对课程方案提出了中肯的建议,在此表示诚挚的感谢。

随着高校对实训教学的深入开展,广联达教育事业部造价组联合全国高校资深专业教师,倾力打造完美的造价实训课堂。针对高校人才培养方案,研究适合高校的实训教学模式,欢迎广大老师积极加入我们的广联达实训大家庭(实训教学群:307716347),希望我们能联手打造优质的实训系列课程。

本套教程在编写过程中,虽然经过反复斟酌和校对,但由于时间紧迫、编者能力有限,难免存在不足之处,诚望广大读者提出宝贵意见,以便再版时修改完善。

朱溢镕

2014 年 8 月　北京

目 录

上篇　建筑工程计量

本篇内容简介

建施、结施识图

土建算量软件算量原理

建筑工程量计算准备工作

首层工程量计算

二层工程量计算

三层、四层工程量计算

机房及屋面工程量计算

地下一层工程量计算

基础层工程量计算

装修工程量计算

楼梯工程量计算

钢筋算量软件与图形算量软件的无缝联接

结课考试—认证平台

本篇教学目标

具体参看每节教学目标

第1章　土建算量工程图纸及业务分析

通过本章学习,你将能够:
(1)分析图纸的重点内容,提取算量的关键信息;
(2)从造价的角度进行识图;
(3)描述土建算量软件的基本流程。

对于预算的初学者,拿到图纸及造价编制要求后,面对手中的图纸、资料、要求等大堆资料往往无从下手,究其原因,主要集中在以下两个方面:
①看着密密麻麻的建筑说明、结构说明中的文字,有关预算的"关键字眼"是哪些?
②针对常见的框架、框剪、砖混3种结构,分别应从哪里入手开始进行算量工作?
下面就针对这些问题,结合《办公大厦建筑工程图》,从读图、列项逐一进行分析。

1.1 建筑施工图

对于房屋建筑土建施工图纸,大多分为建筑施工图、结构施工图。建筑施工图纸大多由总平面布置图,建筑设计说明,各楼层平面图、立面图、剖面图,节点详图、楼梯详图等组成。下面就这些分类结合《办公大厦建筑工程图》分别对其功能、特点逐一进行介绍。

1)总平面布置图

(1)概念

建筑总平面布置图是表明新建房屋所在基础有关范围内的总体布置,它反映新建、拟建、原有和拆除的房屋、构筑物等的位置和朝向,室外场地、道路、绿化等的布置,地形、地貌、标高等,以及原有环境的关系和邻界情况等。建筑总平面布置图也是房屋及其他设施施工的定位、土方施工以及绘制水、暖、电等管线总平面图和施工总平面图的依据。

(2)对编制工程预算的作用

①结合拟建建筑物位置,确定塔吊的位置及数量。

②结合场地总平面位置情况,考虑是否存在二次搬运。

③结合拟建工程与原有建筑物的位置关系,考虑土方支护、放坡、土方堆放调配等问题。

④结合拟建工程之间的关系,综合考虑建筑物的共有构件等问题。

2)建筑设计说明

(1)概念

建筑设计说明,是对拟建建筑物的总体说明。

（2）包含的主要内容

①建筑施工图目录。

②设计依据：设计所依据的标准、规定、文件等。

③工程概况：内容一般应包括建筑名称、建设地点、建设单位、建筑面积、建筑基底面积、建筑工程等级、设计使用年限、建筑层数和建筑高度、防火设计建筑分类和耐火等级、人防工程防护等级、屋面防水等级、地下室防水等级、抗震设防烈度等，以及能反映建筑规模的主要技术经济指标，如住宅的套型和套数（包括每套的建筑面积、使用面积，阳台建筑面积；房间的使用面积可在平面图中标注）、旅馆的客房间数和床位数、医院的门诊人次和住院部的床位数、车库的停车泊位数等。

④建筑物定位及设计标高、高度。

⑤图例。

⑥用料说明和室内外装修。

⑦对采用新技术、新材料的做法说明及对特殊建筑造型和必要的建筑构造的说明。

⑧门窗表及门窗性能（防火、隔声、防护、抗风压、保温、空气渗透、雨水渗透等）、用料、颜色、玻璃、五金件等的设计要求。

⑨幕墙工程（包括玻璃、金属、石材等）及特殊的屋面工程（包括金属、玻璃、膜结构等）的性能及制作要求，平面图、预埋件安装图等以及防火、安全、隔音构造。

⑩电梯（自动扶梯）选择及性能说明（功能、载重量、速度、停站数、提升高度等）。

⑪墙体及楼板预留孔洞需封堵时的封堵方式说明。

⑫其他需要说明的问题。

（3）编制预算时需思考的问题

①该建筑物的建设地点在哪里？（涉及税金等费用问题）

②该建筑物的总建筑面积是多少？地上、地下建筑面积各是多少？（可根据经验，对此建筑物估算大约造价金额）

③图纸中的特殊符号表示什么意思？（帮助我们读图）

④层数是多少？高度是多少？（是否产生超高增加费？）

⑤填充墙体采用什么材质？厚度有多少？砌筑砂浆标号是多少？特殊部位墙体是否有特殊要求？（查套填充墙子目）

⑥是否有关于墙体粉刷防裂的具体措施？（比如在混凝土构件与填充墙交接部位设置钢丝网片）

⑦是否有相关构造柱、过梁、压顶的设置说明？（此内容不在图纸上画出，但也需计算造价）

⑧门窗采用什么材质？对玻璃的特殊要求是什么？对框料的要求是什么？有什么五金？门窗的油漆情况如何？是否需要设置护窗栏杆？（查套门窗、栏杆相关子目）

⑨有几种屋面？构造做法分别是什么？或者采用哪本图集？（查套屋面子目）

⑩屋面排水的形式是什么？（计算落水管的工程量及查套子目）

⑪外墙保温的形式是什么？保温材料是什么？厚度是多少？（查套外墙保温子目）

⑫外墙装修分几种？做法分别是什么？（查套外装修子目）

⑬室内有几种房间？它们的楼地面、墙面、墙裙、踢脚、天棚（吊顶）装修做法是什么？或者采用哪本图集？（查套房间装修子目）

问题思考

请结合《办公大厦建筑工程图》，思考上述问题。

3）各层平面图

在窗台上边用一个水平剖切面将房子水平剖开，移去上半部分，从上向下透视它的下半部分，可看到房子的四周外墙和墙上的门窗、内墙和墙上的门，以及房子周围的散水、台阶等，将看到的部分都画出来，并注上尺寸，就是平面图。

编制预算时需思考如下问题：

（1）地下 n 层平面图

①注意地下室平面图的用途、地下室墙体的厚度及材质。（结合"建筑设计说明"）

②注意进入地下室的渠道，是与其他邻近建筑地下室连通？还是本建筑物地下室独立？进入地下室的楼梯在什么位置？

③注意图纸下方对此楼层的特殊说明。

（2）首层平面图

①通看平面图，是否存在对称的情况？

②台阶、坡道的位置在哪里？台阶挡墙的做法是否有节点引出？台阶的构造做法采用哪本图集？坡道的位置在哪里？坡道的构造做法采用哪本图集？坡道栏杆的做法是什么？（台阶、坡道的做法有时也在"建筑设计说明"中明确）

③散水的宽度是多少？做法采用的图集号是多少？（散水做法有时也在"建筑设计说明"中明确）

④首层的大门、门厅位置在哪里？（与二层平面图中的雨篷相对应）

⑤首层墙体的厚度是多少？是什么材质？砌筑要求是什么？（可结合"建筑设计说明"对照来读）

⑥是否有节点详图引出标志？（如有节点引出标志，则需对照相应节点号找到详图，以帮助全面理解图纸）

⑦注意图纸下方对此楼层的特殊说明。

（3）二层平面图

①是否存在平面对称或户型相同的情况？

②雨篷的位置在哪里？（与首层大门位置一致）

③二层墙体的厚度是多少？是什么材质？砌筑要求是什么？（可结合"建筑设计说明"对照来读）

④是否有节点详图引出标志？（如有节点引出标志，则需对照相应节点号找到详图，以帮助全面理解图纸）

⑤注意图纸下方对此楼层的特殊说明。

（4）其他层平面图

①是否存在平面对称或户型相同的情况？

②当前层墙体的厚度是多少？是什么材质？砌筑要求是什么？（可结合"建筑设计说明"对照来读）

③是否有节点详图引出标志？（如有节点引出标志,则需对照相应节点号找到详图,以帮助全面理解图纸）

④注意当前层与其他楼层平面的异同,并结合立面图、详图、剖面图综合理解。

⑤注意图纸下方对此楼层的特殊说明。

（5）屋面平面图

①屋面结构板顶标高是多少？（结合层高、相应位置结构层板顶标高来读）

②屋面女儿墙顶标高是多少？（结合屋面板顶标高计算出女儿墙高度）

③查看屋面女儿墙详图。（理解女儿墙造型、压顶造型等信息）

④屋面的排水方式是什么？落水管位置及根数是多少？（结合"建筑设计说明"中关于落水管的说明来理解）

⑤注意屋面造型平面形状,并结合相关详图理解。

⑥注意屋面楼梯间的信息。

4）立面图

在房子的正面看,将可看到房子的正立面形状、门窗、外墙裙、台阶、散水、挑檐等都画出来,即形成建筑立面图。

编制预算时需注意以下问题：

①室外地坪标高是多少？

②查看立面图中门窗洞口尺寸、离地标高等信息,结合各层平面图中门窗的位置,思考过梁的信息;结合"建筑设计说明"中关于护窗栏杆的说明,确定是否存在护窗栏杆。

③结合屋面平面图,从立面图上理解女儿墙及屋面造型。

④结合各层平面图,从立面图上理解空调板、阳台挡板等信息。

⑤结合各层平面图,从立面图上理解各层节点位置及装饰位置的信息。

⑥从立面图上理解建筑物各个立面的外装修信息。

⑦结合平面图理解门斗造型信息。

问题思考

请结合《办公大厦建筑工程图》,思考上述问题。

5）剖面图

剖面图的作用是对无法在平面图及立面图上表述清楚的局部剖切,以表述清楚建筑内部的构造,从而补充说明平面图、立面图所不能显示的建筑物内部信息。

编制预算时需注意以下问题：

①结合平面图、立面图、结构板的标高信息、层高信息及剖切位置,理解建筑物内部构造的信息。

②查看剖面图中关于首层室内外标高信息,结合平面图、立面图理解室内外高差的概念。

③查看剖面图中屋面标高信息,结合屋面平面图及其详图,正确理解屋面板的高差变化。

问题思考

请结合《办公大厦建筑工程图》,思考上述问题。

6)楼梯详图

楼梯详图由楼梯剖面图、平面图组成。由于平面图、立面图只能显示楼梯的位置,而无法清楚显示楼梯的走向、踏步、标高、栏杆等细部信息,因此设计中一般把楼梯详图展示。

编制预算时需注意以下问题:

①结合平面图中楼梯位置、楼梯详图的标高信息,正确理解楼梯作为竖向交通工具的立体状况。(思考关于楼梯平台、楼梯踏步、楼梯休息平台的概念,进一步理解楼梯及楼梯间装修的工程量计算及定额套用的注意事项)

②结合楼梯详图,了解楼梯井的宽度,进一步思考楼梯工程量的计算规则。

③了解楼梯栏杆的详细位置、高度及所用到的图集。

问题思考

请结合《办公大厦建筑工程图》,思考上述问题。

7)节点详图

(1)表示方法

为了补充说明建筑物细部的构造,从建筑物的平面图、立面图中特意引出需要说明的部位,对相应部位进一步详细描述,就构成了节点详图。下面就节点详图的表示方法做简要说明。

①被索引的详图在同一张图纸内,如图1.1所示。

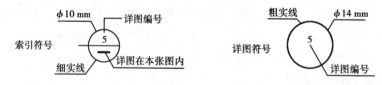

图1.1

②被索引的详图不在同一张图纸内,如图1.2所示。

图1.2

③被索引的详图参见图集,如图1.3所示。

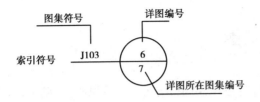

图 1.3

④索引的剖视详图在同一张图纸内,如图 1.4 所示。

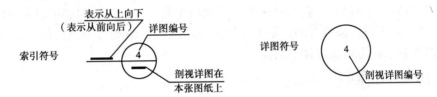

图 1.4

⑤索引的剖视详图不在同一张图纸内,如图 1.5 所示。

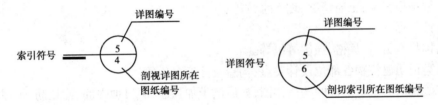

图 1.5

(2)编制预算时需注意的问题

①墙身节点详图:

a.墙身节点详图底部:查看关于散水、排水沟、台阶、勒脚等方面的信息,对照散水宽度是否与平面图一致? 参照的散水、排水沟图集是否明确? (图集有时在平面图或"建筑设计说明"中明确)

b.墙身节点详图中部:了解墙体各个标高处外装修、外保温信息;理解外窗中关于窗台板、窗台压顶等信息;理解关于圈梁位置、标高的信息。

c.墙身节点详图顶部:理解相应墙体顶部关于屋面、阳台、露台、挑檐等位置的构造信息。

②飘窗节点详图:理解飘窗板的标高、生根等信息;理解飘窗板内侧是否需要保温等的信息。

③压顶节点详图:了解压顶的形状、标高、位置等信息;

④空调板节点详图:了解空调板的立面标高、生根的信息;了解空调板栏杆(或百叶)的高度及位置信息。

⑤其他详图。

1.2 结构施工图

结构施工图纸一般包括：图纸目录、结构设计总说明、基础平面图及其详图、墙柱定位图、各层结构平面图（模板图、板配筋图、梁配筋图）、墙柱配筋图及其留洞图、楼梯及其他构筑物详图（水池、坡道、电梯机房、挡土墙等）。

对造价工作者来讲，结构施工图主要是计算混凝土、模板、钢筋等工程量，进而计算其造价，而为了计算这些工程量，需要了解建筑物的钢筋配置、摆放信息，需要了解建筑物的基础及其垫层、墙、梁、板、柱、楼梯等的混凝土标号、截面尺寸、高度、长度、厚度、位置等信息，从预算角度也着重从这些方面加以详细阅读。

1)结构设计总说明

（1）主要包括内容

①工程概况：建筑物的位置、面积、层数、结构抗震类别、设防烈度、抗震等级、建筑物合理使用年限等。

②工程地质情况：土质情况、地下水位等。

③设计依据。

④结构材料类型、规格、强度等级等。

⑤分类说明建筑物各部位设计要点、构造及注意事项等。

⑥需要说明的隐蔽部位的构造详图，如后浇带加强筋、洞口加强筋、锚拉筋、预埋件等。

⑦重要部位图例等。

（2）编制预算时需注意的问题

①建筑物抗震等级、设防烈度、檐高、结构类型等信息，作为计算钢筋搭接、锚固的依据。

②土质情况，作为针对土方工程组价的依据。

③地下水位情况，考虑是否需要采取降排水措施。

④混凝土标号、保护层等信息，作为查套定额、计算钢筋的依据。

⑤钢筋接头的设置要求，作为计算钢筋的依据。

⑥砌体构造要求，包括构造柱、圈梁的设置位置及配筋，过梁的参考图集，砌体加固钢筋的设置要求或参考图集，作为计算圈梁、构造柱、过梁的工程量及钢筋量的依据。

⑦砌体的材质及砌筑砂浆要求，作为套砌体定额的依据。

⑧其他文字性要求或详图，有时不在结构平面图中画出，但要计算其工程量，举例如下：

a.现浇板分布钢筋；

b.施工缝止水带；

c.次梁加筋、吊筋；

d.洞口加强筋；

e.后浇带加强钢筋等。

问题思考

请结合《办公大厦建筑工程图》,思考以下问题:

(1)本工程的结构类型是什么?

(2)本工程的抗震等级及设防烈度是多少?

(3)本工程不同位置混凝土构件的混凝土标号是多少?有无抗渗等特殊要求?

(4)本工程砌体的类型及砂浆标号是多少?

(5)本工程的钢筋保护层有什么特殊要求?

(6)本工程的钢筋接头及搭接有无特殊要求?

(7)本工程各构件的钢筋配置有什么要求?

2)桩基平面图

编制预算时需注意以下问题:

①桩基类型,结合"结构设计总说明"中的地质情况,考虑施工方法及相应定额子目。

②桩基钢筋详图,是否存在铁件,用来准确计算桩基钢筋及铁件工程量。

③桩顶标高,用来考虑挖桩间土方等因素。

④桩长。

⑤桩与基础的连接详图,考虑是否存在凿截桩头情况。

⑥其他计算桩基需要考虑的问题。

3)基础平面图及其详图

编制预算时需注意以下问题:

①基础类型是什么?决定查套的子目。如需要注意判断是有梁式条基还是无梁式条基等。

②基础详图情况,帮助理解基础构造,特别注意基础标高、厚度、形状等信息,了解在基础上生根的柱、墙等构件的标高及插筋情况。

③注意基础平面图及详图的设计说明,有些内容设计人员不画在平面图上,而是以文字的形式表现,比如筏板厚度、筏板配筋、基础混凝土的特殊要求(例如抗渗)等。

4)柱子平面布置图及柱表

编制预算时需注意以下问题:

①对照柱子位置信息(b边、h边的偏心情况)及梁、板、建筑平面图墙体梁的位置,从而理解柱子作为支座类构件的准确位置,为以后计算梁、墙、板等工程量做准备。

②柱子不同标高部位的配筋及截面信息(常以柱表或平面标注的形式出现)。

③特别注意柱子生根部位及高度截止信息,为理解柱子高度信息作准备。

问题思考

请结合《办公大厦建筑工程图》,思考上述问题。

5)剪力墙平面布置图及暗柱、端柱表

编制预算时需注意以下问题:

①对照建筑平面图阅读理解剪力墙位置及长度信息,从而了解剪力墙和填充墙共同作为建筑物围护结构的部位,便于计算混凝土墙体及填充墙体工程量。

②阅读暗柱、端柱表,学习并理解暗柱、端柱钢筋的拆分方法。

③注意图纸说明,捕捉其他钢筋信息,防止漏项(例如暗梁,一般不在图形中画出,以截面详图或文字形式体现其位置及钢筋信息)。

问题思考

请结合《办公大厦建筑工程图》,思考上述问题。

6)梁平面布置图

编制预算时需注意以下问题:

①结合剪力墙平面布置图、柱平面布置图、板平面布置图,综合理解梁的位置信息。

②结合柱子位置,理解梁跨的信息,进一步理解主梁、次梁的概念及在计算工程量过程中的次序。

③注意图纸说明,捕捉关于次梁加筋、吊筋、构造钢筋的文字说明信息,防止漏项。

问题思考

请结合《办公大厦建筑工程图》,思考上述问题。

7)板平面布置图

编制预算时需注意以下问题:

①结合图纸说明,阅读不同板厚的位置信息。

②结合图纸说明,理解受力筋的范围信息。

③结合图纸说明,理解负弯矩钢筋的范围及其分布筋信息。

④仔细阅读图纸说明,捕捉关于洞口加强筋、阳角加筋、温度筋等信息,防止漏项。

问题思考

请结合《办公大厦建筑工程图》,思考上述问题。

8)楼梯结构详图

编制预算时需注意以下问题:

①结合建筑平面图,了解不同楼梯的位置。

②结合建筑立面图、剖面图,理解楼梯的使用性能(举例:1#楼梯仅从首层通至3层,2#楼梯从-1层可以通往18层等)。

③结合建筑楼梯详图及楼层的层高、标高等信息,理解不同踏步板的数量、休息平台的标高及尺寸。

④结合图纸说明及相应踏步板的钢筋信息,理解楼梯钢筋的布置状况,注意分布筋的特殊要求。

⑤结合详图及位置,阅读梯板厚度、宽度及长度,平台厚度及面积,楼梯井宽度等信息,为计算楼梯实际混凝土体积作好准备。

问 题思考

请结合《办公大厦建筑工程图》,思考上述问题。

1.3 土建算量软件算量原理

建筑工程量的计算是一项工作量大而繁重的工作,工程量计算的算量工具也随着信息化技术的发展,经历算盘、计算器、计算机表格、计算机建模 4 个阶段(见图 1.6)。现在我们采用的就是通过建筑模型进行工程量的计算。

图 1.6

现在建筑设计输出的图纸绝大多数是采用二维设计,提供建筑的平、立、剖面图纸,对建筑物进行表达。而建模算量则是将建筑平、立、剖面图结合,建立建筑的空间模型,模型的建立则可以准确地表达各类构件之间的空间位置关系,土建算量软件则按计算规则计算各类构件的工程量,构件之间的扣减关系则根据模型由程序进行处理,从而准确计算出各类构件的工程量。为了方便工程量的调用,将工程量以代码的方式提供,套用清单与定额时可以直接套用,如图 1.7 所示。

使用土建算量软件进行工程量计算,已经从手工计算的大量书写与计算转化为建立建筑模型。无论用手工算量还是软件算量,都有一个基本的要求,那就是知道算什么、如何算。知道算什么,是做好算量工作的第一步,也就是业务关,无论是手工算还是软件算,只是采用了不同的手段而已。

软件算量的重点:一是如何快速地按照图纸的要求,建立建筑模型;二是将算出来的工程量与工程量清单和定额进行关联;三是掌握特殊构件的处理及灵活应用。

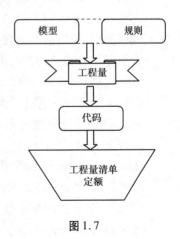

图 1.7

1.4 图纸修订说明

一、建筑设计说明

（三）节能设计

2. 本建筑物框架部分外墙砌体结构为 250mm 厚空心砖墙，地上外墙外侧均做 80mm 厚挤塑苯板保温，地下外墙外侧 100mm 厚聚苯板保温。

4. 本建筑物屋面均采用 100mm 厚聚苯乙烯泡沫塑料板保温。

（六）墙体设计

1. 外墙：地下部分均为 250mm 厚自防水钢筋混凝土墙体，地上部分均为 250mm 厚空心砖。

2. 内墙：均为 200mm、100mm 厚加气混凝土砌块。

3. 墙体砂浆：均采用 M5.0 混合砂浆砌筑。

（七）有关本建筑使用的材料和设备说明

2. 本工程外墙保温为 80mm 厚挤塑苯板，外刷涂料。

二、工程做法

（一）屋面部分

1）屋面 1（上人屋面）

①保护层：40mm 厚细石混凝土，内配 $\phi 6@200 \times 200$ 钢筋网；

②防水层：4mm 厚 SBS 高聚物改性沥青防水卷材；

③找平层：20mm 厚 1：3 水泥砂浆；

④保温层：炉渣混凝土找 2% 坡，最薄处 30mm；

⑤保温层：100mm 厚保温苯板；

⑥隔汽层：3mm 厚 SBC120 高聚物改性沥青防水卷材；

⑦找平层：20mm 厚 1：3 水泥砂浆找平；

⑧结构层：钢筋混凝土楼板。

2）屋面 2（不上人屋面）

①防水层：4mm 厚 SBS 高聚物改性沥青防水卷材；

②找平层：20mm 厚 1：3 水泥砂浆；

③找坡层：炉渣混凝土找 2% 坡，最薄处 30mm；

④保温层：100mm 厚保温苯板；

⑤隔汽层：SBC120 复合卷材冷贴，卷起高度 120mm；

⑥找平层：20mm 厚 1：3 水泥砂浆找平；

⑦结构层：钢筋混凝土屋面板。

注：斜屋面取消找坡层。

(二)室内装修设计

1)地面1(细石混凝土地面)

①40mm厚C20细石混凝土,表面撒1:1水泥砂子随打随抹;

②SBS防水卷材热熔,卷起高度300mm;

③20mm厚1:3水泥砂浆找平;

④60mm厚C15混凝土垫层;

⑤素土夯实。

2)地面2(水泥砂浆地面)

①20mm厚1:2.5水泥砂浆随打随抹;

②SBS防水卷材热熔,卷起高度300mm;

③20mm厚1:3水泥砂浆找平;

④60mm厚C15混凝土垫层;

⑤素土夯实。

3)地面3(防滑地砖地面):用400mm×400mm防滑地砖

①8~10mm厚地砖铺实拍平,水泥浆擦缝或1:1水泥砂浆填缝;

②30mm厚1:3干硬性水泥砂浆结合层表面撒水泥粉;

③SBS防水卷材热熔,卷起高度300mm;

④20mm厚1:2水泥砂浆找平;

⑤60mm厚C15混凝土;

⑥素土夯实。

4)楼面1(防滑地砖楼面):选用800mm×800mm防滑地砖

①8~10mm厚地砖铺实拍平,水泥浆擦缝或1:1水泥砂浆填缝;

②30mm厚干硬性水泥砂浆;

③素水泥浆结合层一遍;

④60mm厚细石混凝土(上下配φ3@50钢丝网片,中间配乙烯散热器);

⑤20mm厚聚苯乙烯泡沫板;

⑥SBC120复合卷材冷贴,卷起高度100mm;

⑦20mm厚1:3水泥砂浆找平;

⑧钢筋混凝土楼板。

5)楼面2(防滑地砖防水楼面):选用400mm×400mm防滑地砖

①8~10mm厚地砖铺实拍平,水泥浆擦缝或1:1水泥砂浆填缝;

②30mm厚干硬性水泥砂浆;

③4mm厚SBS防水卷材热熔,卷起高度300mm;

④60mm厚细石混凝土(上下配φ3@50钢丝网片,中间配乙烯散热器);

⑤20mm厚聚苯乙烯泡沫板;

⑥SBC120复合卷材冷贴,卷起高度100mm;

⑦20mm厚1:3水泥砂浆找平;

⑧钢筋混凝土楼板。

6)楼面3(大理石楼面):选用05YJ1 楼11

①20mm 厚大理石板铺实拍平,水泥浆擦缝;

②30mm 厚1:3干硬性水泥砂浆;

③素水泥浆结合层一遍;

④60mm 厚细石混凝土(上下配φ3@50 钢丝网片,中间配乙烯散热器);

⑤20mm 厚聚苯乙烯泡沫板;

⑥SBC120 复合卷材冷贴,卷起高度100mm;

⑦20mm 厚1:3水泥砂浆找平;

⑧钢筋混凝土楼板。

7)踢脚1(水泥砂浆踢脚):高度为100mm

①刷建筑胶素水泥浆一遍,配合比为建筑胶:水 =1:4

②12mm 厚2:1:8水泥石灰砂浆,分两次抹灰;

③8mm 厚1:2水泥砂浆抹面压光。

8)踢脚2(地板砖踢脚):高度为100mm,选用400mm×100mm 深色地砖

①17mm 厚1:3水泥砂浆;

②3~4mm 厚1:1水泥砂浆加水20%建筑胶镶贴;

③8~10mm 厚面砖,水泥浆擦缝。

9)踢脚3(大理石踢脚):高度为100mm,选用800mm×100mm 深色大理石

①刷建筑胶素水泥浆一遍,配合比为建筑胶:水 =1:4;

②15mm 厚2:1:8水泥石灰砂浆,分两次抹灰;

③5~6mm 厚1:1水泥砂浆加水20%建筑胶镶贴;

④10mm 厚大理石板,水泥浆擦缝。

10)室内墙面

(1)内墙面1:抹灰刷涂料

①9mm 厚1:3水泥砂浆;

②5mm 厚1:2水泥砂浆;

③清理抹灰基层;

④满刮大白两遍;

⑤刷底漆一遍;

⑥涂料两遍。

(2)内墙面2(面砖墙面):选用200mm×300mm 面砖

①刷建筑胶素水泥浆一遍,配合比为建筑胶:水 =1:4;

②15mm 厚2:1:8水泥石灰砂浆,分两次抹灰;

③刷素水泥浆一遍;

④4~5mm 厚1:1水泥砂浆加水重20%建筑胶镶贴;

⑤8~10mm 厚面砖,水泥浆擦缝。

11）顶棚1（混合砂浆顶棚）

①钢筋混凝土板底面清理干净；

②20mm 厚混合砂浆；

③清理抹灰基层；

④满刮大白两遍；

⑤刷底漆一遍；

⑥涂料两遍。

12）吊顶

（1）吊顶1（封闭式铝合金条板吊顶）：铝合金条板厚度0.8mm；吊顶高度3400mm

①配套金属龙骨（龙骨由生产厂配套供应，安装按生产厂要求施工）；

②铝合金条型板。

（2）吊顶2（铝合金T形暗龙骨，矿棉装饰板吊顶）：吊顶高度3400mm

①铝合金配套龙骨，主龙骨中距900～1000mm，T形龙骨中距300mm或600mm，横撑中距600mm；

②12mm 厚592mm×592mm 开槽矿棉装饰板。

13）除特别注明的部位外，其他需要油漆金属面其油漆工程做法选用定型图集

①清理金属面除锈；

②防锈漆或红丹   遍；

③刮腻子、磨光；

④调合漆两遍。

14）除特别注明的部位外，其他需要油漆木材面其油漆工程做法选用定型图集

①木基层清理、除污、打磨等；

②刮腻子、磨光；

③底油一遍；

④调和漆两遍。

15）外墙面

（1）外墙面1：水泥砂浆墙面刷涂料（2～顶层）

①14mm 厚1:3水泥砂浆；

②6mm 厚1:2.5 水泥砂浆；

③清理抹灰基层；

④满刮腻子两遍；

⑤涂料两遍。

（2）外墙面2：贴外墙砖（一层）

①20mm 厚1:3水泥砂浆；

②600mm×300mm 外墙面砖密缝。

（三）混凝土散水

①60mm 厚细石混凝土，面上加5mm 厚1:1水泥砂浆随打随抹光；

②200mm 厚碎石灌浆；

③300mm 厚砂垫层;

④素土夯实,向外坡4%。

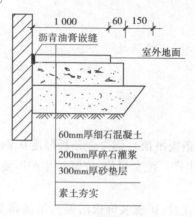

图 1.8

(四)花岗岩台阶做法(05YJ1 台6)

①20~25mm 厚石质板材踏步及踢脚板,水泥浆擦缝;

②30mm 厚1:3干硬性水泥砂浆;

③素水泥浆结合层一遍;

④100mm 厚 C20 混凝土台阶(厚度不包括踏步三角部分);

⑤碎砖灌浆;

⑥300mm 厚砂垫层;

⑦素土夯实。

台阶1:

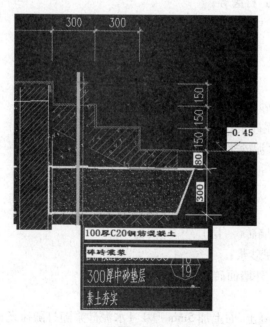

图 1.9

台阶2：

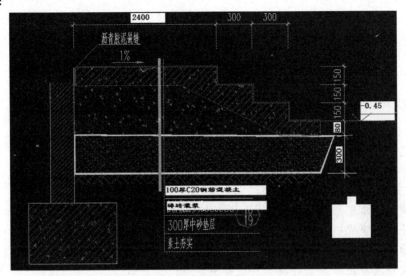

图 1.10

（五）地下室防水做法

地下室侧壁防水（由内至外）：

①钢筋混凝土侧壁（抗渗等级 P8）；

②4mm 厚 SBS 卷材；

③100mm 厚聚苯乙烯泡沫板保护层，建筑胶粘贴；

④500mm 范围内 2∶8 灰土分层夯实。

（六）屋面落水管

①PVC 落水管 φ110；

②做法及配件。

（七）作为暂定材料

①所有门窗；

②幕墙：点拨式；

③不锈钢栏杆。

第2章 建筑工程量计算

2.1 准备工作

通过本节的学习,你将能够:
(1)正确选择清单与定额规则,以及相应的清单库和定额库;
(2)区分做法模式;
(3)正确设置室内外高差;
(4)定义楼层及统一设置各类构件混凝土标号;
(5)按图纸定义轴网。

2.1.1 新建工程

通过本小节的学习,你将能够:
(1)正确选择清单与定额规则,以及相应的清单库和定额库;
(2)正确设置室内外高差;
(3)依据图纸定义楼层;
(4)依据图纸要求设置混凝土标号、砂浆标号。

一、任务说明

根据《办公大厦建筑工程图》,在软件中完成新建工程的各项设置。

二、任务分析

①软件中新建工程的各项设置都有哪些?
②清单与定额规则及相应的清单库和定额库都是做什么用的?
③室外地坪标高的设置是如何计算出来的?
④各层对混凝土标号、砂浆标号的设置,对哪些操作有影响?
⑤工程楼层的设置,应依据建筑标高还是结构标高?区别是什么?
⑥基础层的标高应如何设置?

三、任务实施

1)新建工程

①启动软件,进入"欢迎使用GCL2013"界面,如图2.1所示。注意:本教材使用的图形软

件版本号为 10.3.11.896。

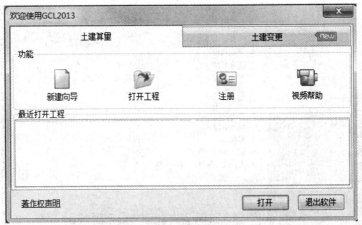

图 2.1

②鼠标左键单击"新建向导",进入新建工程界面,如图 2.2 所示。

工程名称:按工程图纸名称输入,保存时会作为默认的文件名,本工程名称输入为"办公大厦"。

计算规则、定额和清单库选择如图 2.2 所示。

做法模式:选择纯做法模式。

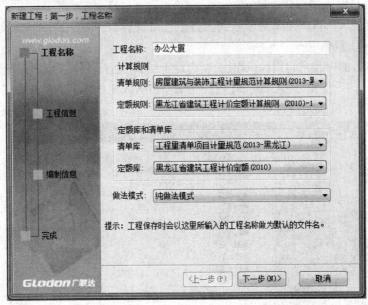

图 2.2

学习提示

软件提供了两种做法模式:纯做法模式和工程量表模式。工程量表模式与纯做法模式的区别在于:工程量表模式针对构件需要计算的工程量给出了参考列项。

③单击"下一步"按钮,进入"工程信息"界面,如图 2.3 所示。

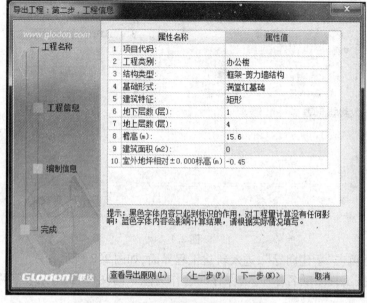

图 2.3

在工程信息中,室外地坪相对 ±0.000 标高的数值,需要根据实际工程的情况进行输入。本样例工程的信息输入如图 2.3 所示。

室外地坪相对 ±0.000 标高会影响到土方工程量计算,可根据《办公大厦建筑工程图》建施-9 中的室内外高差确定。

灰色字体输入的内容只起到标识作用,所以地上层数、地下层数也可以不按图纸实际输入。

④单击"下一步"按钮,进入"编制信息"界面,如图 2.4 所示,根据实际工程情况添加相应的内容,汇总时会反映到报表里。

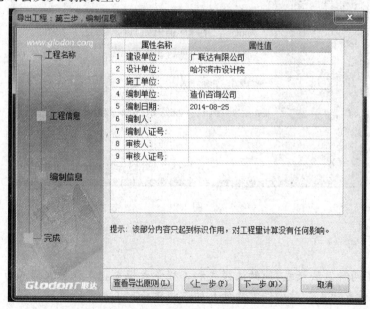

图 2.4

⑤单击"下一步"按钮,进入"完成"界面,这里显示了工程信息和编制信息,如图2.5所示。

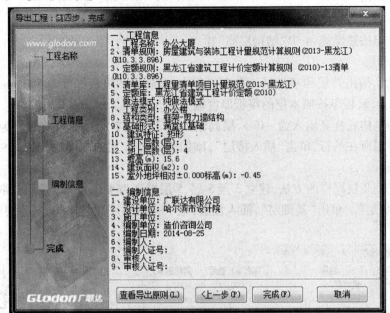

图 2.5

⑥单击"完成"按钮,完成新建工程,切换到"工程信息"界面,该界面显示了新建工程的工程信息,可供用户查看和修改,如图2.6所示。

	属性名称	属性值
1	工程信息	
2	工程名称:	办公大厦
3	清单规则:	房屋建筑与装饰工程计量规范计算规则(2013-黑龙江)(R10.3.3.896)
4	定额规则:	黑龙江省建筑工程计价定额计算规则 (2010)-13清单 (R10.3.3.896)
5	清单库:	工程量清单项目计量规范(2013-黑龙江)
6	定额库:	黑龙江省建筑工程计价定额(2010)
7	做法模式:	纯做法模式
8	项目代码:	
9	工程类别:	办公楼
10	结构类型:	框架-剪力墙结构
11	基础形式:	满堂红基础
12	建筑特征:	矩形
13	地下层数(层):	1
14	地上层数(层):	4
15	檐高(m):	15.6
16	建筑面积(m2):	0
17	室外地坪相对±0.000标高(m):	-0.45
18	冻土厚度(mm):	0
19	编制信息	
20	建设单位:	广联达有限公司
21	设计单位:	哈尔滨市设计院
22	施工单位:	
23	编制单位:	造价咨询公司
24	编制日期:	2014-08-25
25	编制人:	
26	编制人证号:	
27	审核人:	
28	审核人证号:	

图 2.6

2)建立楼层

(1)分析图纸

层高的确定按照结施-4中"结构层高"建立。

(2)建立楼层

①软件默认给出首层和基础层。在本工程中,基础层的筏板厚度为500mm,在基础层的层高位置输入0.5,板厚按照本层的筏板厚度输入为500mm。

②首层的结构底标高输入为-0.1,层高输入为3.9m,本层最常用的板厚为120mm。鼠标左键选择首层所在的行,单击"插入楼层",添加第2层,2层的高度输入为3.9m,最常用的板厚为120mm。

③按照建立2层同样的方法,建立3至5层,5层层高为4.0m,可以按照图纸把5层的名称修改为"机房层"。单击"基础层",插入楼层,地下一层的层高为4.3m。各层建立后,如图2.7所示。

	楼层序号	名称	层高(m)	首层	底标高(m)	相同层数	现浇板厚(mm)	建筑面积(m2)
1	5	机房层	4.000	☐	15.500	1	120	
2	4	第4层	3.900	☐	11.600	1	120	
3	3	第3层	3.900	☐	7.700	1	120	
4	2	第2层	3.900	☐	3.800	1	120	
5	1	首层	3.900	☑	-0.100	1	120	
6	-1	第-1层	4.300	☐	-4.400	1	120	
7	0	基础层	0.500		-4.900	1	500	

图2.7

(3)标号设置

从"结构设计总说明(一)"第八条"2.混凝土"中可知各层构件混凝土标号。

从第八条"5.砌体(填充墙)"中分析,基础采用M5水泥砂浆,一般部位为M5混合砂浆。

在楼层设置下方是软件中的标号设置,用来集中统一管理构件混凝土标号、类型,砂浆标号、类型;对应构件的标号设置好后,在绘图输入新建构件时,会自动取这里设置的标号值。同时,标号设置适用于对定额进行楼层换算。

四、任务结果

任务实施结果如图2.7所示。

2.1.2 建立轴网

通过本小节的学习,你将能够:

(1)定义楼层及各类构件混凝土标号设置;

(2)按图纸定义轴网。

一、任务说明

根据《办公大厦建筑工程图》,在软件中完成轴网建立。

二、任务分析

①建施与结施图中采用什么图的轴网最全面?
②轴网中上、下、左、右开间如何确定?

三、任务实施

1)建立轴网

楼层建立完毕后,切换到"绘图输入"界面。首先,要建立轴网。施工时是用放线来定位建筑物的位置,使用软件做工程时则是用轴网来定位构件的位置。

（1）分析图纸

由建施-3可知,该工程的轴网是简单的正交轴网,上下开间在⑨—⑪轴间轴距不同,左右进深轴距都相同。

（2）轴网的定义

①切换到绘图输入界面之后,选择模板导航栏构件树中的"轴线"→"轴网",单击右键,选择"定义"按钮,将软件切换到轴网的定义界面。

②单击"新建"按钮,选择"新建正交轴网",新建"轴网-1"。

③输入"下开间":在"常用值"下面的列表中选择要输入的轴距,双击鼠标即添加到轴距中;或者在"添加"按钮下的输入框中输入相应的轴网间距,单击"添加"按钮或按"Enter"键即可;按照图纸从左到右的顺序,下开间依次输入4800,4800,4800,7200,7200,7200,4800,4800,4800;本轴网上下开间在⑨—⑪轴不同,需要在上开间中也输入轴距。

④切换到"上开间"的输入界面,按照同样的方法,依次输入为4800,4800,4800,7200,7200,7200,4800,4800,1900,2900。

⑤输入完上下开间之后,单击轴网显示界面上方的"轴号自动生成"命令,软件自动调整轴号与图纸一致。

⑥切换到"左进深"的输入界面,按照图纸从下到上的顺序,依次输入左进深的轴距为7200,6000,2400,6900。因为左右进深轴距相同,所以右进深可以不输入。

⑦可以看到,右侧的轴网图显示区域已经显示了定义的轴网,轴网定义完成,如图2.8所示。

2)轴网的绘制

（1）绘制轴网

①轴网定义完毕后,单击"绘图"按钮,切换到绘图界面。

②弹出"请输入角度"对话框,提示用户输入定义轴网需要旋转的角度。本工程轴网为水平竖直向的正交轴网,旋转角度按软件默认输入为"0"即可,如图2.9所示。

③单击"确定"按钮,绘图区显示轴网,这样就完成了对本工程轴网的定义和绘制。

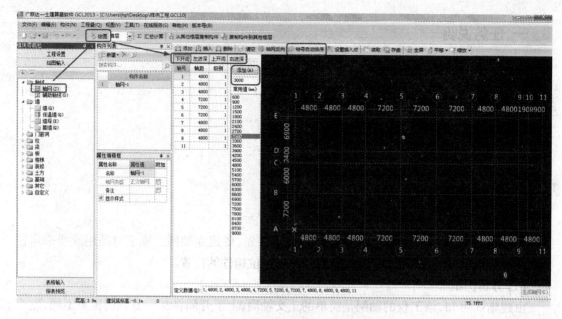

图 2.8

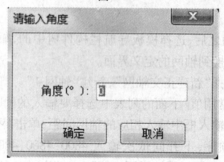

图 2.9

（2）轴网的其他功能

①设置插入点：用于轴网拼接，可以任意设置插入点（不在轴线交点处或在整个轴网外都可以设置）。

②修改轴号和轴距：当检查已经绘制的轴网有错误时，可以直接修改。

③软件提供了辅助轴线，用于构件辅轴定位。辅轴在任意图层都可以直接添加。辅轴主要有：两点、平行、点角、圆弧。

四、任务结果

完成轴网如图 2.10 所示。

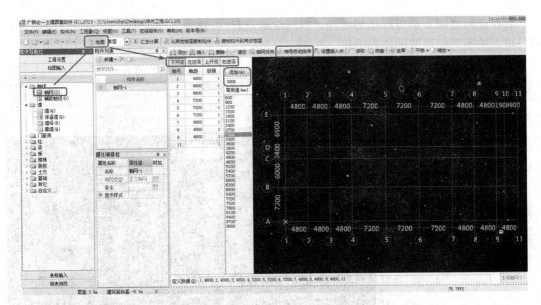

图 2.10

五、总结拓展

①新建工程中,主要确定工程名称、计算规则以及做法模式。蓝色字体的参数值影响工程量计算,照图纸输入,其他信息只起标识作用。

②首层标记:在楼层列表中的首层列,可以选择某一层作为首层,勾选后,该层作为首层,相邻楼层的编码自动变化,基础层的编码不变。

③底标高:是指各层的结构底标高,软件中只允许修改首层的底标高,其他层标高自动按层高反算。

④相同板厚:是软件给的默认值,可以按工程图纸中最常用的板厚设置;在绘图输入新建板时,会自动默认取这里设置的数值。

⑤建筑面积:是指各层建筑面积图元的建筑面积工程量,为只读。

⑥可以按照结构设计总说明,对应构件选择标号和类型。对修改的标号和类型,软件会以反色显示。在首层输入相应的数值完毕后,可以使用右下角的"复制到其他楼层"命令,把首层的数值复制到参数相同的楼层。各个楼层的标号设置完成后,就完成了对工程楼层的建立,可以进入绘图输入进行建模计算。

⑦有关轴网的编辑、辅助轴线的详细操作,请查阅"帮助"菜单中的文字帮助→绘图输入→轴线。

⑧建立轴网时,输入轴距有两种方法:常用的数值可以直接双击;常用值中没有的数据直接添加即可。

⑨当上下开间或者左右进深轴距不一样时(即错轴),可以使用轴号自动生成将轴号排序。

⑩比较常用的建立辅助轴线的功能:二点辅轴(直接选择两个点绘制辅助轴线);平行辅轴(建立平行于任意一条轴线的辅助轴线);圆弧辅轴(可以通过选择三个点绘制辅助轴线)。

⑪在任何界面下都可以添加辅轴。轴网绘制完成后,就进入"绘图输入"部分。绘图输入部分可以按照后面章节的流程进行。

⑫软件的页面介绍如图2.11所示。

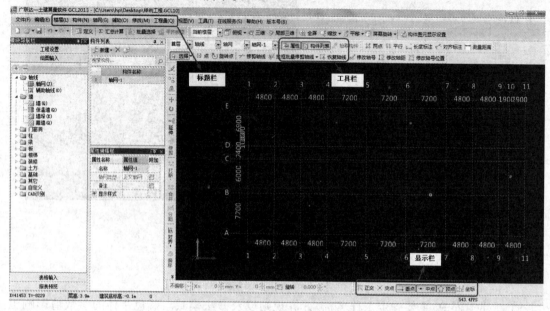

图 2.11

2.2 首层工程量计算

通过本节的学习,你将能够:
(1)定义柱、剪力墙、梁、板、门窗等构件;
(2)绘制柱、剪力墙、梁、板、门窗等图元;
(3)掌握暗梁、暗柱、连梁在 GCL2013 软件中的处理方法。

2.2.1 首层柱的工程量计算

通过本小节的学习,你将能够:
(1)依据定额和清单确定柱的分类和工程量计算规则;
(2)定义矩形柱、圆形柱、参数化端柱的属性并套用做法;
(3)绘制本层柱图元;
(4)统计本层柱的个数及工程量。

一、任务说明

①完成首层矩形柱、圆形柱及异形端柱的定义、做法套用及图元绘制。

②汇总计算,统计本层柱的工程量。

二、任务分析

①各种柱在计量时的主要尺寸是哪些？从什么图中什么位置找到？有多少种柱？

②工程量计算中柱都有哪些分类？都套用什么定额？

③软件如何定义各种柱？各种异形截面端柱如何处理？

④构件属性、做法、图元之间有什么关系？

⑤如何统计本层的清单工程量和定额工程量？

三、任务实施

1)分析图纸

①在框架剪力墙结构中,暗柱的工程量并入墙体计算,结施-4中暗柱有两种形式:一种和墙体一样厚,如GJZ1的形式,作为剪力墙处理;另一种为端柱如GDZ1,突出剪力墙的,在软件中类似GDZ1这种端柱可以定义为异形柱,在做法套用时套用混凝土墙体的清单和定额子目。

②从结施-5的柱表中得到柱的截面信息,本层包括矩形框架柱、圆形框架柱及异形端柱,主要信息如表2.1所示。

表2.1　柱表

序　号	类型	名称	混凝土标号	截面尺寸(mm)	标　高	备　注
1	矩形框架柱	KZ1	C30	600×600	−0.100 ~ +3.800	
		KZ6	C30	600×600	−0.100 ~ +3.800	
		KZ7	C30	600×600	−0.100 ~ +3.800	
2	圆形框架柱	KZ2	C30	$D=850$	−0.100 ~ +3.800	
		KZ4	C30	$D=500$	−0.100 ~ +3.800	
		KZ5	C30	$D=500$	−0.100 ~ +3.800	
3	异形端柱	GDZ1	C30	详见结施-6柱截面尺寸	−0.100 ~ +3.800	与剪力墙同时施工
		GDZ2	C30		−0.100 ~ +3.800	
		GDZ3	C30		−0.100 ~ +3.800	
		GDZ4	C30		−0.100 ~ +3.800	

2)现浇混凝土柱清单、定额计算规则学习

(1)清单计算规则(见表2.2)

表2.2　柱清单计算规则

编　号	项目名称	单 位	计算规则
010502001	矩形柱	m³	按设计图示尺寸以体积计算。柱高： 1.有梁板的柱高,应自柱基上表面(或楼板上表面)至上一层楼板上表面之间的高度计算； 2.无梁板的柱高,应自柱基上表面(或楼板上表面)至柱帽下表面之间的高度计算；
010502003	异形柱	m³	3.框架柱的柱高,应自柱基上表面至柱顶高度计算； 4.构造柱按全高计算,嵌接墙体部分(马牙槎)并入柱身体积； 5.依附柱上的牛腿和升板的柱帽,并入柱身体积计算
010504001	直形墙	m³	按设计图示尺寸以体积计算。扣除门窗洞口及单个面积>0.3m²的孔洞所占体积,墙垛及突出墙面部分并入墙体体积计算内
011702002	矩形柱	m²	
011702004	异形柱	m²	按模板与现浇混凝土构件的接触面积计算
011702011	直形墙	m²	

（2）定额计算规则（如使用现拌混凝土,见表2.3）

表2.3　柱定额计算规则

编　号	项目名称	单 位	计算规则
4-15	现浇混凝土 矩形柱	m³	按设计图示尺寸以体积计算。柱高： 1.有梁板的柱高,应自柱基上表面(或楼板上表面)至上一层楼板上表面之间的高度计算； 2.无梁板的柱高,应自柱基上表面(或楼板上表面)至柱帽下表面之间的高度计算；
4-18	现浇混凝土 异形柱	m³	3.框架柱的柱高,应自柱基上表面至柱顶高度计算； 4.构造柱按全高计算,嵌接墙体部分(马牙槎)并入柱身体积； 5.依附柱上的牛腿和升板的柱帽,并入柱身体积计算
4-27	现浇混凝土 直形墙	m³	按设计图示尺寸以体积计算。不扣除构件内钢筋、预埋铁件所占体积。扣除门窗洞口及单个面积>0.3m²的孔洞所占体积,墙垛及突出墙面部分并入墙体体积内计算
12-47	矩形柱 复合模板	m²	
12-52	异形柱 复合模板	m²	按模板与现浇混凝土构件的接触面积计算
12-56	柱支撑高度 3.6m以上每增1m	m²	模板支撑高度>3.6m时,按超过部分全部面积计算工程量

续表

编 号	项目名称	单 位	计算规则
12-80 →	直形墙 复合模板	m²	按模板与现浇混凝土构件的接触面积计算,附墙柱侧面积并入墙模板工程量,单个面积≤0.3m² 的孔洞不予扣除,洞侧壁模板亦不增加;>0.3m² 的孔洞应予扣除,洞侧壁模板面积并入墙模板工程量中
12-97	墙支撑高度 3.6m 以上每增 1m	m²	模板支撑高度 >3.6m 时,按超过部分全部面积计算工程量
B-1	C30 混凝土	m³	同上,各混凝土构件外加 1.5% 的损耗
4-123	捣固养护 柱	m³	同上各混凝土构件
4-125	捣固养护 墙	m³	同上各混凝土构件

注:若使用商品混凝土补充项目 B-1 C30 混凝土,同时按构件增加捣固养护项目。

3)属性定义

(1)矩形框架柱 KZ-1 的属性定义

①在模块导航栏中单击"柱"→"柱",单击"定义"按钮,进入柱的定义界面,在构件列表中单击"新建"→"新建矩形柱",如图 2.12 所示。

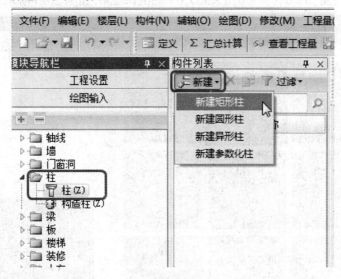

图 2.12

②在属性编辑框中输入相应的属性值,框架柱的属性定义如图 2.13 所示。

(2)圆形框架柱 KZ-2 的属性定义

单击"新建"→"新建圆形柱",方法同矩形框架柱属性定义。圆形框架柱属性定义如图 2.14 所示。

属性编辑框		무 ☒
属性名称	属性值	附力
名称	KZ-1 -0.1~15.5	
类别	框架柱	☐
材质	现浇混凝土	☐
砼标号	(C30)	☐
砼类型	(泵送砼碎石20mm(425#))	☐
截面宽度(	600	☐
截面高度(	600	☐
截面面积(m	0.36	☐
截面周长(m	2.4	☐
顶标高(m)	层顶标高	☐
底标高(m)	层底标高	☐
是否为人防	否	☐
备注		☐
⊞ 计算属性		
⊞ 显示样式		

图 2.13

属性编辑框		무 ☒
属性名称	属性值	附加
名称	KZ-2 -0.1~7.7	
类别	框架柱	☐
材质	现浇混凝土	☐
砼标号	(C30)	☐
砼类型	(泵送砼碎石20mm(425#))	☐
半径(mm)	425	☐
截面面积(m	0.567	☐
截面周长(m	2.67	☐
顶标高(m)	层顶标高	☐
底标高(m)	层底标高	☐
是否为人防	否	☐
备注		☐
⊞ 计算属性		
⊞ 显示样式		

图 2.14

（3）参数化端柱 GDZ1 的属性定义

①单击"新建"→"新建参数化柱"。

②在弹出的"选择参数化图形"对话框中，选择"参数化截面类型"为"端柱"，选择"DZ-a2"，参数输入 a = 250，b = 0，c = 350，d = 300，e = 350，f = 250，如图 2.15 所示。

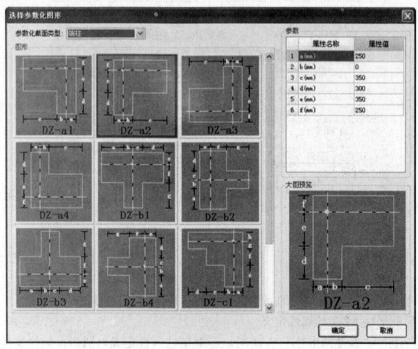

图 2.15

③参数化端柱的属性定义如图 2.16 所示。

属性名称	属性值	附加
名称	GDZ1 -0.1~15.5	
类别	端柱	☐
材质	现浇混凝土	☐
砼标号	(C30)	☐
砼类型	(泵送砼碎石20mm(425#)	☐
截面形状	DZ-a2形	☐
截面宽度(	600	
截面高度(	900	
截面面积(m	0.435	
截面周长(m	3	
顶标高(m)	层顶标高	☐
底标高(m)	层底标高	☐
是否为人防	否	☐
备注		☐
⊞ 计算属性		
⊞ 显示样式		

图 2.16

4)做法套用

柱构件定义好后,需要进行套用做法操作。套用做法是指构件按照计算规则计算汇总出做法工程量,方便进行同类项汇总,同时与计价软件数据接口。构件套用做法,可以通过手动添加清单定额、查询清单定额库添加、查询匹配清单定额添加、查询匹配外部清单添加来进行。

①KZ-1 的做法套用,如图 2.17 所示。

	编码	类别	项目名称	项目特征	单位	工程量表达	表达式说明	措施项目	专业
1	⊟ 010502001001	项	矩形柱	1.柱形状:矩形 2.混凝土种类:商品混凝土 3.混凝土强度等级:C30	m3	TJ	TJ〈体积〉	☐	建筑工程
2	─ B-1	补	商品混凝土C30		m3	TJ*1.015	TJ〈体积〉*1.015	☐	
3	─ 4-123	定	捣固养护 柱		m3	TJ	TJ〈体积〉	☐	建筑
4	⊟ 011702002001	项	矩形柱	模板类型:胶合板模板 钢支撑 支撑高度:3.9m	m2	MBMJ	MBMJ〈模板面积〉	☑	建筑工程
5	─ 12-47	定	矩形柱 胶合板模板 钢支撑		m2	MBMJ	MBMJ〈模板面积〉	☑	建筑
6	─ 12-55	定	柱支撑高度超过3.6m 每增加1m 钢支撑		m2	CGMBMJ	CGMBMJ〈超高模板面积〉	☑	建筑

图 2.17

②GDZ1 的做法套用,如图 2.18 所示。

	编码	类别	项目名称	项目特征	单位	工程量表达	表达式说明	措施项目	专业
1	⊟ 010504001001	项	直形墙	1.混凝土种类:商品混凝土 2.混凝土强度等级:C30	m3	TJ	TJ〈体积〉	☐	建筑工程
2	─ B-1	补	商品混凝土C30		m3	TJ*1.015	TJ〈体积〉*1.015	☐	
3	─ 4-125	定	捣固养护 墙		m3	TJ	TJ〈体积〉	☐	建筑
4	⊟ 011702011001	项	直形墙	1.模板类型:胶合板模板 钢支撑 2.支撑高度:3.9m	m2	MBMJ	MBMJ〈模板面积〉	☑	建筑工程
5	─ 12-80	定	直形墙 胶合板模板 钢支撑		m2	MBMJ	MBMJ〈模板面积〉	☑	建筑
6	─ 12-97	定	墙支撑高度超过3.6m 每增加1m 钢支撑		m2	CGMBMJ	CGMBMJ〈超高模板面积〉	☑	建筑

图 2.18

5)柱画法讲解

柱定义完毕后,单击"绘图"按钮,切换到绘图界面。

(1)点绘制

通过构件列表选择要绘制的构件 KZ-1,鼠标捕捉②轴与Ⓔ轴的交点,直接单击鼠标左键即可完成柱 KZ-1 的绘制,如图 2.19 所示。

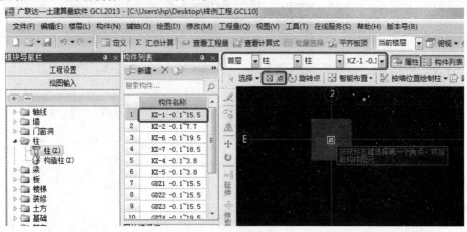

图 2.19

(2)偏移绘制

偏移绘制常用于绘制不在轴线交点处的柱,④轴上的 KZ-4 不能直接用鼠标选择点绘制,需要使用"Shift 键 + 鼠标左键"相对于基准点偏移绘制。

①把鼠标放在Ⓑ轴和④轴的交点处,同时按下键盘上的"Shift"键和鼠标左键,弹出"输入偏移量"对话框;由图纸可知,KZ-4 的中心相对于Ⓑ轴与④轴的交点向下偏移 2250mm,在对话框中输入 X = "0",Y = "-2000-250",表示水平向偏移量为 0,竖直方向向下偏移 2250mm,如图 2.20 所示。

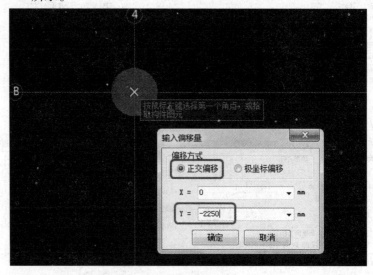

图 2.20

②单击"确定"按钮,KZ-4 就偏移到指定位置了,如图 2.21 所示。

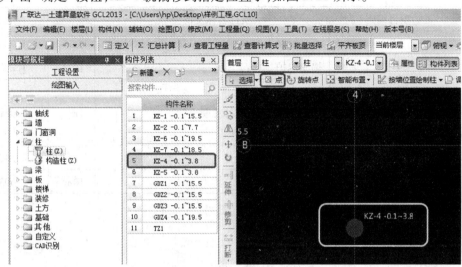

图 2.21

四、任务结果

单击模块导航栏的"报表预览",单击"清单定额汇总表",查看框架柱和端柱的实体工程量,如表 2.4 所示。

表 2.4 柱清单定额量

序 号	项目编码	项目名称及特征	单 位	工程量
1	010502001001	矩形柱 1. 柱形状:矩形 2. 混凝土种类:商品混凝土 3. 混凝土强度等级:C30	m³	32.292
	B-1	商品混凝土 C30	m³	32.7764
	4-123	捣固养护 柱	10m³	3.2292
2	010502001002	矩形柱 1. 柱形状:矩形 2. 混凝土种类:商品混凝土 3. 混凝土强度等级:C25	m³	0.495
	B-2	商品混凝土 C25	m³	0.5024
	4-123	捣固养护 柱	10m³	0.0495
3	010502003001	异形柱 1. 柱形状:圆形 2. 混凝土种类:商品混凝土 3. 混凝土强度等级:C30	m³	12.0837

续表

序 号	项目编码	项目名称及特征	单 位	工程量
3	B-1	商品混凝土 C30	m³	12.265
	4-123	捣固养护 柱	10m³	1.2084
4	010504001001	直形墙 1.混凝土种类:商品混凝土 2.混凝土强度等级:C30	m³	26.0325
	B-1	商品混凝土 C30	m³	26.423
	4-125	捣固养护 墙	10m³	2.6033

五、总结拓展

镜　像

通过图纸分析可知,①—⑤轴间的柱与⑥—⑪轴间的柱是对称的,因此在绘图时可以使用一种简单的方法:先绘制①—⑤轴间的柱,然后使用"镜像"功能绘制⑥—⑪轴间的柱。

选中①—⑤轴间的柱,单击右键选择"镜像",把显示栏的"中点"点中,捕捉⑤—⑥轴的中点,可以看到屏幕上有一个黄色的三角形(见图2.22),选中第二点(见图2.23),单击右键确定即可。

如图2.23所示,在显示栏的地方会提示需要进行的下一步操作。

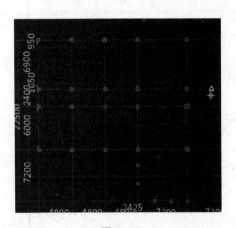

图2.22

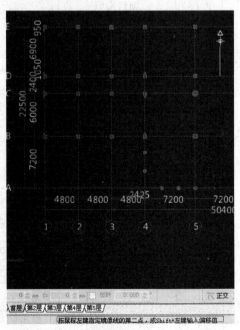

图2.23

思考与练习

(1)在绘图界面怎样调出柱属性编辑框对图元属性进行修改?
(2)在参数化柱模型里面找不到的异形柱如何定义?
(3)在柱定额子目里面找不到所需要的子目,如何定义该柱构件做法?

2.2.2　首层剪力墙的工程量计算

通过本小节的学习,你将能够:
(1)掌握连梁在软件中的处理方法;
(2)定义墙的属性;
(3)绘制墙图元;
(4)统计本层墙的阶段性工程量。

一、任务说明

①完成首层剪力墙的属性定义、做法套用及图元绘制。
②汇总计算,统计本层墙的工程量。

二、任务分析

①剪力墙在计量时的主要尺寸是哪些? 从什么图中什么位置找到?
②剪力墙的暗柱、端柱分别是如何套用清单定额的? 如何使用直线、偏移命令来绘制墙?
③当剪力墙墙中心线与轴线不重合时如何处理?
④电梯井壁剪力墙的施工措施有什么不同?

三、任务实施

1)分析图纸

(1)分析剪力墙
分析图纸结施-5、结施-1,可以得出剪力墙墙身信息,如表2.5所示。

表2.5　剪力墙墙身表

序　号	类　型	名　称	混凝土标号	墙厚(mm)	标　高	备　注
1	外墙	Q-1	C30	250	-0.1~+3.8	
2	内墙	Q1	C30	250	-0.1~+3.8	
3	内墙	Q1电梯	C30	250	-0.1~+3.8	
4	内墙	Q2电梯	C30	200	-0.1~+3.8	

（2）分析连梁

连梁是剪力墙的一部分。

①结施-5 中①轴和⑩轴的剪力墙上有 LL4，尺寸为 250mm×1200mm，梁顶相对标高差 +0.6m；建施-3 中 LL4 下方是 LC3，尺寸为 1500mm×2700mm；建施-12 中 LC3 离地高度 700mm。可以得知，剪力墙 Q-1 在Ⓒ轴和Ⓓ轴间只有 LC3。所以，可以直接绘制 Q-1，然后绘制 LC3，不用绘制 LL4。

②结施-5 中④轴和⑦轴的剪力墙上有 LL1，建施-3 中 LL1 下方没有门窗洞，可以在 LL1 处把剪力墙断开，然后绘制 LL1。

③结施-5 中④轴电梯洞口处 LL2、建施-3 中 LL3 下方没有门窗洞，如果按段绘制剪力墙则不易找交点，所以剪力墙 Q1 通画，然后绘制洞口，不绘制 LL2。

做工程时遇到剪力墙上是连梁下是洞口的情况，可以比较②与③哪个更方便使用一些。本工程采用③的方法对连梁进行处理，绘制洞口在绘制门窗时介绍，Q1 通长绘制暂不作处理。

（3）分析暗梁、暗柱

暗梁、暗柱是剪力墙的一部分。类似 YJZ1 这种和墙厚一样的暗柱，此位置的剪力墙通长绘制，YJZ1 不再进行绘制。类似 GDZ1 这种暗柱，我们把其定义为异形柱并进行绘制，在做法套用时按照剪力墙的做法套用清单、定额。

2）现浇混凝土墙清单、定额计算规则学习

（1）清单计算规则（见表 2.6）

表 2.6　墙清单计算规则

编　号	项目名称	单　位	计算规则
010504001	直形墙	m³	按设计图示尺寸以体积计算。扣除门窗洞口及单个面积 >0.3m² 的孔洞所占体积，墙垛及突出墙面部分并入墙体体积内计算
011702011	直形墙	m²	按模板与现浇混凝土构件的接触面积计算

（2）定额计算规则（见表 2.7）

表 2.7　墙定额计算规则

编　号	项目名称	单　位	计算规则
12-80	直形墙 胶合板模板	m²	按模板与现浇混凝土构件的接触面积计算，附墙柱侧面积并入墙模板工程量，单个面积≤0.3m² 的孔洞不予扣除，洞侧壁模板亦不增加；>0.3m² 的孔洞应予扣除，洞侧壁模板面积并入墙模板工程量中。柱、梁、墙、板相互连接重叠部分均不计算模板面积
12-87	电梯井壁墙 复合模板	m²	
12-97	墙支撑高度 3.6m 以上每增 1m	m²	模板支撑高度 >3.6m 时，按超过部分全部面积计算工程量

3)墙的属性定义

(1)新建外墙

在模块导航栏中单击"墙"→"墙,单击"定义"按钮,进入墙的定义界面,在构件列表中单击"新建"→"新建外墙",如图 2.24 所示。在属性编辑框中对图元属性进行编辑,如图 2.25 所示。

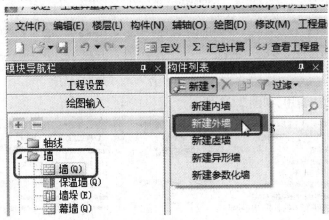

图 2.24

(2)通过复制建立新构件

通过对图纸进行分析可知,Q-1 和 Q1 的材质、高度是一样的,区别在于墙体的名称和厚度不同,选中"构件 Q-1",单击右键选择"复制"(见图 2.26),软件自动建立名为"Q-2"的构件,然后对"Q-2"进行属性编辑,外墙改为内墙并改名为 Q1。

图 2.25

图 2.26

4)做法套用

①Q-1 的做法套用,如图 2.27 所示。

	编码	类别	项目名称	项目特征	单位	工程量表达式	表达式说明	措施项目	专业
1	─ 010504001001	项	直形墙	1. 混凝土种类: 商品混凝土 2. 混凝土强度等级: C30	m3	JLQTJQD	JLQTJQD<剪力墙体积(清单)>	☐	建筑工程
2	B-1	补	商品混凝土C30		m3	TJ*1.015	TJ<体积>*1.015	☐	
3	4-125	定	捣固养护 墙		m3	TJ	TJ<体积>	☐	建筑
4	─ 011702011001	项	直形墙	1. 模板类型: 胶合板模板 钢支撑 2. 支撑高度: 3.9m	m2	JLQMBMJQD	JLQMBMJQD<剪力墙模板面积(清单)>	☑	建筑工程
5	12-80	定	直形墙 胶合板模板 钢支撑		m2	MBMJ	MBMJ<模板面积>	☑	建筑
6	12-97	定	墙支撑高度超过3.6m 每增加1m 钢支撑		m2	CGMBMJ	CGMBMJ<超高模板面积>	☑	建筑

图 2.27

②Q1 电梯的做法套用,如图 2.28 所示。

	编码	类别	项目名称	项目特征	单位	工程量表达式	表达式说明	措施项目	专业
1	─ 010504001001	项	直形墙	1. 混凝土种类: 商品混凝土 2. 混凝土强度等级: C30	m3	JLQTJQD	JLQTJQD<剪力墙体积(清单)>	☐	建筑工程
2	B-1	补	商品混凝土C30		m3	TJ*1.015	TJ<体积>*1.015	☐	
3	4-125	定	捣固养护 墙		m3	TJ	TJ<体积>	☐	建筑
4	─ 011702011004	项	直形墙-电梯间	1. 模板类型: 组合钢模板 钢支撑 2. 支撑高度 3.9m	m2	JLQMBMJQD	JLQMBMJQD<剪力墙模板面积(清单)>	☑	建筑工程
5	12-87	定	电梯井墙 组合钢模板 钢支撑		m2	MBMJ	MBMJ<模板面积>	☑	建筑
6	12-97	定	墙支撑高度超过3.6m 每增加1m 钢支撑		m2	CGMBMJ	CGMBMJ<超高模板面积>	☑	建筑

图 2.28

5)画法讲解

剪力墙定义完毕后,单击"绘图"按钮,切换到绘图界面。

(1)直线绘制

通过构件列表选择要绘制的构件 Q-1,鼠标左键单击 Q-1 的起点①轴与Ⓑ轴的交点,鼠标左键单击 Q-1 的终点①轴与Ⓔ轴的交点即可。

(2)偏移

①轴的 Q-1 绘制完成后与图纸进行对比,发现图纸上位于①轴线上的 Q-1 并非居中于轴线,选中 Q-1,单击"偏移",输入"175",如图 2.29 所示。在弹出的"是否要删除原来图元"对话框中,选择"是"按钮即可。

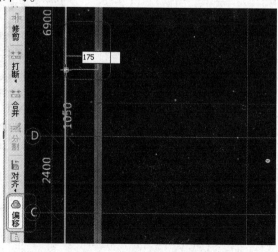

图 2.29

（3）借助辅助轴线绘制墙体

从图纸上可知，Q2电梯的墙体并非位于轴线上，这时需要针对Q2电梯的位置建立辅助轴线。参见建施-3、建施-15，确定Q2电梯的位置，单击"辅助轴线""平行"，再单击④轴，在弹出的对话框中"偏移距离mm"输入"－2425"，然后单击"确定"按钮；再选中Ⓔ轴，在弹出的对话框中"偏移距离mm"输入"－950"；再选中①轴，在弹出的对话框中"偏移距离mm"输入"1050"。辅助轴线建立完毕，在"构件列表"中选择Q2电梯，在黑色绘图界面进行Q2电梯的绘制，绘制完成后单击"保存"按钮即可。

四、任务结果

绘制完成后进行汇总计算，按"F9"键查看报表，单击"设置报表范围"，只选择"墙"的报表范围，单击"确定"按钮，如图2.30所示。本层剪力墙的工程量如表2.8所示。

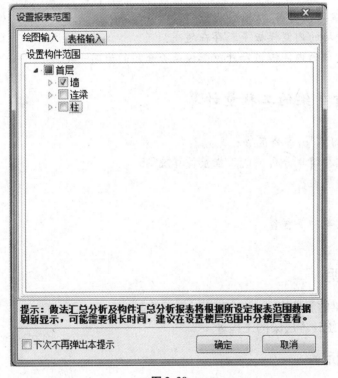

图2.30

表2.8 剪力墙清单定额量

序　号	项目编码	项目名称及特征	单　位	工程量
1	010504001001	直形墙 1.混凝土种类:商品混凝土 2.混凝土强度等级:C30	m³	52.9955
	B-1	商品混凝土 C30	m³	53.7595
	4-125	捣固养护 墙	10m³	5.2965

五、总结拓展

①虚墙只起分割封闭作用,不计算工程量,也不影响工程量的计算。

②在对构件进行属性编辑时,属性编辑框中有两种颜色的字体:蓝色字体和灰色字体。蓝色字体显示的是构件的公有属性,灰色字体显示的是构件的私有属性。对公有属性部分进行操作,所做的改动对所有同名称构件起作用。

③对属性编辑框中"附加"进行勾选,方便用户对所定义的构件进行查看和区分。

④软件对内外墙定义的规定:软件为方便外墙布置,建筑面积、平整场地等部分智能布置功能,需要人为区分内外墙。

思考与练习

(1)Q1 为什么要区别内、外墙定义?

(2)电梯井壁墙的内侧模板是否存在超高?

(3)电梯井壁墙的内侧模板和外侧模板是否套用的为同一定额?

2.2.3 首层梁的工程量计算

通过本小节的学习,你将能够:

(1)依据定额和清单分析梁的工程量计算规则;

(2)定义梁的属性;

(3)绘制梁图元;

(4)统计首层梁的工程量。

一、任务说明

①完成首层梁的属性定义、做法套用及图元绘制。

②汇总计算,统计本层梁的工程量。

二、任务分析

①梁在计量时的主要尺寸是哪些? 从什么图中什么位置找到? 有多少种梁?

②梁是如何套用清单,定额的? 软件中如何处理变截面梁?

③梁的标高如何调整? 起点顶标高、终点顶标高不同会有什么结果?

④绘制梁时如何使用"Shift + 左键"实现精确定位?

⑤各种不同名称梁如何能快速套用做法?

三、任务实施

1)分析图纸

①分析结施-5,从左至右、从上至下,本层有框架梁、屋面框架梁、非框架梁、悬梁4种。

②框架梁 KL1～KL8、屋面框架梁 WKL1～WKL3、非框架梁 L1～L12、悬梁 XL1,主要信息如表2.9所示。

表 2.9　梁表

序号	类型	名称	混凝土标号	截面尺寸(mm)	顶标高	备注
1	框架梁	KL1	C30	250×500　250×650	层顶标高	变截面
		KL2	C30	250×500　250×650	层顶标高	
		KL3	C30	250×500	层顶标高	
		KL4	C30	250×500　250×650	层顶标高	
		KL5	C30	250×500	层顶标高	
		KL6	C30	250×500	层顶标高	
		KL7	C30	250×600	层顶标高	
		KL8	C30	250×500　250×650	层顶标高	
2	屋面框架梁	WKL1	C30	250×600	层顶标高	
		WKL2	C30	250×600	层顶标高	
		WKL3	C30	250×500	层顶标高	
3	非框架梁	L1	C30	250×500	层顶标高	
		L2	C30	250×500	层顶标高	
		L3	C30	250×500	层顶标高	
		L4	C30	200×400	层顶标高	
		L5	C30	250×600	层顶标高	
		L6	C30	250×400	层顶标高	
		L7	C30	250×600	层顶标高	
		L8	C30	200×400	层顶标高	
		L9	C30	250×600	层顶标高	
		L10	C30	250×400	层顶标高	
		L11	C30	250×600	层顶标高	
		L12	C30	250×500	层顶标高	
4	悬梁	XL1	C30	250×500	层顶标高	

2)现浇混凝土梁清单、定额计算规则学习

(1)清单计算规则(见表2.10)

表2.10　梁清单计算规则

编　号	项目名称	单　位	计算规则
010503002	矩形梁	m³	按设计图示尺寸以体积计算。伸入墙内的梁头、梁垫并入梁体积内。梁长： 1.梁与柱连接时,梁长算至柱侧面; 2.主梁与次梁连接时,次梁长算至主梁侧面
011702006	矩形梁	m²	按模板与现浇混凝土构件的接触面积计算
010505001	有梁板	m³	按设计图示尺寸以体积计算,有梁板(包括主、次梁与板)按梁、板体积之和计算
011702014	有梁板	m²	按模板与现浇混凝土构件的接触面积计算

（2）定额计算规则（见表2.11）

表2.11　梁定额计算规则

编　号	项目名称	单　位	计算规则
4-21	现浇混凝土 矩形梁	m³	按设计图示尺寸以体积计算。不扣除构件内钢筋、预埋铁件所占体积,伸入墙内的梁头、梁垫并入梁体积内
B-1	商品混凝土 C30	m³	
B-2	商品混凝土 C25	m³	
4-126	捣固养护 梁	m³	
12-64	矩形梁 复合模板	m²	梁模板及支架按展开面积计算,不扣除梁与梁连接重叠部分的面积。梁侧的出沿按展开面积并入梁模板工程量中
12-74	梁支撑高度3.6m以上每增1m	m²	模板支撑高度 >3.6m 时,按超过部分全部面积计算工程量
4-34	现浇混凝土 有梁板	m³	按设计图示尺寸以体积计算。不扣除构件内钢筋、预埋铁件所占体积,伸入墙内的梁头、梁垫并入梁体积内
12-103	有梁板 复合模板	m²	板模板及支架按展开面积计算,不扣除梁与梁连接重叠部分的面积。梁侧的出沿按展开面积并入梁模板工程量中
12-133	板支撑高度3.6m以上每增1m	m²	模板支撑高度 >3.6m 时,按超过部分全部面积计算工程量

3)属性定义

(1)框架梁的属性定义

在模块导航栏中单击"梁"→"梁",单击"定义"按钮,进入梁的定义界面,在构件列表中单击"新建"→"新建矩形梁",新建矩形梁 KL-1,根据 KL-1(9)在图纸中的集中标注,在属性编辑框中输入相应的属性值,如图 2.31 所示。

(2)屋框梁的属性定义

屋框梁的属性定义同上面框架梁,如图 2.32 所示。

属性名称	属性值	附加
名称	KL-1	
类别1	框架梁	
类别2		
材质	现浇混凝土	
砼标号	(C30)	
砼类型	(泵送砼碎石20mm (425#))	
截面宽度(	250	
截面高度(	500	
截面面积(m	0.125	
截面周长(m	1.5	
起点顶标高	层顶标高	
终点顶标高	层顶标高	
轴线距梁左	(125)	
砖胎膜厚度	0	
是否计算单	否	
图元形状	直形	
模板类型	复合木模板	
支撑类型	钢支撑	
是否为人防	否	
备注		
+ 计算属性		
+ 显示样式		

图 2.31

属性名称	属性值	附加
名称	WKL1	
类别1	框架梁	
类别2		
材质	预拌混凝	
砼类型	(预拌砼)	
砼标号	(C30)	
截面宽度(	250	
截面高度(	600	
截面面积(m	0.15	
截面周长(m	1.7	
起点顶标高	层顶标高	
终点顶标高	层顶标高	
轴线距梁左	(125)	
砖胎膜厚度	0	
是否计算单	否	
图元形状	矩形	
模板类型	复合模板	
是否为人防	否	
备注		
+ 计算属性		
+ 显示样式		

图 2.32

4)梁做法套用

梁构件定义好后,需要进行做法套用操作,如图 2.33 所示。

	编码	类别	项目名称	项目特征	单位	工程量表达式	表达式说明	措施项目	专业
1	─ 010505001001	项	有梁板	1.混凝土种类:商品混凝土 2.混凝土强度等级:C30	m³	TJ	TJ<体积>	☑	建筑工程
2	B-1	补	商品混凝土C30		m³	TJ*1.015	TJ<体积>*1.015		建筑
3	4-124	定	捣固养护 板		m³	TJ	TJ<体积>		建筑
4	─ 011702014003	项	有梁板-梁	1.模板类型:胶合板模板 钢支撑 2.支撑高度:3.6m以内。	m²	MBMJ	MBMJ<模板面积>	☑	建筑工程
5	12-103	定	有梁板 胶合板模板 钢支撑		m²	MBMJ	MBMJ<模板面积>	☑	建筑

图 2.33

5)梁画法讲解

(1)直线绘制

在绘图界面,单击"直线",再单击梁的起点①轴与①轴的交点,然后单击梁的终点④轴与①轴的交点即可,如图 2.34 所示。

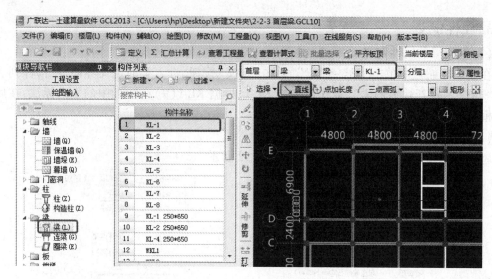

图2.34

（2）镜像绘制梁图元

①—④轴间①轴上的 KL1 与⑦—⑪轴间①轴上的 KL1 是对称的,因此可以采用"镜像"绘制此图元。点选镜像图元,单击右键选择"镜像",单击对称轴一点,再单击对称轴另一点,单击右键确认。

四、任务结果

①参照 KL1、WKL1 属性的定义方法,将 KL2 ~ KL8,WKL2、WKL3,L1 ~ L12,XL1 按图纸要求进行定义。

②用直线、对齐、镜像等方法将 KL2 ~ KL8,WKL2、WKL3,L1 ~ L12,XL1 按图纸要求绘制。绘制完后如图2.35 所示。

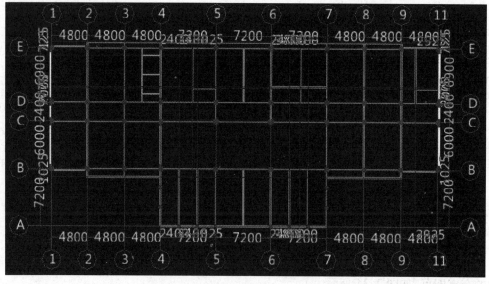

图2.35

③汇总计算,统计本层梁的工程量,如表 2.12 所示。

表 2.12　梁清单定额量

序　号	项目编码	项目名称及特征	单位	工程量
1	010503002001	矩形梁 1. 混凝土种类:商品混凝土 2. 混凝土强度等级:C25	m³	0.2405
	B-2	商品混凝土 C25	m³	0.2441
	4-126	捣固养护 梁	10m³	0.0241
2	010505001001	有梁板 1. 混凝土种类:商品混凝土 2. 混凝土强度等级:C30	m³	59.6823
	B-1	商品混凝土 C30	m³	60.5734
	4-124	捣固养护 板	10m³	5.9678

五、总结拓展

①⑥—⑦轴与Ⓓ—Ⓔ轴间的梁标高比层顶标高低 0.05,汇总之后选择图元,右键单击属性编辑框可以单独修改该梁的私有属性,更改标高。

②KL1、KL2、KL4、KL8 在图纸中有两种截面尺寸,软件是不能定义同名称构件的,因此在定义时需重新加下脚标定义。

③绘制梁构件时,一般先横向后竖向,先框架梁后次梁,避免遗漏。

思考与练习

(1)梁属于线性构件,那么梁可不可以使用矩形绘制? 如果可以,则哪些情况适合用矩形绘制?

(2)智能布置梁后,位置与图纸位置不一样,该怎样调整?

2.2.4　首层板的工程量计算

通过本小节的学习,你将能够:

(1)依据定额和清单分析现浇板的工程量计算规则;

(2)定义板的属性;

(3)绘制板;

(4)统计板的工程量。

一、任务说明

①完成首层板的属性定义、做法套用及图元绘制。

②汇总计算,统计本层板的工程量。

二、任务分析

①首层板在计量时的主要尺寸是哪些?从什么图中什么位置找到?有多少种板?

②板是如何套用清单定额的?

③板的绘制方法有几种?

④各种不同名称板如何能快速套用做法?

三、任务实施

1)分析图纸

分析结施-12可以得到板的截面信息,包括屋面板与普通楼板,主要信息如表2.13所示。

表2.13 板表

序号	类 型	名 称	混凝土标号	板厚 $h(mm)$	板顶标高	备 注
1	屋面板	WB1	C30	100	层顶标高	
2	普通楼板	LB2	C30	120	层顶标高	
		LB3	C30	120	层顶标高	
		LB4	C30	120	层顶标高	
		LB5	C30	120	层顶标高	
		LB6	C30	120	层顶标高,-0.050	
3	未注明板	E轴向外	C30	120	层顶标高	

2)现浇板清单、定额计算规则学习

(1)清单计算规则(见表2.14)

表2.14 板清单计算规则

编 号	项目名称	单 位	计算规则
010505001	有梁板	m^3	按设计图示尺寸以体积计算,有梁板(包括主、次梁与板)按梁、板体积之和计算。不扣除单个面积 $0.3m^2$ 以内的柱、垛及孔洞所占体积。各类板伸入墙内的板头并入板体积内计算
011702014	有梁板	m^2	按模板与现浇混凝土构件的接触面积计算。单个面积在 $0.3m^2$ 以内的孔洞所占体积,侧壁不增加;单个面积在 $0.3m^2$ 以上的孔洞应予扣除,洞侧壁模板面积并入板工程量内计算。 柱、梁、墙、板相互连接重叠部分均不计算模板面积

(2)定额计算规则(见表2.15)

表2.15　板定额计算规则

编　号	项目名称	单　位	计算规则
4-34	现浇混凝土 有梁板	m³	按设计图示尺寸以体积计算。不扣除构件内钢筋、预埋铁件所占体积,伸入墙内的梁头、梁垫并入梁体积内
12-103	有梁板 复合模板	m²	梁模板及支架按展开面积计算,不扣除梁与梁连接重叠部分的面积。梁侧的出沿按展开面积并入梁模板工程量中
17-133	板支撑高度3.6m以上每增1m	m²	模板支撑高度 >3.6m 时,按超过部分全部面积计算工程量

3)属性定义

(1)楼板的属性定义

在模块导航栏中单击"板"→"现浇板",单击"定义"按钮,进入板的定义界面,在构件列表中单击"新建"→"新建现浇板",新建现浇板 LB-2,根据 LB-2 在图纸中的尺寸标注,在属性编辑框中输入相应的属性值,如图2.36所示。

(2)屋面板的属性定义

屋面板的属性定义与楼板的属性定义完全相似,如图2.37所示。

图2.36　　　　　　　　　　　　图2.37

4)做法套用

板构件定义好后,需要进行做法套用操作,如图2.38所示。

	编码	类别	项目名称	项目特征	单位	工程量表达式	表达式说明	措施项目	专业
1	— 010505001001	项	有梁板	1.混凝土种类:商品混凝土 2.混凝土强度等级:C30	m3	TJ	TJ〈体积〉	☐	建筑工程
2	B-1	补	商品混凝土C30		m3	TJ*1.015	TJ〈体积〉*1.015	☐	
3	4-124	定	捣固养护 板		m3	TJ	TJ〈体积〉	☐	建筑
4	— 011702014002	项	有梁板-板	1.模板类型:胶合板模板 钢支撑 2.支撑高度:3.78m	m2	MBMJ	MBMJ〈底面模板面积〉	☑	建筑工程
5	12-103	定	有梁板 胶合板模板 钢支撑		m2	MBMJ	MBMJ〈底面模板面积〉	☑	建筑
6	12-133	定	板支撑高度超过3.6m 每增加1m 钢支撑		m2	CGMBMJ	CGMBMJ〈超高模板面积〉	☑	建筑

图2.38

5)板画法讲解

(1)点画绘制板

以WB1为例,定义好屋面板后,单击"点画",在WB1区域单击左键,WB1即可布置,如图2.39所示。

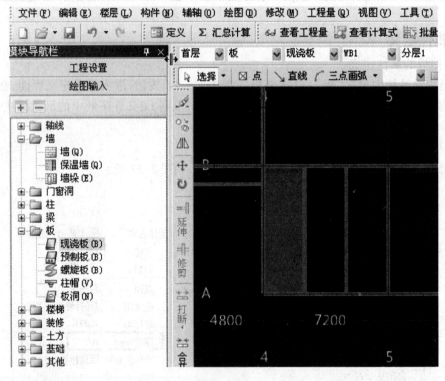

图2.39

(2)直线绘制板

仍以WB1为例,定义好屋面板后,单击"直线",左键单击WB1边界区域的交点,围成一个封闭区域,WB1即可布置,如图2.40所示。

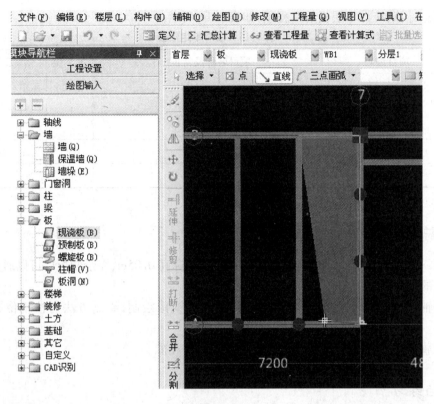

图2.40

四、任务结果

①根据上述屋面板、普通楼板的定义方法,将本层剩下的 LB3、LB4、LB5、LB6 定义好。

②用点画、直线、矩形等方法将①轴与⑪轴之间的板绘制好,绘制完后如图 2.41 所示。

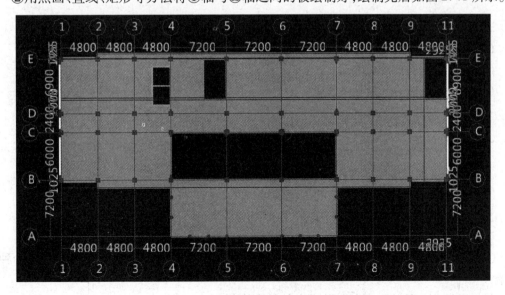

图2.41

③汇总计算,统计本层板的工程量,如表2.16所示。

表2.16　板清单定额量

序　号	项目编码	项目名称及特征	单　位	工程量
1	010505001001	有梁板 1.混凝土种类:商品混凝土 2.混凝土强度等级:C30	m³	81.6564
	B-1	商品混凝土 C30	m³	82.926
	4-124	捣固养护板	10m³	8.17

五、总结拓展

①⑥—⑦轴与Ⓓ—Ⓔ轴间的板顶标高低于层顶标高0.05m,在绘制板后可以通过单独调整这块板的属性来调整标高。

②Ⓑ轴与Ⓒ轴之间,左边与右边的板可以通过镜像绘制,绘制方法与柱镜像绘制方法相同。

③板属于面式构件,绘制的方法和其他面式构件相似。

思考与练习

(1)用点画法绘制板需要注意哪些事项?对绘制区域有什么要求?

(2)有梁板时,板与梁相交时的扣减原则是什么?

2.2.5　首层填充墙的工程量计算

通过本小节的学习,你将能够:

(1)依据定额和清单分析填充墙的工程量计算规则;

(2)运用点加长度绘制墙图元;

(3)统计本层墙的阶段性工程量。

一、任务说明

①完成首层填充墙的属性定义、做法套用及图元绘制。

②汇总计算,统计本层填充墙的工程量。

二、任务分析

①首层填充墙在计量时的主要尺寸是哪些?从什么图中什么位置找到?有多少种类的墙?

②填充墙不在轴线上时如何使用点加长度绘制?

③填充墙中清单计算的厚度与定额计算的厚度不一致,该如何处理? 墙的清单项目特征描述如何影响定额匹配的?

④虚墙的作用是什么? 如何绘制?

三、任务实施

1)分析图纸

分析建施-0、建施-3、建施-10、建施-11、建施-12、结施-8,可以得到填充墙的信息,如表2.17所示。

表2.17 填充墙表

序号	类型	砌筑砂浆	材质	墙厚(mm)	标高	备注
1	空心砖外墙	M5混合砂浆	空心砖	250	-0.1 ~ +3.8	梁下墙
2	框架间墙	M5混合砂浆	陶粒空心砖	200	-0.1 ~ +3.8	梁下墙
3	砌块内墙	M5混合砂浆	陶粒空心砖	200	-0.1 ~ +3.8	梁下墙
4	空心砖内墙	M5混合砂浆	空心砖	250	-0.1 ~ +3.8	梁下墙
5	砌块内墙	M5混合砂浆	陶粒空心砖	100	-0.1 ~ +3.8	梁下墙

2)砌块墙清单、定额计算规则学习

(1)清单计算规则(见表2.18)

表2.18 砌块墙清单计算规则

编号	项目名称	单位	计算规则
010401005	空心砖墙	m³	按设计图示尺寸以体积计算。扣除门窗、洞口、嵌入墙内的钢筋混凝土柱、梁、圈梁、挑梁、过梁及凹进墙内的壁龛、管槽、暖气槽、消火栓箱所占体积,不扣除梁头、板头、檩木、垫木、木楞头、沿缘木、木砖、门窗走头、砖墙内加固钢筋、木筋、铁件、钢管及单个面积0.3m²以内的孔洞所占体积。凸出墙面的腰线、挑檐、压顶、窗台线、虎头砖、门窗套的体积亦不增加。凸出墙面的砖垛并入墙体体积内计算。
010402001	砌块墙	m³	1.墙长度:外墙按中心线,内墙按净长线计算 2.墙高度:略

(2)定额计算规则(见表2.19)

表2.19 砌块墙定额计算规则

编号	项目名称	单位	计算规则
3-173	空心砖墙一砖(混合砂浆)M5预拌砂浆	10m³	
3-283	陶粒混凝土砌块墙190厚(M5预拌混合砂浆)	10m³	同清单
3-243	陶粒混凝土砌块墙100厚(M5预拌混合砂浆)	10m³	

3)砌块墙属性定义

新建砌块墙的方法参见新建剪力墙的方法,这里只是简单地介绍一下新建砌块墙需要注意的地方,如图2.42所示。

内/外墙标志:外墙和内墙要区别定义,除了对自身工程量有影响外,还影响其他构件的智能布置。这里可以根据工程实际需要对标高进行定义,如图2.43所示。本工程是按照软件默认的高度进行设置,软件会根据定额的计算规则对砌块墙和混凝土相交的地方进行自动处理。

属性编辑框

属性名称	属性值	附加
名称	Q3	
类别	砖墙	☐
材质	空心砖	☐
砂浆标号	M5	☐
砂浆类型	(混合砂浆中砂)	☐
内/外墙标	外墙	☑
厚度(mm)	250	☑
起点顶标高	层顶标高	☐
终点顶标高	层顶标高	☐
起点底标高	层底标高	☐
终点底标高	层底标高	☐
轴线距左墙	(125)	☐
图元形状	直形	☐
是否为人防	否	☐
备注		☐
+ 计算属性		
+ 显示样式		

图2.42

属性编辑框

属性名称	属性值	附加
名称	Q4	
类别	砌块墙	☐
材质	陶粒混凝土块	☐
砂浆标号	M5	☐
砂浆类型	(混合砂浆中砂)	☐
内/外墙标	内墙	☑
厚度(mm)	200	☑
起点顶标高	层顶标高	☐
终点顶标高	层顶标高	☐
起点底标高	层底标高	☐
终点底标高	层底标高	☐
轴线距左墙	(100)	☐
图元形状	直形	☐
工艺	单面清水	☐
砌块尺寸	90×390×190mm	☐
是否为人防	否	☐
备注		☐
+ 计算属性		
+ 显示样式		

图2.43

4)做法套用

砌块墙的做法套用,如图2.44所示。

添加清单 添加定额 × 删除 项目特征 查询 ▾ 换算 ▾ 选择代码 编辑计算式 做法刷 做法查询 选配 提取做法 当前构件自

	编码	类别	项目名称	项目特征	单位	工程量表达式	表达式说明	措施项目	专业
1	− 010402001001	项	砌块墙200厚	1.砌块品种、规格、强度等级:陶粒混凝土砌块390*190*290 MU10 2.墙体类型:砌块墙 3.墙厚:200 4.砂浆强度等级:M5 预拌混合砂浆	m3	TJ	TJ<体积>	☐	建筑工程
2	3-291	定	砌筑陶粒混凝土砌块墙(390×190×290mm)墙厚190mm(混合砂浆)M5 预拌砂浆		m3	TJ	TJ<体积>	☐	建筑

图2.44

5)画法讲解

点加直线:建施-3中在②轴、Ⓑ轴向下有一段墙体1025mm(中心线距离),单击“点加长度”,再单击起点Ⓑ轴与②轴相交点,然后向上找到Ⓒ轴与②轴相交点单击一下,弹出“点加长度设置”对话框,在“反向延伸长度处(mm)”输入“1025”,然后单击“确定”按钮,如图2.45所示。

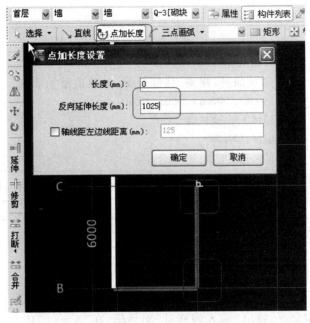

图2.45

四、任务结果

①按照"点加长度"的画法,把②轴、Ⓔ轴向上,⑨轴、Ⓔ轴向上等相似位置的砌块外墙绘制好。

②汇总计算,统计本层填充墙的工程量,如表2.20所示。

表2.20 填充墙清单定额量

序 号	项目编码	项目名称及特征	单 位	工程量
1	010401005001	空心砖墙 1.砖品种、规格、强度等级:多孔砖 2.墙体类型:多孔砖墙 3.墙厚:250mm 4.砂浆强度等级、配合比:M5 预拌混合砂浆	m³	69.5425
	3-173	空心砖墙1砖(混合砂浆)M5 预拌砂浆	10m³	6.9543
2	010402001001	砌块墙200mm 厚 1.砌块品种、规格、强度等级:陶粒混凝土砌块 　390mm×190mm×290mm MU10 2.墙体类型:砌块墙 3.墙厚:200mm 4.砂浆强度等级:M5 预拌混合砂浆	m³	94.2343
	3-291	砌筑陶粒混凝土砌块墙(390mm×190mm×290mm)墙厚190mm(混合砂浆)M5 预拌砂浆	10m³	9.4234

续表

序 号	项目编码	项目名称及特征	单 位	工程量
3	010402001002	砌块墙100mm 厚 1. 砌块品种、规格、强度等级:陶粒混凝土砌块 390mm×90mm×290mm MU10 2. 墙体类型:砌块墙 3. 墙厚:100mm 4. 砂浆强度等级:M5 混合砂浆	m³	2.0241
	3-243	砌筑陶粒混凝土砌块墙(390mm×90mm×290mm)墙厚 90mm(混合砂浆)M5 预拌砂浆	10m³	0.2024

五、总结拓展

①"Shift + 左键",绘制偏移位置的墙体。在直线绘制墙体的状态下,按住"Shift 键",同时单击⑤轴和⑪轴的相交点,弹出"输入偏移量"对话框,在"X ="的地方输入"–3000",单击"确定"按钮后向着垂直⑪轴的方向绘制墙体。

②做实际工程时,要依据图纸对各个构件进行分析,确定构件需要计算的内容和方法,对软件所计算的工程量进行分析核对。在本小节介绍了"点加长度"和"Shift + 左键"的方法绘制墙体,在应用时可以依据图纸分析哪个功能能帮助我们快速绘制图元。

思考与练习

(1)思考"Shift + 左键"的方法还可以应用在哪些构件的绘制中?

(2)框架间墙的长度怎样计算?

(3)在定义墙构件属性时为什么要区分内外墙的标志?

2.2.6 首层门窗、洞口、壁龛的工程量计算

通过本小节的学习,你将能够:

(1)定义门窗洞口;

(2)绘制门窗图元;

(3)统计本层门窗的工程量。

一、任务说明

①完成首层门窗、洞口的属性定义、做法套用及图元绘制。

②使用精确和智能布置绘制门窗。

③汇总计算,统计本层门窗、洞口、壁龛的工程量。

二、任务分析

①首层门窗的尺寸种类有多少？影响门窗位置的离地高度如何设置？门窗在墙中是如何定位的？

②门窗的清单与定额如何匹配？

③不精确布置门窗会有可能影响哪些项目的工程量？

三、任务实施

1) 分析图纸

分析图纸建施-3、结施-5,可以得到门窗的信息,如表 2.21 所示。

表 2.21　门窗洞口表

序　号	名　　称	数量(个)	宽(mm)	高(mm)	离地高度(mm)	备　注
1	M1	10	1000	2100	0	
2	YFM1	2	1200	2100	0	
3	M2	1	1500	2100	0	
4	TLM1	1	3000	2100	0	
5	JXM1	1	550	2000	0	
6	JXM2	1	1200	2000	0	
7	LC3	2	1500	2700	700	
8	LC2	16	1200	2700	700	
9	LC1	10	900	2700	700	
10	MQ1	1	21000	3900	0	
11	MQ2	4	4975	3900	0	
12	电梯门洞	2	1200	2600	0	
13	走廊洞口	2	1800	2700	0	LL1 下
14	LM1	1	2100	3000	0	
15	消火栓箱	1	750	1650	150	

2) 门窗清单、定额计算规则学习

(1) 清单计算规则(见表 2.22)

表2.22　门窗清单计算规则

编　号	项目名称	单　位	计算规则
010801001	木质门	m²	1.以樘计量,按设计图示数量计算; 2.以平方米计量,按设计图示洞口尺寸以面积计算
010802001	金属(塑钢)门	m²	
010802003	钢质防火门	m²	
010801004	木质防火门	m²	
010807001	金属(塑钢、断桥)窗	m²	
011209002	全玻璃(无框玻璃)幕墙	m²	按设计图示尺寸以面积计算。带肋全玻璃幕墙按展开面积计算

(2)定额计算规则(见表2.23)

表2.23　门窗定额计算规则

编　号	项目名称	单　位	计算规则
B-11	木门夹板装饰门	m²	按框外围面积计算
4-41	塑钢门单玻平开	m²	
B-10	全玻璃推拉门	m²	
4-46	钢质防火门	m²	
4-26	木门 木质防火门	m²	
4-153	塑钢窗安装	m²	
2-406	全玻璃幕墙 点式	m²	按设计图示尺寸以面积计算

3)属性定义

(1)门的属性定义

在模块导航栏中单击"门窗洞"→"门",单击"定义"按钮,进入门的定义界面,在构件列表中单击"新建"→"新建矩形门",新建矩形门 M-1,其属性定义如图2.46所示。

①洞口宽度、洞口高度:从门窗表中可以直接得到属性值。

②框厚:输入门实际的框厚尺寸,对墙面块料面积的计算有影响,本工程输入为"0"。

③立樘距离:门框中心线与墙中心线间的距离,默认为"0"。如果门框中心线在墙中心线左边,该值为负,否则为正。

④框左右扣尺寸、框上下扣尺寸:如果计算规则要求门窗按框外围计算,输入框扣尺寸。

(2)窗的属性定义

在模块导航栏中单击"门窗洞"→"窗",单击"定义"按钮,进入窗的定义界面,在构件列表中单击"新建"→"新建矩形窗",新建矩形窗 LC1,其属性定义如图2.47所示。

(3)玻璃幕墙的属性定义

玻璃幕墙在墙体幕墙项目中定义,如图2.48所示,本工程中 MQ2 不进行绘制。

属性编辑框		
属性名称	属性值	附加
名称	M-1	
洞口宽度(	1000	
洞口高度(	2100	
框厚(mm)	0	
立樘距离(	0	
洞口面积(m	2.1	
离地高度(	0	
框左右扣尺	0	
框上下扣尺	0	
是否随墙变	否	
框外围面积	2.1	
是否为人防	否	
备注		
⊞ 计算属性		
⊞ 显示样式		

图 2.46

属性编辑框		
属性名称	属性值	附加
名称	LC1	
洞口宽度(	900	
洞口高度(	2700	
框厚(mm)	0	
立樘距离(	0	
洞口面积(m	2.43	
离地高度(	700	
框左右扣尺	0	
框上下扣尺	0	
是否随墙变	是	
框外围面积	2.43	
备注		
⊞ 计算属性		
⊞ 显示样式		

图 2.47

属性编辑框		
属性名称	属性值	附加
名称	MQ-1	
材质	玻璃	
厚度(mm)	100	
轴线距左墙	(50)	
内/外墙标	外墙	✓
起点顶标高	层顶标高	
终点顶标高	层顶标高	
起点底标高	层底标高	
终点底标高	层底标高	
结构类型	全玻幕墙	
备注		
⊞ 计算属性		
⊞ 显示样式		

图 2.48

(4)电梯洞口的属性定义

在模块导航栏中单击"门窗洞"→"电梯洞口",在构件列表中单击"新建"→"新建电梯洞口",其属性定义如图 2.49 所示。

(5)壁龛(消火栓箱)的属性定义

在模块导航栏中单击"门窗洞"→"壁龛(消火栓箱)",在构件列表中单击"新建"→"新建壁龛(消火栓箱)",其属性定义如图 2.50 所示。

属性名称	属性值	附加
名称	电梯洞口	
洞口宽度(mm)	1200	
洞口高度(mm)	2600	
离地高度(mm)	0	
洞口面积(m2)	3.12	
备注		

图 2.49

属性名称	属性值
名称	消火栓箱
洞口宽度(	750
洞口高度(	1650
壁龛深度(	100
离地高度(	150
是否为人防	否
备注	
⊞ 计算属性	
⊞ 显示样式	

图 2.50

4)做法套用

门窗的材质较多,在这里仅例举几个。

①M1 的做法套用,如图 2.51 所示。

	编码	类别	项目名称	项目特征	单位	工程量表达式	表达式说明	措施项目	专业
1	⊟ 010801001001	项	木质门	1.门代号及洞口尺寸:夹板门、M-1(1000*2100M-2(1500*2100)具体尺寸见图纸设计	m2	DKMJ	DKMJ〈洞口面积〉	☐	建筑工程
2	── B-11	补	木夹板门		m2	KWWMJ	KWWMJ〈框外围面积〉	☐	

图 2.51

②JXM1 的做法套用,如图 2.52 所示。

	编码	类别	项目名称	项目特征	单位	工程里表达式	表达式说明	措施项目	专业
1	= 010801004001	项	木质防火门	1.门代号及洞口尺寸:丙级防火门:JXM1 (550*2000 JXM2 (1200*2000 2.门框、扇材质:木质	m2	DKMJ	DKMJ<洞口面积>	☐	建筑工程
2	4-26	借	木质防火门		m2框	KWWMJ	KWWMJ<框外围面积>	☐	装饰

图 2.52

5)门窗洞口的画法讲解

门窗洞构件属于墙的附属构件,也就是说门窗洞构件必须绘制在墙上。

(1)点画法

门窗最常用的是点绘制。对于计算来说,一段墙扣减门窗洞口面积,只要门窗绘制在墙上即可,一般对于位置要求不用很精确,所以可直接采用点绘制。在点绘制时,软件默认开启动态输入的数值框,可以直接输入一边距墙端头的距离,或通过"Tab"键切换输入框,如图 2.53 所示。

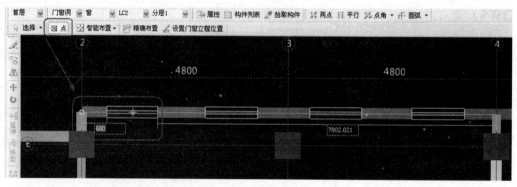

图 2.53

(2)精确布置

当门窗紧邻柱等构件布置时,考虑其上过梁与旁边的柱、墙扣减关系,需要对这些门窗精确定位。如一层平面图中的 M1 都是贴着柱边布置的。

以绘制ⓒ轴与②轴交点处的 M1 为例:先选择"精确布置"功能,再选择ⓒ轴的墙,然后指定插入点,在"请输入偏移值"中输入"-300",单击"确定"按钮即可,如图 2.54 所示。

图 2.54

（3）打断

由建施-3 中 MQ1 的位置可以看出，起点和终点均位于外墙外边线的地方，绘制的时候这两个点不好捕捉，绘制好 MQ1 后单击左侧工具栏的"打断"，捕捉到 MQ1 和外墙外边线的交点，绘图界面出现一个黄色的小叉，然后单击右键，在弹出的"确认"对话框中选择"是"按钮。选取不需要的 MQ1，单击右键选择"删除"即可，如图 2.55 所示。

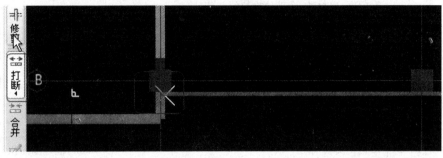

图 2.55

四、任务结果

汇总计算，统计本层门窗的工程量，如表 2.24 所示。

表 2.24　门窗清单定额量

序号	项目编码	项目名称及特征	单 位	工程量
1	010801001001	木质门 1. 门代号及洞口尺寸:夹板门、M-1(1000mm×2100mm)、M-2(1500mm×2100mm)具体尺寸见图纸设计	m²	24.15
	B-11	木夹板门	m²	24.15
2	010801004001	木质防火门 1. 门代号及洞口尺寸:丙级防火门,JXM1(550mm×2000mm)、JXM2(1200mm×2000mm) 2. 门框、扇材质:木质	m²	5.9
	[1347]4-26	木质防火门	100m² 框外围面积	0.059
3	010802001001	塑钢门 1. 门代号及洞口尺寸:LM1(2100mm×3000mm) 2. 门框、扇材质:塑钢	m²	6.3
	[1347]4-41	塑钢门(全板)带亮	100m² 框外围面积	0.063
4	010802003002	钢质防火门-乙级 1. 门代号及洞口尺寸:乙级防火门,YFM1(1200mm×2100mm) 2. 门框或扇外围尺寸:见图纸设计 3. 门框、扇材质:钢质	m²	5.04
	[1347]4-46	钢制防火门安装 双扇	100m² 框外围面积	0.0504

续表

序号	项目编码	项目名称及特征	单位	工程量
5	010804007001	全玻璃推拉门 1. 门代号及洞口尺寸：TLM1（3000mm×2100mm） 2. 门框、扇材质：全玻璃推拉门	樘	1
	B-10	全玻璃推拉门	樘	1
6	010807001001	塑钢窗 1. 窗代号及洞口尺寸：LC1（900mm×2700mm）、LC2（1200mm×2700mm）、LC3（1500mm×2700mm）、LC4（900mm×1800mm）、LC5（1200mm×1800mm） 2. 框、扇材质：塑钢	m²	110.16
	[1347]4-153	塑钢窗安装 单层	100m² 框外围面积	1.1016
7	011209002001	全玻（无框玻璃）幕墙 1. 玻璃品种、规格、颜色：10mm，1950mm×1950mm，白色 2. 固定方式：全玻璃幕墙点拨式固定	m²	159.588
	[1347]2-406	全玻璃幕墙 点式	100m²	1.5959

五、总结拓展

分析建施-3，位于Ⓔ轴向上②—④轴位置的 LC2 和Ⓑ轴向下②—④轴的 LC-2 是一样的，可用"复制"命令快速地绘制 LC2。单击绘图界面的"复制"按钮，选中 LC-2，找到墙端头的基点，再单击Ⓑ轴向下 1025mm 与②轴的相交点，完成复制，如图 2.56 所示。

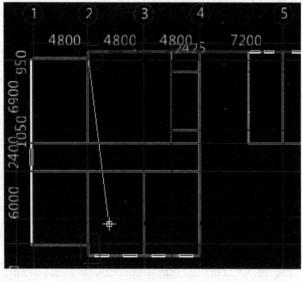

图 2.56

思考与练习

什么情况下需要对门窗进行精确定位?

2.2.7 过梁、圈梁、构造柱的工程量计算

通过本小节的学习,你将能够:
(1)依据定额和清单分析过梁、圈梁、构造柱的工程量计算规则;
(2)定义过梁、圈梁、构造柱的属性;
(3)绘制过梁、圈梁、构造柱;
(4)统计本层过梁、圈梁、构造柱的工程量。

一、任务说明

①完成首层过梁、圈梁、构造柱的属性定义、做法套用及图元绘制。
②汇总计算,统计首层过梁、圈梁、构造柱的工程量。

二、任务分析

①首层过梁、圈梁、构造柱的尺寸种类分别有多少? 分别从什么图中什么位置找到?
②过梁中入墙长度如何计算?
③如何快速使用智能布置和自动生成过梁、构造柱?

三、任务实施

1)分析图纸

(1)分析过梁、圈梁

分析结施-2、建施-3、结施-2 中(7)可知,内墙圈梁在门洞上设一道,兼做过梁,所以内墙的门洞口上不再设置过梁;外墙窗台处设一道圈梁,窗顶的圈梁不再设置,外墙所有的窗上不再布置过梁,MQ1、MQ2 的顶标高直接到混凝土梁,不再设置过梁;LM1 上设置过梁一道,尺寸为250mm×300mm。圈梁信息如表2.25 所示。

表2.25 圈梁表

序 号	名 称	位 置	宽(mm)	高(mm)	备 注
1	QL-1	内墙上	200	120	
2	QL-2	外墙上	250	180	

(2)构造柱

构造柱的设置位置参见结施-2 中(4)。

2)清单、定额计算规则学习

(1)清单计算规则(见表2.26)

表 2.26　过梁、圈梁、构造柱清单计算规则

编　号	项目名称	单　位	计算规则
010503005	过梁	m³	按设计图示尺寸以体积计算。伸入墙内的梁头、梁垫并入梁体积内
011702009	过梁	m²	按模板与现浇混凝土构件的接触面积计算
010503004	圈梁	m³	按设计图示尺寸以体积计算。伸入墙内的梁头、梁垫并入梁体积内
011702008	圈梁	m²	按模板与现浇混凝土构件的接触面积计算
010502002	构造柱	m³	按设计图示尺寸以体积计算。柱高:构造柱按全高计算,嵌接墙体部分(马牙槎)并入柱身体积
011702003	构造柱	m²	按模板与现浇混凝土构件的接触面积计算

(2)定额计算规则(见表 2.27)

表 2.27　过梁、圈梁、构造柱定额计算规则

编　号	项目名称	单　位	计算规则
B-2	商品混凝土 C25	m³	按设计图示尺寸以体积计算,乘以 1.015
4-126	捣固养护 梁	m³	按设计图示尺寸以体积计算。伸入墙内的梁头、梁垫并入梁体积内
4-123	捣固养护 柱	m³	按设计图示尺寸以体积计算
12-54	构造柱 复合模板	m²	构造柱按图示外露部分的最大宽度乘以柱高以面积计算
12-69	圈梁 直形 胶合板模板	m²	梁模板及支架按展开面积计算,不扣除梁与梁连接重叠部分的面积。梁侧的出沿按展开面积并入梁模板工程量中
12-71	过梁 胶合板模板	m²	过梁按图示面积计算

3)属性定义

(1)内墙圈梁的属性定义

在模块导航栏中单击"梁"→"圈梁",在构件列表中单击"新建"→"新建圈梁",在属性编辑框中输入相应的属性值,如图 2.57 所示。内墙上门的高度不一样,绘制完内墙圈梁后,需要手动修改圈梁标高。

（2）构造柱的属性定义

在模块导航栏中单击"柱"→"构造柱"，在构件列表中单击"新建"→"新建构造柱"，在属性编辑框中输入相应的属性值，如图2.58所示。

属性名称	属性值	附加
名称	QL-1	
材质	现浇混凝土	
砼标号	(C25)	
砼类型	(泵送砼碎石20mm(425#))	
截面宽度(	200	✓
截面高度(	120	✓
截面面积(m	0.024	
截面周长(m	0.64	
起点顶标高	层底标高+2.22	
终点顶标高	层底标高+2.22	
轴线距梁左	(100)	
砖胎膜厚度	0	
图元形状	直形	
模板类型	复合木模板	
支撑类型	木支撑	
备注		
⊞ 计算属性		
⊞ 显示样式		

图2.57

属性名称	属性值	附加
名称	GZ-1	
类别	带马牙槎	
材质	现浇混凝土	
砼标号	(C25)	
砼类型	(泵送砼碎石20mm(425#))	
截面宽度(	200	✓
截面高度(	200	✓
截面面积(m	0.04	
截面周长(m	0.8	
马牙槎宽度	60	
顶标高(m)	层顶标高	
底标高(m)	层底标高	
备注		
⊞ 计算属性		
⊞ 显示样式		

图2.58

（3）过梁的属性定义

在模块导航栏中单击"门窗洞"→"过梁"，在构件列表中单击"新建"→"新建矩形过梁"，在属性编辑框中输入相应的属性值，如图2.59所示。

属性名称	属性值	附加
名称	GL-1	
材质	现浇混凝土	
砼标号	(C25)	
砼类型	(泵送砼碎石20mm(42	
长度(mm)	(500)	
截面宽度(		
截面高度(	180	✓
起点伸入墙	250	
终点伸入墙	250	
截面周长(m	0.36	
截面面积(m	0	
位置	洞口上方	
顶标高(m)	洞口顶标高加过梁高	
中心线距左	(0)	
模板类型	复合木模板	
备注		
⊞ 计算属性		
⊞ 显示样式		

图2.59

4)做法套用

①圈梁的做法套用,如图 2.60 所示。

	编码	类别	项目名称	项目特征	单位	工程量表达式	表达式说明	措施项目	专业
1	⊟ 010503004001	项	圈梁	1.混凝土种类:商品混凝土 2.混凝土强度等级: C25	m3	TJ	TJ<体积>	☐	建筑工程
2	─ B-2	补	商品混凝土C25		m3	TJ*1.015	TJ<体积>*1.015	☐	
3	─ 4-126	定	捣固养护 梁		m3	TJ	TJ<体积>	☐	建筑
4	⊟ 011702008001	项	圈梁	1.模板类型: 胶合板模板 木支撑	m2	MBMJ	MBMJ<模板面积>	☑	建筑工程
5	─ 12-69	定	圈梁 直形 胶合板模板 木支撑		m2	MBMJ	MBMJ<模板面积>	☑	建筑

图 2.60

②构造柱的做法套用,如图 2.61 所示。

	编码	类别	项目名称	项目特征	单位	工程量表达式	表达式说明	措施项目	专业
1	⊟ 010502002001	项	构造柱	1.混凝土种类: 商品混凝土 2.混凝土强度等级: C25	m3	TJ	TJ<体积>	☐	建筑工程
2	─ B-2	补	商品混凝土C25		m3	TJ*1.015	TJ<体积>*1.015	☐	
3	─ 4-123	定	捣固养护 柱		m3	TJ	TJ<体积>	☐	建筑
4	⊟ 011702003001	项	构造柱	1.模板类型: 胶合板模板 木支撑	m2	MBMJ	MBMJ<模板面积>	☑	建筑工程
5	─ 12-54	定	构造柱 胶合板模板 木支撑		m2	MBMJ	MBMJ<模板面积>	☑	建筑

图 2.61

③过梁的做法套用,如图 2.62 所示。

	编码	类别	项目名称	项目特征	单位	工程量表达式	表达式说明	措施项目	专业
1	⊟ 010503005001	项	过梁	1.混凝土种类: 商品混凝土 2.混凝土强度等级: C25	m3	TJ	TJ<体积>	☐	建筑工程
2	─ B-2	补	商品混凝土C25		m3	TJ*1.015	TJ<体积>*1.015	☐	
3	─ 4-126	定	捣固养护 梁		m3	TJ	TJ<体积>	☐	建筑
4	⊟ 011702009001	项	过梁	1.模板类型: 胶合板模板 木支撑	m2	MBMJ	MBMJ<模板面积>	☑	建筑工程
5	─ 12-71	定	过梁 胶合板模板 木支撑		m2	MBMJ	MBMJ<模板面积>	☑	建筑

图 2.62

5)画法讲解

(1)圈梁的画法

圈梁可以采用"直线"画法,方法同墙的画法,这里不再重复。单击"智能布置"→"墙中心线",如图 2.63 所示;然后选中要布置的砌块内墙,单击右键确定即可。

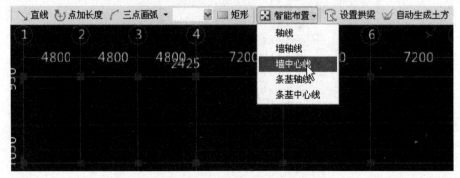

图 2.63

（2）构造柱的画法

①点画。构造柱可以按照点画布置,同框架柱的画法,这里不再重复。

②自动生成构造柱。单击"自动生成构造柱",弹出如图2.64所示对话框。在对话框中输入对应信息,单击"确定"按钮;然后选中墙体,单击右键确定即可。

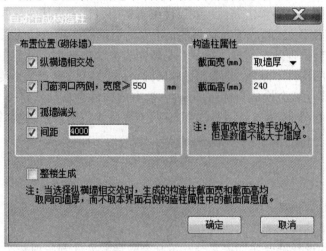

图2.64

四、任务结果

汇总计算,统计本层过梁、圈梁、构造柱的工程量,如表2.28所示。

表2.28 过梁、圈梁、构造柱清单定额量

序　号	项目编码	项目名称及特征	单　位	工程量
1	010502002001	构造柱 1.混凝土种类:商品混凝土 2.混凝土强度等级:C25	m³	12.4181
	B-2	商品混凝土 C25	m³	12.6044
	4-123	捣固养护 柱	10m³	1.2418
2	010503004001	圈梁 1.混凝土种类:商品混凝土 2.混凝土强度等级:C25	m³	4.1128
	B-2	商品混凝土 C25	m³	4.1722
	4-126	捣固养护 梁	10m³	0.4111
3	010503005001	过梁 1.混凝土种类:商品混凝土 2.混凝土强度等级:C25	m³	0.7394
	B-2	商品混凝土 C25	m³	0.7505
	4-126	捣固养护 梁	10m³	0.0739

五、总结拓展

(1)修改构件图元名称

①选中要修改的构件→单击右键→修改构件图元名称→选择要修改的构件;

②选中要修改的构件→单击属性→在属性编辑框的名称里直接选择要修改的构件名称。

(2)出现"同名构件处理方式"对话框的情况及对话框中三项选择的意思

在复制楼层时会出现此对话框。第一个是复制过来的构件都会新建一个,并且名称+n;第二个是复制过来的构件不新建,要覆盖目标层同名称的构件;第三个是复制过来的构件,目标层里有的,构件属性就会换成目标层的属性,没有的构件会自动新建一个构件。(注意:当前楼层如果有画好的图,要覆盖就用第二个选项,不覆盖就用第三个选项,第一个选项用的不多)

思考与练习

(1)简述构造柱的设置位置。

(2)为什么外墙窗顶没有设置圈梁?

(3)自动生成构造柱符合实际要求吗?不符合的话需要做哪些调整?

2.2.8 首层后浇带、雨篷的工程量计算

通过本小节的学习,你将能够:

(1)依据定额和清单分析首层后浇带、雨篷的工程量计算规则;

(2)定义首层后浇带、雨篷;

(3)绘制首层后浇带、雨篷;

(4)统计首层后浇带、雨篷的工程量。

一、任务说明

①完成首层后浇带、雨篷的属性定义、做法套用及图元绘制。

②汇总计算,统计首层后浇带、雨篷的工程量。

二、任务分析

①首层后浇带涉及哪些构件?这些构件的做法都一样吗?工程时表达如何选用?

②首层雨篷是一个室外构件,为什么要一次性将清单及定额做完?做法套用分别都是些什么?工程时表达如何选用?

三、任务实施

1)分析图纸

分析结施-12,可以从板平面图中得到后浇带的截面信息,本层只有一条后浇带,后浇带

宽度为800mm,分布在⑤轴与⑥轴间,距离⑤轴的距离为1000mm。

2)清单、定额计算规则学习

（1）清单计算规则（见表2.29）

表2.29 后浇带、雨篷清单计算规则

编 号	项目名称	单 位	计算规则
010508001	后浇带	m³	按设计图示尺寸以体积计算
011702030	后浇带	m²	按模板与后浇带的接触面积计算
010505008	雨篷、悬挑板、阳台板 混凝土	m³	按设计图示尺寸以墙外部分体积计算。包括伸出墙外的牛腿和雨篷反挑檐的体积
011702023	雨篷、悬挑板、阳台板 模板	m²	按图示外挑部分尺寸的水平投影面积计算,挑出墙外的悬臂梁及板边不另计算
011407002	天棚涂料	m²	按设计图示尺寸以面积计算
011301001	天棚抹灰 雨篷	m²	按设计图示尺寸以水平投影面积计算
011203001	零星项目一般抹灰	m²	按设计图示尺寸以面积计算

（2）部分定额计算规则（见表2.30）

表2.30 后浇带、雨篷定额计算规则（部分）

编 号	项目名称	单 位	计算规则
B-2	商品混凝土 C25	m³	按设计图示尺寸以体积计算,加1.5%损耗
B-5	商品混凝土 C35	m³	
4-124	捣固养护 板	m³	按设计图示尺寸以体积计算
12-129	悬挑板模板	m²	按水平投影面积计算
12-147	后浇带 梁	m²	按模板与后浇带的接触面积计算
12-149	后浇带 板	m²	
3-10	天棚抹灰	m²	按水平投影面积计算
2-27	装饰线抹灰	m	按长度计算
5-127	外墙涂料 两遍	m³	按设计图示尺寸以面积计算
5-182	墙面批腻子	m²	

3)属性定义

（1）后浇带的属性定义

在模块导航栏中单击"新建"→"后浇带",在构件列表中单击"新建"→"新建后浇带",新建后浇带 HJD-1,根据图纸中 HJD1 的尺寸标注,在属性编辑框中输入相应的属性值,如图2.65所示。

(2)雨篷的属性定义

在模块导航栏中单击“其他”→“雨篷”,在构件列表中单击“新建”→“新建雨篷”,在属性编辑框中输入相应的属性值,如图 2.66 所示。

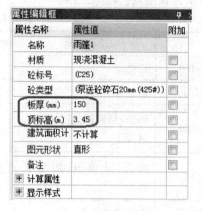

属性名称	属性值	附加
名称	HJD-1	
宽度(mm)	800	☐
轴线距后浇	(400)	☐
筏板(桩承	矩形后浇带	☐
基础梁后浇	矩形后浇带	☐
外墙后浇带	矩形后浇带	☐
内墙后浇带	矩形后浇带	☐
梁后浇带类	矩形后浇带	☐
现浇板后浇	矩形后浇带	☐
备注		☐

图 2.65

属性编辑框

属性名称	属性值	附加
名称	雨篷1	
材质	现浇混凝土	☐
砼标号	(C25)	☐
砼类型	(泵送砼碎石20mm(425#))	☐
板厚(mm)	150	☐
顶标高(m)	3.45	☐
建筑面积计	不计算	☐
图元形状	直形	☐
备注		☐
⊞ 计算属性		
⊞ 显示样式		

图 2.66

4)套用做法

①后浇带的做法套用与现浇板有所不同,主要有以下几个方面,如图 2.67 所示。

添加清单 添加定额 × 删除 项目特征 查询 换算 选择代码 编辑计算式 做法刷 做法查询 选配 提取做法 当前构件自动

	编码	类别	项目名称	项目特征	单位	工程量表达式	表达式说明	措施项目	专业
1	010508001003	项	后浇带	1.混凝土种类:商品混凝土 2.混凝土强度等级:C35	m3	XJBHJDTJ+LHJDTJ	XJBHJDTJ<现浇板后浇带体积>+LHJDTJ<梁后浇带体积>		建筑工程
2	B-5	补	商品混凝土C35		m3	(XJBHJDTJ+LHJDTJ)*1.015	(XJBHJDTJ<现浇板后浇带体积>+LHJDTJ<梁后浇带体积>)*1.015		
3	4-124	定	捣固养护 板		m3	XJBHJDTJ+LHJDTJ	XJBHJDTJ<现浇板后浇带体积>+LHJDTJ<梁后浇带体积>		建筑
4	011702030003	项	后浇带	1.模板类型:木模板 木支撑 2.后浇带部位:梁	m2	LHJDMBMJ	LHJDMBMJ<梁后浇带模板面积>	√	建筑工程
5	12-147	定	后浇带 梁		m2	LHJDMBMJ	LHJDMBMJ<梁后浇带模板面积>	√	建筑
6	011702030004	项	后浇带	1.模板类型:木模板 木支撑 2.后浇带部位:板	m2	XJBHJDMBMJ	XJBHJDMBMJ<现浇板后浇带模板面积>	√	建筑工程
7	12-149	定	后浇带 板		m2	XJBHJDMBMJ	XJBHJDMBMJ<现浇板后浇带模板面积>	√	建筑

图 2.67

②雨篷的做法套用,如图 2.68 所示。

添加清单 添加定额 × 删除 项目特征 查询 换算 选择代码 编辑计算式 做法刷 做法查询 选配 提取做法 当前构件自动套用做法 五金

	编码	类别	项目名称	项目特征	单位	工程量表达式	表达式说明	措施项目	专业
1	010505008001	项	悬挑板-雨棚、飘窗	1.混凝土种类:商品混凝土 2.混凝土强度等级:C25	m3	TJ	TJ<体积>		建筑工程
2	B-2	补	商品混凝土C25		m3	TJ*1.015	TJ<体积>*1.015		
3	4-124	定	捣固养护 板		m3	TJ	TJ<体积>		建筑
4	011702023002	项	悬挑板-雨棚	1.构件类型:胶合板模板 钢支撑	m2	MBMJ	MBMJ<模板面积>	√	建筑工程
5	12-129	定	悬挑板(包括阳台、雨篷、空调板)直形 组合钢模板 钢支撑		m2水平投	MBMJ	MBMJ<模板面积>	√	建筑
6	011301001002	项	天棚抹灰-外	1.基层类型:现浇混凝土楼板 2.抹灰厚度、材料种类:20mm厚1:2.5水泥砂浆	m2	YPDIMZXMJ+YPDMZXMJ	YPDIMZXMJ<雨篷底面装修面积>+YPDMZXMJ<雨篷顶面装修面积>		建筑工程
7	3-10	借	混凝土面天棚抹水泥砂浆 现浇板 预拌砂浆		m2	YPDIMZXMJ+YPDMZXMJ	YPDIMZXMJ<雨篷底面装修面积>+YPDMZXMJ<雨篷顶面装修面积>		装饰
8	011407002001	项	天棚喷刷涂料-外	1.基层类型:抹灰面 2.喷刷涂料部位:天棚 3.涂料品种、喷刷遍数:外墙涂料二道	m2	YPDIMZXMJ+YPDMZXMJ+YPCMZXMJ	YPDIMZXMJ<雨篷底面装修面积>+YPDMZXMJ<雨篷顶面装修面积>+YPCMZXMJ<雨篷侧面装修面积>		建筑工程
9	5-127	借	外墙涂料 二遍		m2	YPDIMZXMJ+YPDMZXMJ+YPCMZXMJ	YPDIMZXMJ<雨篷底面装修面积>+YPDMZXMJ<雨篷顶面装修面积>+YPCMZXMJ<雨篷侧面装修面积>		装饰
10	5-182	借	墙面批腻子		m2	YPDIMZXMJ+YPDMZXMJ+YPCMZXMJ	YPDIMZXMJ<雨篷底面装修面积>+YPDMZXMJ<雨篷顶面装修面积>+YPCMZXMJ<雨篷侧面装修面积>		装饰
11	011203001	项	零星项目一般抹灰	1. 基层类型、部位:雨棚侧面 2. 面层厚度、砂浆配合比:20mm厚1:2.5水泥砂浆	m2	YPCMZXMJ	YPCMZXMJ<雨篷侧面装修面积>		建筑工程
12	2-77	借	装饰线条抹灰 水泥砂浆 预拌砂浆		m	LBWBXCD	LBWBXCD<栏板外边线长度>		装饰

图 2.68

5)画法讲解

(1)直线绘制后浇带

首先根据图纸尺寸做好辅助轴线,单击"直线",左键单击后浇带的起点与终点即可绘制后浇带,如图2.69所示。

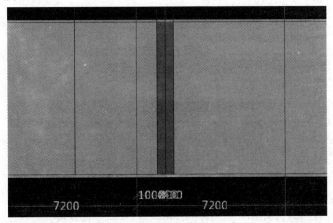

图 2.69

(2)直线绘制雨篷

根据图纸尺寸做好辅助轴线,用"Shift + 左键"的方法绘制雨篷,如图2.70所示。

图 2.70

四、任务结果

汇总计算,统计本层后浇带、雨篷的工程量,如表2.31所示。

表 2.31 后浇带、雨篷清单定额量

序 号	项目编码	项目名称及特征	单 位	工程量
1	010505008001	悬挑板-雨篷、飘窗 1.混凝土种类:商品混凝土 2.混凝土强度等级:C25	m^3	0.8278
	B-2	商品混凝土 C25	m^3	0.8402
	4-124	捣固养护 板	$10m^3$	0.0828

续表

序 号	项目编码	项目名称及特征	单 位	工程量
2	010508001003	后浇带 1.混凝土种类:商品混凝土 2.混凝土强度等级:C35	m^3	1.9184
	B-5	商品混凝土 C35	m^3	1.9472
	4-124	捣固养护 板	$10m^3$	0.1918
3	011203001001	零星项目一般抹灰 1.基层类型、部位:雨篷侧面 2.面层厚度、砂浆配合比:20mm 厚 1:2.5 水泥砂浆	m^2	0.9225
	[1347]2-77	装饰线条抹灰 水泥砂浆 预拌砂浆	100m	0.0615
4	011301001002	天棚抹灰-外 1.基层类型:现浇混凝土楼板 2.抹灰厚度、材料种类:20mm 厚 1:2.5 水泥砂浆	m^2	8.855
	[1347]3-10	混凝土面天棚抹水泥砂浆 现浇板 预拌砂浆	$100m^2$	0.0886
5	011407002001	天棚喷刷涂料 1.基层类型:抹灰面 2.喷刷涂料部位:天棚 3.涂料品种、喷刷遍数:外墙涂料二道	m^2	9.7775
	[1347]5-127	外墙涂料 两遍	$100m^2$	0.0978
	[1347]5-182	墙面批腻子	$100m^2$	0.0978

五、总结拓展

①后浇带既属于线性构件也属于面式构件,所以后浇带直线绘制的方法与线性构件一样。

②上述雨篷翻沿是用栏板定义绘制的,如果不用栏板,用梁定义绘制也可以。

思考与练习

(1)后浇带直线绘制法与现浇板直线绘制法有什么区别?

(2)若不使用辅助轴线,怎样才能快速绘制上述后浇带?

2.2.9 台阶、散水的工程量计算

通过本小节的学习,你将能够:

(1)依据定额和清单分析首层台阶、散水的工程量计算规则;

（2）定义台阶、散水的属性；

（3）绘制台阶、散水；

（4）统计台阶、散水的工程量。

一、任务说明

①完成首层台阶、散水的属性定义、做法套用及图元绘制。

②汇总计算,统计首层台阶、散水的工程量。

二、任务分析

①首层台阶的尺寸可以从什么图中什么位置找到? 台阶构件做法说明中"88BJ1-T 台1B"是什么构造? 都有些什么工作内容? 如何套用清单、定额?

②首层散水的尺寸可以从什么图中什么位置找到? 散水构件做法说明中"88BJ1-1 散7"是什么构造? 都有些什么工作内容? 如何套用清单、定额?

三、任务实施

1)图纸分析

结合建施-3 可以从平面图中得到台阶、散水的信息,本层台阶和散水的截面尺寸如下:

①台阶:踏步宽度为300mm,踏步个数为2,顶标高为首层层底标高。

②散水:宽度为900mm,沿建筑物周围布置。

2)清单、定额计算规则学习

（1）清单计算规则(见表2.32)

表2.32 台阶、散水清单计算规则

编 号	项目名称	单 位	计算规则
011107004	水泥砂浆台阶面	m²	按设计图示尺寸以面积计算
011702027	台阶	m²	按图示台阶水平投影面积计算,台阶端头两侧不另计算模板面积。架空式混凝土台阶,按现浇楼梯计算
010507001	散水、坡道	m²	按设计图示尺寸以水平投影面积计算
011702029	散水	m²	按模板与散水的接触面积计算

（2）定额计算规则(见图2.33)

表2.33 台阶、散水定额计算规则

编 号	项目名称	单 位	计算规则
1-4	原土打夯	m²	按设计图示尺寸以面积计算

续表

编　号	项目名称	单　位	计算规则
1-35	花岗岩楼地面 周长 3200mm 以内单 色水 泥砂浆	m²	按设计图示尺寸以面积计算
1-305	砂垫层	m³	按设计图示尺寸以体积计算
1-311	碎砖垫层 灌浆	m³	
1-313	碎石垫层 灌浆	m³	
1-324	水泥砂浆地面找平	m²	同台阶地面面积
1-328	水泥砂浆地面找平增减 5mm	m²	
4-127	捣固养护 其他	m³	按设计图示体积计算
12-140	台阶模板	m²	按水平投影面积计算,顶步台阶取 300mm 宽
1-270	花岗岩台阶	m²	
4-54	混凝土 散水面层一次抹光	m³	按设计图示水平投影面积计算
7-216	嵌缝 沥青砂浆	m	按设计图示长度计算
17-144	散水	m²	按模板与散水的接触面积计算

3)属性定义

(1)台阶的属性定义

在模块导航栏中单击"其他"→"台阶",在构件列表中单击"新建"→"新建台阶",新建台阶1,根据图纸中台阶的尺寸标注,在属性编辑框中输入相应的属性值,如图 2.71 所示。

(2)散水的属性定义

在模块导航栏中单击"其他"→"散水",在构件列表中单击"新建"→"新建散水",新建散水1,根据图纸中散水 1 的尺寸标注,在属性编辑框中输入相应的属性值,如图 2.72 所示。

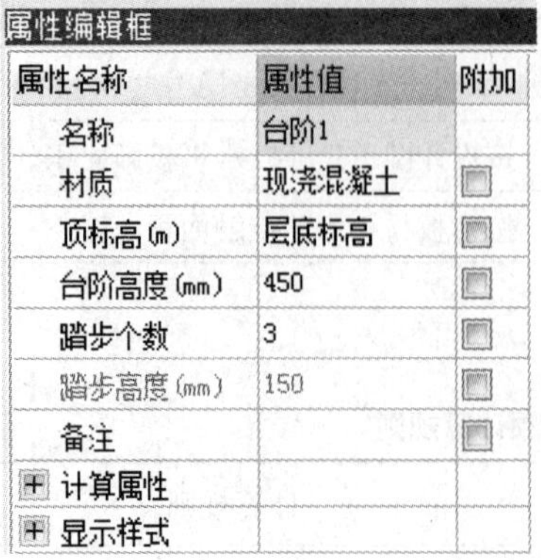

图 2.71

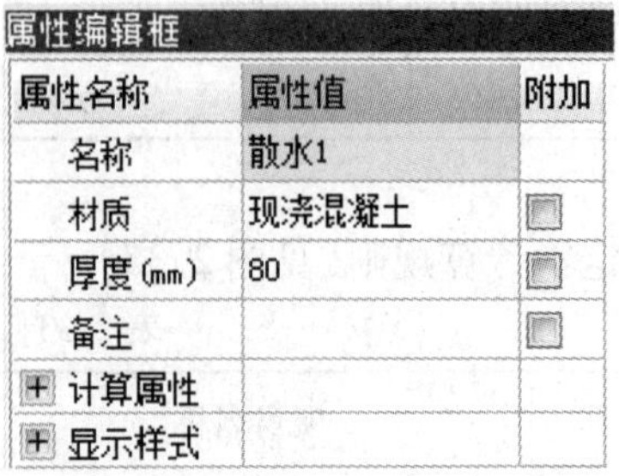

图 2.72

4)做法套用

台阶、散水定义好以后,套用做法。台阶、散水的做法套用与其他构件有所不同。

①台阶都套用装修子目,如图 2.73 所示。

添加清单 添加定额 删除 项目特征 查询 换算 选择代码 编辑计算式 做法刷 做法查询 选配 提取做法 当前构件自动套用做

	编码	类别	项目名称	项目特征	单位	工程量表达式	表达式说明	措施项目	专业
1	010507004001	项	台阶	1. 踏步高、宽：150高、300宽 2. 混凝土种类：商品混凝土 3. 混凝土强度等级：C25	m3	TJ+0.08*0.3*15-1.035	TJ<体积>+0.08*0.3*15-1.035	☐	建筑工程
2	B-2	补	商品混凝土C25		m3	(TJ+0.08*0.3*15-1.035)*1.015	(TJ<体积>+0.08*0.3*15-1.035)*1.015	☐	
3	4-127	定	捣固养护 其他		m3	TJ+0.08*0.3*15-1.035	TJ<体积>+0.08*0.3*15-1.035	☐	建筑
4	011702027001	项	台阶	1. 模板类型：木模板 木支撑 2. 台阶踏步宽：300	m2	MJ	MJ<台阶整体水平投影面积>	☑	建筑工程
5	12-140	定	台阶 木模板、木支撑		m2水	MJ	MJ<台阶整体水平投影面积>	☑	建筑
6	011107001001	项	石材台阶面	1. 找平层厚度、砂浆配合比：10mm厚1：3水泥砂浆找平 2. 粘结材料种类：20mm厚水泥砂浆 3. 面层材料品种、规格、颜色：花岗岩800*800	m2	TBSPTYMJ	TBSPTYMJ<踏步水平投影面积>	☐	建筑工程
7	1-270	借	花岗岩台阶 水泥砂浆		m2	TBSPTYMJ	TBSPTYMJ<踏步水平投影面积>	☐	装饰
8	010404001001	项	碎砖垫层	1. 垫层材料种类、配合比、厚度：碎砖灌浆	m3	0.6*0.23*15/2	1.035	☐	建筑工程
9	1-311	借	碎砖垫层 灌浆		m3	0.6*0.23*15/2	1.035	☐	装饰
10	010404001002	项	砂垫层	1. 垫层材料种类、配合比、厚度：砂垫层	m3	TBZTMCMJ*0.3	TBZTMCMJ<踏步整体面层面积>*0.3	☐	建筑工程
11	1-305	借	砂垫层		m3	TBZTMCMJ*0.3	TBZTMCMJ<踏步整体面层面积>*0.3	☐	装饰
12	011102001003	项	石材楼地面-台阶地面	找平层厚度、砂浆配合比：10mm厚水泥砂浆找平 结合层厚度、砂浆配合比：20mm厚水泥砂浆 面层材料品种、规格、颜色：800*800花岗岩 酸洗、打蜡要求：两遍	m2	MJ+-TBSPTYMJ	MJ<台阶整体水平投影面积>+-TBSPTYMJ<踏步水平投影面积>	☐	建筑工程
13	1-35	借	花岗岩楼地面 周长3200mm以内 单色 水泥砂浆		m2	MJ+-TBSPTYMJ	MJ<台阶整体水平投影面积>+-TBSPTYMJ<踏步水平投影面积>	☐	装饰
14	1-324	借	水泥砂浆找平层 混凝土或硬基层上 20mm 预拌砂浆		m2	MJ+-TBSPTYMJ	MJ<台阶整体水平投影面积>+-TBSPTYMJ<踏步水平投影面积>	☐	装饰
15	1-328 *-2	借换	水泥砂浆找平层 每增减5mm 预拌砂浆 子目乘以系数-2		m2	MJ+-TBSPTYMJ	MJ<台阶整体水平投影面积>+-TBSPTYMJ<踏步水平投影面积>	☐	装饰

图 2.73

②散水清单项套用建筑工程清单子目,定额项套用装修子目,如图 2.74 所示。

添加清单 添加定额 删除 项目特征 查询 换算 选择代码 编辑计算式 做法刷 做法查询 选配 提取做法 当前构件自

	编码	类别	项目名称	项目特征	单位	工程量表达	表达式说明	措施项目	专业
1	010507001001	项	散水	1. 垫层材料种类、厚度：碎石灌浆200厚、砂300厚 2. 面层厚度：80 3. 混凝土种类：商品混凝土 4. 混凝土强度等级：C20 5. 变形缝填塞材料种类：沥青混凝土 6. 底层：素土夯实	m2	MJ	MJ<面积>	☐	建筑工程
2	1-305	借	砂垫层		m3	MJ*0.3	MJ<面积>*0.3	☐	装饰
3	1-313	借	砾(碎)石垫层 灌浆		m3	MJ*0.2	MJ<面积>*0.2	☐	装饰
4	1-4	定	原土打夯、碾压 原土打夯		m2	MJ	MJ<面积>	☐	建筑
5	7-216	定	沥青砂浆		m	TQCD+1*12	TQCD<贴墙长度>+1*12	☐	建筑
6	4-54	定	混凝土散水面层一次抹光 厚80mm		m2	MJ	MJ<面积>	☐	建筑

图 2.74

5)画法讲解

(1)直线绘制台阶

台阶属于面式构件,因此可以直线绘制也可以点绘制,这里用直线绘制法。首先作好辅助轴线,然后选择“直线”,单击交点形成闭合区域即可绘制台阶,如图 2.75 所示。

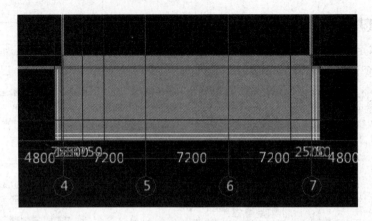

图 2.75

（2）智能布置散水

散水同样属于面式构件，因此可以直线绘制也可以点绘制，这里用智能布置法比较简单。先在④轴与⑦轴间绘制一道虚墙，与外墙平齐形成封闭区域，单击"智能布置"后选择"外墙外边线"，在弹出的对话框中输入"900"，单击"确定"按钮即可。绘制完的散水如图2.76所示。

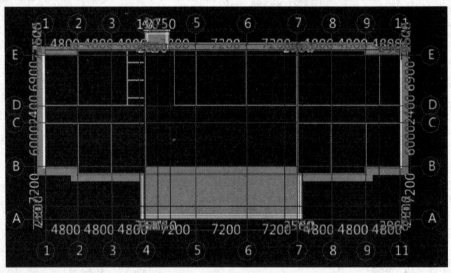

图 2.76

四、任务结果

汇总计算，统计本层台阶、散水的工程量，如表2.34所示。

表 2.34 台阶、散水清单定额量

序号	项目编码	项目名称及特征	单位	工程量
1	010404001001	碎砖垫层 1.垫层材料种类、配合比、厚度:碎砖灌浆	m³	3.0015
	［1347］1-311	碎砖垫层 灌浆	10m³	0.265

续表

序 号	项目编码	项目名称及特征	单 位	工程量
2	010404001002	砂垫层 1.垫层材料种类、配合比、厚度:砂垫层	m³	11.1259
	[1347]1-305	砂垫层	10m³	1.1126
3	010507001001	散水 1.垫层材料种类、厚度:碎石灌浆200mm厚、砂300mm厚 2.面层厚度:80mm 3.混凝土种类:商品混凝土 4.混凝土强度等级:C20 5.变形缝填塞材料种类:沥青混凝土 6.底层:素土夯实	m²	96.1194
	[1347]1-305	砂垫层	10m³	2.8836
	[1347]1-313	砾(碎)石垫层 灌浆	10m³	1.9224
	1-4	原土打夯、碾压	100m²	0.9612
	7-216	沥青砂浆	100m	1.179
	4-54	混凝土散水面层一次抹光 厚80mm	100m²	0.9612
4	010507004001	台阶 1.踏步高、宽:150mm高、300mm宽 2.混凝土种类:商品混凝土 3.混凝土强度等级:C25	m³	75.3821
	B-2	商品混凝土 C25	m³	76.5129
	4-127	捣固养护 其他	10m³	7.5382
5	011102001003	石材楼地面-台阶地面 1.找平层厚度、砂浆配合比:10mm厚水泥砂浆找平 2.结合层厚度、砂浆配合比:20mm厚水泥砂浆 3.面层材料品种、规格、颜色:800mm×800mm花岗岩 4.酸洗、打蜡要求:两遍	m²	157.9775
5	[1347]1-35	花岗岩楼地面 周长3200mm以内 单色 水泥砂浆	100m²	1.4633
	[1347]1-324	水泥砂浆找平层 混凝土或硬基层上20mm 预拌砂浆	100m²	1.4633
	[1347]1-328*-2	水泥砂浆找平层 每增减5mm 预拌砂浆子目乘以系数-2	100m²	1.4633

续表

序 号	项目编码	项目名称及特征	单 位	工程量
6	011107001001	石材台阶面 1. 找平层厚度、砂浆配合比:10mm 厚 1：3 水泥砂浆找平 2. 粘结材料种类:20mm 厚水泥砂浆 3. 面层材料品种、规格、颜色:花岗岩 800mm×800mm	m²	25.44
	[1347]1-270	花岗岩台阶 水泥砂浆	100m²	0.3709

五、总结拓展

①台阶绘制后,还要根据实际图纸设置台阶起始边。

②台阶属性定义只给出台阶的顶标高。

③如果在封闭区域,台阶也可以使用点式绘制。

思考与练习

(1)智能布置散水的前提条件是什么?

(2)表2.34 中的散水工程量是最终工程量吗?

(3)散水与台阶相交时,软件会自动扣减吗? 若扣减,谁的级别大?

(4)台阶、散水在套用清单与定额时,与主体构件有哪些区别?

2.2.10 平整场地、建筑面积的工程量计算

通过本小节的学习,你将能够:

(1)依据定额和清单分析平整场地、建筑面积的工程量计算规则;

(2)定义平整场地、建筑面积的属性及做法套用;

(3)绘制场地平整、建筑面积;

(4)统计平整场地、建筑面积的工程量。

一、任务说明

①完成平整场地、建筑面积的属性定义、做法套用及图元绘制。

②汇总计算,统计首层平整场地、建筑面积的工程量。

二、任务分析

①平整场地的工作量计算如何定义? 此项目中应选用地下一层还是首层的建筑面积?

②首层建筑面积中门厅外台阶的建筑面积应如何计算? 工程量表达式中做何修改?

③与建筑面积相关综合脚手架和工程水电费如何套用清单、定额?

三、任务实施

1)分析图纸

分析首层平面图可知,本层建筑面积分为楼层建筑面积和雨篷建筑面积两部分。

2)清单、定额计算规则学习

(1)清单计算规则(见表 2.35)

表 2.35 平整场地清单计算规则

编　号	项目名称	单　位	计算规则
010101001	平整场地	m²	按设计图示尺寸以建筑物首层建筑面积计算
011701001	综合脚手架	m²	按建筑面积计算
011703001	垂直运输	m²	按建筑面积计算

(2)定额计算规则(见表 2.36)

表 2.36 平整场地定额计算规则

编　号	项目名称	单　位	计算规则
1-1	平整场地 人工	m²	按设计图示尺寸以建筑物首层建筑面积计算
11-1	多(高)层及单层6m以内	m²	按建筑面积计算
14-14	各类建筑 现浇钢筋混凝土结构	m²	按建筑面积计算

3)属性定义

(1)平整场地的属性定义

在模块导航栏中单击"其他"→"平整场地",在构件列表中单击"新建"→"新建平整场地",在属性编辑框中输入相应的属性值,如图 2.77 所示。

(2)建筑面积的属性定义

在模块导航栏中单击"其他"→"建筑面积",在构件列表中单击"新建"→"新建建筑面积",在属性编辑框中输入相应的属性值,如图 2.78 所示。

属性名称	属性值	附加
名称	平整场地	
场平方式	人工	☐
备注		☐
⊞ 计算属性		
⊞ 显示样式		

图 2.77

属性名称	属性值	附加
名称	建筑面积1	
底标高(m)	层底标高	☐
建筑面积计算	计算全部	☐
备注		☐

图 2.78

4）做法套用

①平整场地的做法在建筑面积里面套用，如图2.79所示。

	编码	类别	项目名称	项目特征	单位	工程量表达式	表达式说明	措施项目	专业
1	010101001001	项	平整场地	1.土壤类别：普通土 2.弃土运距：50m	m2	MJ	MJ〈面积〉	☐	建筑工程
2	1-1	定	平整场地 人工		m2	WF2MMJ	WF2MMJ〈外放2米的面积〉	☐	建筑

图2.79

②建筑面积套用做法，如图2.80所示。

	编码	类别	项目名称	项目特征	单位	工程量表达式	表达式说明	措施项目	专业
1	011701001001	项	综合脚手架	1.建筑结构形式：一字型 2.檐口高度：15.6m	m2	ZHJSJMJ	ZHJSJMJ〈综合脚手架面积〉	☑	建筑工程
2	11-1	定	多(高)层及单层6m以内		m2	ZHJSJMJ	ZHJSJMJ〈综合脚手架面积〉	☑	建筑
3	011703001002	项	垂直运输	1.建筑物建筑类型及结构形式：民用建筑，框架剪力墙 2.建筑物檐口高度、层数：15.6m 4层	m2	ZHJSJMJ	ZHJSJMJ〈综合脚手架面积〉	☑	建筑工程
4	14-14	定	各类建筑 现浇钢筋混凝土结构		m2	ZHJSJMJ	ZHJSJMJ〈综合脚手架面积〉	☑	建筑

图2.80

5）画法讲解

（1）平整场地绘制

平整场地属于面式构件，可以点画也可以直线绘制。以点画为例，将所绘制区域用外虚墙封闭，在绘制区域内单击右键即可，如图2.81所示。

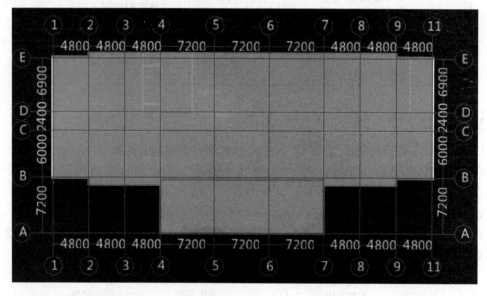

图2.81

（2）建筑面积绘制

建筑面积绘制同平整场地，特别注意雨篷的建筑面积要计算一半，如图2.82所示。

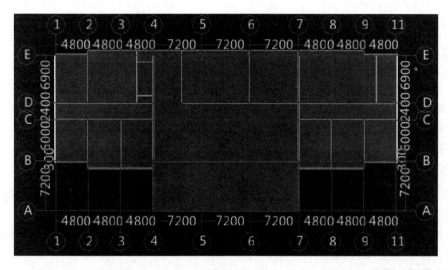

图2.82

四、任务结果

汇总计算,统计本层平整场地、建筑面积的工程量,如表2.37所示。

表2.37　平整场地、建筑面积清单定额量

序　号	项目编码	项目名称及特征	单　位	工程量
1	010101001001	平整场地 1.土壤类别:普通土 2.弃土运距:50m	m^2	1085.7169
	1-1	平整场地 人工	$100m^2$	14.4502

五、总结拓展

①平整场地习惯上是计算首层建筑面积区域,但是地下室建筑面积大于首层建筑面积时,平整场地以地下室建筑面积为准。

②当一层建筑面积计算规则不一样时,有几个区域就要建立几个建筑面积属性。

思考与练习

(1)平整场地与建筑面积属于面式图元,与用直线绘制其他面式图元有什么区别?需要注意哪些问题?

(2)平整场地与建筑面积绘制图元范围是一样的,计算结果有哪些区别?

2.3　二层工程量计算

通过本节的学习,你将能够:
(1)掌握层间复制图元的两种方法;
(2)绘制弧形线性图元;
(3)定义参数化飘窗。

2.3.1　二层柱、墙体的工程量计算

通过本小节的学习,你将能够:
(1)掌握图元层间复制的两种方法;
(2)统计本层柱、墙体的工程量。

一、任务说明

①使用两种层间复制方法完成二层柱、墙体的做法套用及图元绘制。
②查找首层与二层的不同部分,将不同部分进行修正。
③汇总计算,统计二层柱、墙体的工程量。

二、任务分析

①对比二层与首层的柱、墙都有哪些不同? 从名称、尺寸、位置、做法4个方面进行对比。
②从其他楼层复制构件图元与复制选定图元到其他楼层有什么不同?

三、任务实施

1)分析图纸

（1）分析框架柱

分析结施-5,二层框架柱和首层框架柱相比,截面尺寸、混凝土标号没有差别,不同的是二层没有 KZ4 和 KZ5。

（2）分析剪力墙

分析结施-5,二层的剪力墙和一层的相比截面尺寸、混凝土标号没有差别,唯一不同的是标高发生了变化。二层的暗梁、连梁、暗柱和首层相比没有差别,暗梁、连梁、暗柱为剪力墙的一部分。

（3）分析砌块墙

分析建施-3、建施-4,二层砌体与一层的基本相同。屋面的位置有 240mm 厚的女儿墙。女儿墙将在后续章节中详细讲解,这里不做介绍。

2)画法讲解

(1)复制选定图元到其他楼层

在首层,单击"楼层"→"复制选定图元到其他楼层",框选需要复制的墙体,右键弹出"复制选定图元到其他楼层"的对话框,勾选"第2层",单击"确定"按钮,弹出提示框"图元复制成功",如图2.83至图2.85所示。

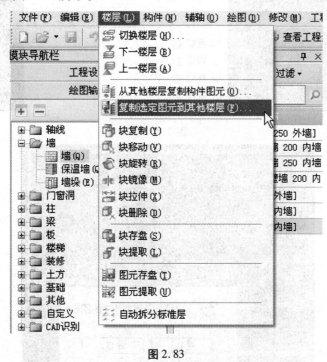

图2.83

图2.84

图2.85

(2)删除多余墙体

选择"第2层",选中②轴/Ⓓ—Ⓔ轴的框架间墙,单击右键选择"删除",弹出确认对话框"是否删除当前选中的图元",选择"是"按钮,删除完成,如图2.86、图2.87所示。

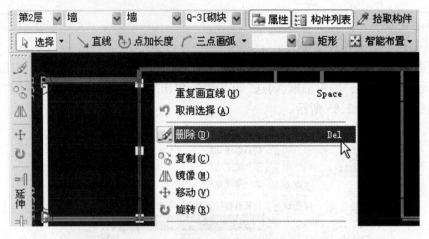

图 2.86

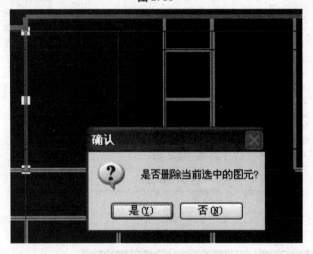

图 2.87

四、任务结果

应用"复制选定图元到其他楼层"完成二层、三层图元的绘制。保存并汇总计算,统计本层柱的工程量、墙的阶段性工程量,如表 2.38 所示。

表 2.38 二层柱、墙体清单定额量

序　号	项目编码	项目名称及特征	单　位	工程量
1	010401005001	空心砖墙 1.砖品种、规格、强度等级:多孔砖 2.墙体类型:多孔砖墙 3.墙厚:250mm 4.砂浆强度等级、配合比:M5 预拌混合砂浆	m³	79.41
	3-173	空心砖墙一砖(混合砂浆) M5 预拌砂浆	10m³	7.941

续表

序 号	项目编码	项目名称及特征	单 位	工程量
2	010402001001	砌块墙200mm厚 1.砌块品种、规格、强度等级:陶粒混凝土砌块 390mm×190mm×290mm MU10 2.墙体类型:砌块墙 3.墙厚:200mm 4.砂浆强度等级:M5 预拌混合砂浆	m³	104.142
	3-291	砌筑陶粒混凝土砌块墙(390mm×190mm×290mm)墙厚190mm(混合砂浆)M5 预拌砂浆	10m³	10.4142
3	010402001002	砌块墙100mm厚 1.砌块品种、规格、强度等级:陶粒混凝土砌块 390mm×90mm×290mm MU10 2.墙体类型:砌块墙 3.墙厚:100mm 4.砂浆强度等级:M5 混合砂浆	m³	2.3205
	3-243	砌筑陶粒混凝土砌块墙(390mm×90mm×290mm)墙厚90mm(混合砂浆)M5 预拌砂浆	10m³	0.2321
4	010502001001	矩形柱 1.柱形状:矩形 2.混凝土种类:商品混凝土 3.混凝土强度等级:C30	m³	32.292
	B-1	商品混凝土 C30	m³	32.7764
	4-123	捣固养护 柱	10m³	3.2292
5	010502001002	矩形柱 1.柱形状:矩形 2.混凝土种类:商品混凝土 3.混凝土强度等级:C25	m³	0.495
	B-2	商品混凝土 C25	m³	0.5024
	4-123	捣固养护 柱	10m³	0.0495
6	010502003001	异形柱 1.柱形状:圆形 2.混凝土种类:商品混凝土 3.混凝土强度等级:C30	m³	4.4261
	B-1	商品混凝土 C30	m³	4.4925
	4-123	捣固养护 柱	10m³	0.4426

续表

序　号	项目编码	项目名称及特征	单　位	工程量
7	010504001001	直形墙 1. 混凝土种类:商品混凝土 2. 混凝土强度等级:C30	m³	80.2095
	B-1	商品混凝土 C30	m³	81.3784
	4-125	捣固养护 墙	10m³	8.0176

五、总结拓展

①从其他楼层复制构件图元。如图 2.83 所示,应用"复制选定图元到其他楼层"的功能进行墙体复制时,可以看到"复制选定图元到其他楼层"的上面有"从其他楼层复制构件图元"的功能,同样我们可以应用此功能对构件进行层间复制,如图 2.88 所示。

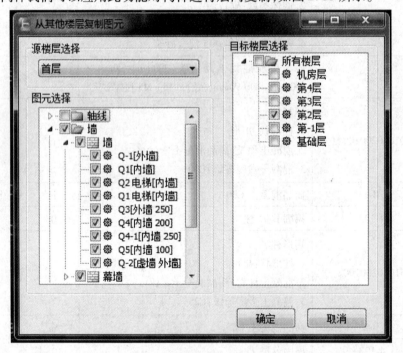

图 2.88

②选择"第 2 层",单击"楼层"→"从其他楼层复制构件图元",弹出如图 2.88 所示对话框;在"源楼层选择"中选择"首层",然后在"图元选择"中选择所有的墙体构件,"目标楼层选择"中勾选"第 2 层",然后单击"确定"按钮。弹出如图 2.89 所示"同位置图元/同名构件处理方式"对话框,因为刚才已经通过"复制选定图元到其他楼层"复制了墙体,在二层已经存在墙图元,所以按照图 2.89 所示选择即可,单击"确定"按钮后弹出"图元复制完成"对话框。

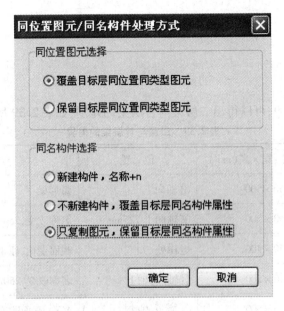

图2.89

思考与练习

两种层间复制方法有什么区别?

2.3.2　二层梁、板、后浇带的工程量计算

通过本小节的学习,你将能够:
(1)掌握"修改构件图元名称"修改图元的方法;
(2)掌握三点画弧绘制弧形图元;
(3)统计本层梁、板、后浇带工程量。

一、任务说明

①查找首层与二层的不同部分。
②使用修改构件图元名称修改二层梁、板。
③使用三点画弧完成弧形图元的绘制。
④汇总计算,统计二层梁、板、后浇带的工程量。

二、任务分析

①对比二层与首层的梁、板都有哪些不同? 从名称、尺寸、位置、做法4个方面进行对比。
②构件名称、构件属性、做法、图元之间有什么关系?

三、任务实施

1)分析图纸

（1）分析梁

分析结施-8、结施-9,可以得出二层梁与首层梁的差别,如表2.39所示。

表2.39 二层与首层梁的差异

序号	名称	截面尺寸:宽×高(mm)	位 置	备 注
1	L1	250×500	Ⓑ轴向下	弧形梁
2	L3	250×500	Ⓔ轴向上725mm	名称改变,250mm×500mm
3	L4	250×400	电梯处	截面变化,原来200mm×400mm
4	KL5	250×500	③轴、⑧轴上	名称改变,250mm×500mm
5	KL6	250×500	⑤轴、⑥轴上	名称、截面改变,250mm×600mm
6	KL7	250×500	Ⓔ轴/⑨—⑩轴	名称改变,250mm×500mm
7	L12	250×500	Ⓔ轴上方	名称改变为L3

（2）分析板

分析结施-12与结施-13,通过对比首层和二层的板厚、位置等,可以知道二层在Ⓑ—Ⓒ/
④—⑦轴区域内与首层不一样。

（3）后浇带

二层后浇带的长度发生了变化。

2)做法套用

做法套用同首层。

3)画法讲解

（1）复制首层梁到二层

运用"复制选定图元到其他楼层"复制梁图元,复制方法同2.3.1复制墙的方法,这里不
再细述。在选中图元时用左框选,选中需要的图元,单击右键确定即可。

注意:位于Ⓑ轴向下区域的梁不进行框选,因为二层这个区域的梁和首层完全不一样,如
图2.90所示。

（2）修改二层的梁图元

①修改L12变成L3。选中要修改的图元,单击右键选择"修改构件图元名称"(见图
2.91),弹出"修改构件图元名称"对话框,在"目标构件"中选择"L3",如图2.92所示。

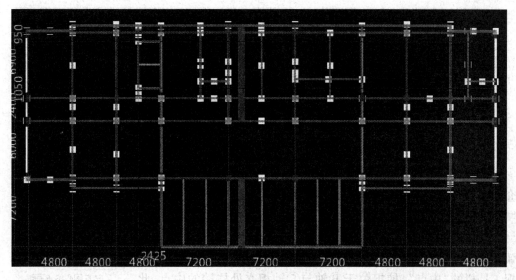

图 2.90

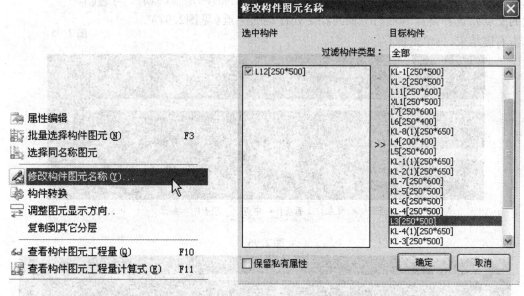

图 2.91　　　　　　　　　　　　　图 2.92

②修改 I4 的截面尺寸。在绘图界面选中 I4 的图元,在属性编辑框中修改宽度为"250",按回车即可。

③选中Ⓔ轴/④—⑦轴的 XL1,单击右键选择"复制",选中基准点,复制到Ⓑ轴/④—⑦轴,复制后的情况如图 2.93 所示。然后把这两段 XL1 延伸到Ⓑ轴上,如图 2.94 所示。

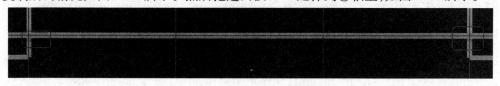

图 2.93

图 2.94

（3）绘制弧形梁

①绘制辅助轴线。前面已经讲过在轴网界面建立辅助轴线，下面介绍一种更简便的建立辅助轴线的方法：在本层，单击绘图工具栏"平行"，也可以绘制辅助轴线。

②三点画弧。点开"逆小弧"旁的三角（见图2.95），选择"三点画弧"，在英文状态下按下键盘上的"Z"把柱图元显示出来，再按下捕捉工具栏的"中点"，捕捉位于Ⓑ轴与⑤轴相交处柱端的中点，此点为起始点（见图2.96），点中第二点（如图2.97所示的两条辅助轴线的交点），选择终点Ⓑ轴与⑦轴的相交处柱端的终点（见图2.97），单击右键结束，再单击保存。

图 2.95

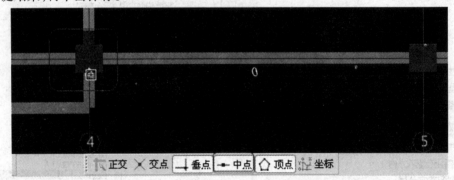

图 2.96

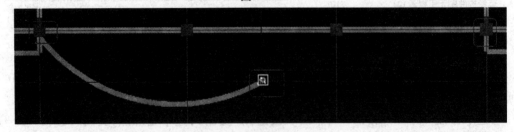

图 2.97

四、任务结果

汇总计算，统计本层梁、板、后浇带的工程量，如表2.40 所示。

表2.40 二层梁、板、后浇带清单定额量

序 号	项目编码	项目名称及特征	单 位	工程量
1	010503002001	矩形梁 1. 混凝土种类:商品混凝土 2. 混凝土强度等级:C25	m^3	0.2405
	B-2	商品混凝土 C25	m^3	0.2441
	4-126	捣固养护 梁	$10m^3$	0.0241
2	010505001001	有梁板 1. 混凝土种类:商品混凝土 2. 混凝土强度等级:C30	m^3	138.8021
	B-1	商品混凝土 C30	m^3	140.8801
	4 – 124	捣固养护 板	$10m^3$	13.8798
3	010508001003	后浇带 1. 混凝土种类:商品混凝土 2. 混凝土强度等级:C35	m^3	2.1657
	B-5	商品混凝土 C35	m^3	2.1981
	4-124	捣固养护 板	$10m^3$	0.2166

五、总结拓展

①左框选:图元完全位于框中的才能被选中。

②右框选:只要在框中的图元都被选中。

思考与练习

(1)应用"修改构件图元名称"把③轴和⑧轴的 KL6 修改为 KL5。

(2)应用"修改构件图元名称"把⑤轴和⑥轴的 KL7 修改为 KL6,使用"延伸"功能将其延伸到图纸所示位置。

(3)利用层间复制的方法复制板图元到二层。

(4)利用直线和三点画弧重新绘制 LB1。

(5)把位于⑤轴/⑨—⑩轴的 KL8 修改为 KL7。

(6)绘制位于⑧—ⓒ/④—⑦轴的三道 L12,要求运用"偏移"和"Shift + 左键"。

2.3.3 二层门窗的工程量计算

通过本小节的学习,你将能够:

(1)定义参数化飘窗;

（2）掌握移动功能；

（3）统计本层门窗的工程量。

一、任务说明

①查找首层与二层的不同部分，并修正。

②使用参数化飘窗功能完成飘窗定义与做法套用。

③汇总计算，统计二层门窗的工程量。

二、任务分析

①对比二层与首层的门窗都有哪些不同？从名称、尺寸、位置、做法4个方面进行对比。

②飘窗由多少个构件组成？每一构件都对应有哪些工作内容？做法如何套用？

三、任务实施

1）分析图纸

分析建施-3、建施-4，首层 LM1 的位置对应二层的两扇 LC1，首层 TLM1 的位置对应二层的 M2，首层 MQ1 的位置在二层是 MQ3，首层①轴/①—③轴的位置在二层是 M2，首层 LC3 的位置在二层是 TC1。

2）属性定义

在模块导航栏中单击"门窗洞"→"飘窗"，在构件列表中单击"新建"→"新建参数化飘

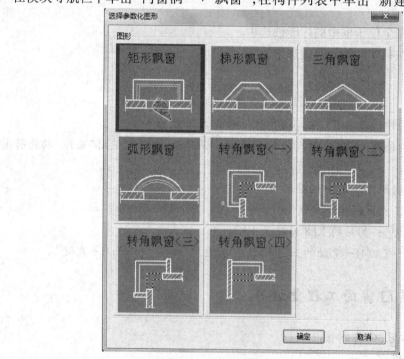

图 2.98

窗",弹出如图 2.98 所示"选择参数化图形"对话框,选择"矩形飘窗",单击"确定"按钮后弹出如图 2.99 所示"编辑图形参数化"对话框,根据图纸中的飘窗尺寸进行编辑后,单击"保存退出"按钮,最后在属性编辑框中输入相应的属性值,如图 2.100 所示。

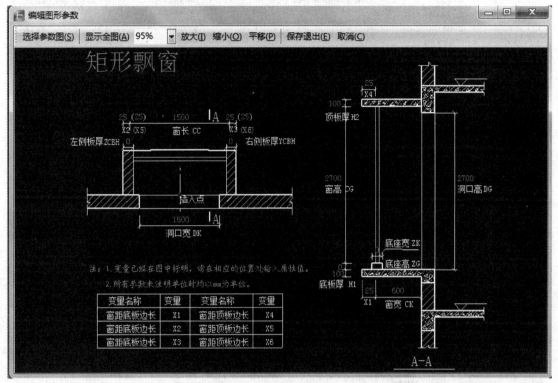

图 2.99

属性名称	属性值
名称	TC1
砼标号	(C25)
砼类型	(预拌砼)
截面形状	矩形飘窗
离地高度(	600
备注	

图 2.100

3)做法套用

分析结施-9 的节点 1、结施-12、结施-13、建施-4,TC1 是由底板、顶板、带形窗组成,其做法套用如图 2.101 所示。

4)画法讲解

(1)复制首层门窗到二层

运用"从其他楼层复制构件图元"复制门、窗、墙洞、带形窗、壁龛到二层,如图 2.102 所示。

添加清单 添加定额 删除 项目特征 查询 换算 选择代码 编辑计算式 做法刷 做法查询 选配 提取做法 当前构件自动套用做法 五金手册

	编码	类别	项目名称	项目特征	单位	工程量表达式	表达式说明	措施项目	专业
1	010505008001	项	悬挑板-雨棚、飘窗	1.混凝土种类：商品混凝土 2.混凝土强度等级：C25	m3	TTJ	TTJ<砼体积>		建筑工程
2	B-2	补	商品混凝土C25		m3	TTJ*1.015	TTJ<砼体积>*1.015		
3	4-124	定	捣固养护 板		m3	TTJ	TTJ<砼体积>		建筑
4	011702023001	项	悬挑板-飘窗	1.模板类型：胶合板模板 钢支撑	m2	MBMJ	MBMJ<模板面积>	✓	建筑工程
5	12-131	定	悬挑板(包括阳台、雨篷、空调板)直形 胶合板模板 钢支撑		m2	MBMJ	MBMJ<模板面积>	✓	建筑
6	010807001002	项	塑钢飘窗	1.窗代号及洞口尺寸：TLC1(1500*2700) 2.框、扇材质：塑钢（平开）	m2	CMJ	CMJ<窗面积>		建筑工程
7	4-153	借	塑钢窗安装 单层		m2框	CMJ	CMJ<窗面积>		装饰
8	011201001002	项	墙面一般抹灰-混合砂浆2	1.墙体类型：混凝土墙面 2.底层厚度、砂浆配合比：9mm厚1:0.5:3混合砂浆 3.面层厚度、砂浆配合比：5mm厚1:0.5:2.5混合砂浆	m2	CNDGBDMZHXMJ+CNDDBDMZHXMJ	CNDGBDMZHXMJ<窗内顶板底面装修面积>+CNDDBDMZHXMJ<窗内底板顶面装修面积>		建筑工程
9	2-44	借	墙面、墙裙抹混合砂浆 混凝土墙 12+8mm 预拌砂浆		m2	CNDGBDMZHXMJ+CNDDBDMZHXMJ	CNDGBDMZHXMJ<窗内顶板底面装修面积>+CNDDBDMZHXMJ<窗内底板顶面装修面积>		装饰
10	011407001001	项	墙面喷刷涂料	1.基层类型：抹灰面 2.喷刷涂料部位：墙面 3.涂料品种、喷刷遍数：封底漆一道 乳胶漆二道	m2	CNDGBDMZHXMJ+CNDDBDMZHXMJ	CNDGBDMZHXMJ<窗内顶板底面装修面积>+CNDDBDMZHXMJ<窗内底板顶面装修面积>		建筑工程
11	5-125	借	内墙涂料 二遍		m2	CNDGBDMZHXMJ+CNDDBDMZHXMJ	CNDGBDMZHXMJ<窗内顶板底面装修面积>+CNDDBDMZHXMJ<窗内底板顶面装修面积>		装饰
12	011301001002	项	天棚抹灰-外	1.基层类型：现浇混凝土楼板 2.抹灰厚度、材料种类：20mm厚1:2.5水泥砂浆	m2	DDBDMMJ+DGBDMMJ	DDBDMMJ<底板底面面积>+DGBDMMJ<顶板顶面面积>		建筑工程
13	3-10	借	混凝土面天棚抹水泥砂浆 现浇板 预拌砂浆		m2	DDBDMMJ+DGBDMMJ	DDBDMMJ<底板底面面积>+DGBDMMJ<顶板顶面面积>		装饰
14	011407002001	项	天棚喷刷涂料-外	1.基层类型：抹灰面 2.喷刷涂料部位：天棚 3.涂料品种、喷刷遍数：外墙涂料二道	m2	DDBDMMJ+DGBDMMJ+DDBCMMJ+CWDDBDMZHXMJ+DGBCMMJ+CWDGBDMZHXMJ	DDBDMMJ<底板底面面积>+DGBDMMJ<顶板顶面面积>+DDBCMMJ<底板侧面面积>+CWDDBDMZHXMJ<窗外底板顶面装修面积>+DGBCMMJ<顶板侧面面积>+CWDGBDMZHXMJ<窗外顶板底面装修面积>		建筑工程
15	5-127	借	外墙涂料 二遍		m2	DDBDMMJ+DGBDMMJ+DDBCMMJ+CWDDBDMZHXMJ+DGBCMMJ+CWDGBDMZHXMJ	DDBDMMJ<底板底面面积>+DGBDMMJ<顶板顶面面积>+DDBCMMJ<底板侧面面积>+CWDDBDMZHXMJ<窗外底板顶面装修面积>+DGBCMMJ<顶板侧面面积>+CWDGBDMZHXMJ<窗外顶板底面装修面积>		装饰
16	011203001001	项	零星项目一般抹灰-飘窗	1. 基层类型、部位：混凝土板、飘窗 2. 面层厚度、砂浆配合比：20mm厚1:2.5水泥砂浆	m2	DDBCMMJ+CWDDBDMZHXMJ+DGBCMMJ+CWDGBDMZHXMJ	DDBCMMJ<底板侧面面积>+CWDDBDMZHXMJ<窗外底板顶面装修面积>+DGBCMMJ<顶板侧面面积>+CWDGBDMZHXMJ<窗外顶板底面装修面积>		建筑工程
17	2-117	借	零星抹灰 水泥砂浆 预拌砂浆		m2	DDBCMMJ+CWDDBDMZHXMJ+DGBCMMJ+CWDGBDMZHXMJ	DDBCMMJ<底板侧面面积>+CWDDBDMZHXMJ<窗外底板顶面装修面积>+DGBCMMJ<顶板侧面面积>+CWDGBDMZHXMJ<窗外顶板底面装修面积>		装饰

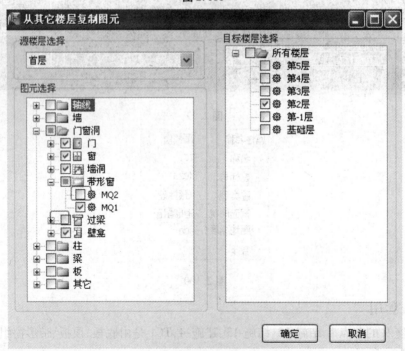

图 2.101

图 2.102

(2)修改二层的门、窗图元

①删除Ⓓ轴上 M1、TLM1；利用“修改构件图元名称”把 M1 修改成 M2，由于 M2 尺寸比 M1 宽，M2 的位置变成如图 2.103 所示。

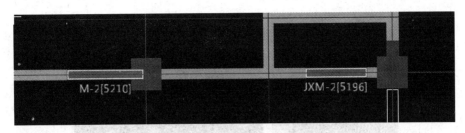

图 2.103

②修改二层的门窗,以 M2 为例。

a. 对 M2 进行移动,选中 M2,单击右键选择"移动",单击图元并移动图元,如图 2.104 所示。

图 2.104

b. 将门端的中点作为基准点,单击如图 2.105 所示的插入点。

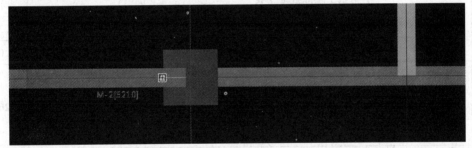

图 2.105

c. 移动后的 M2 位置如图 2.106 所示。

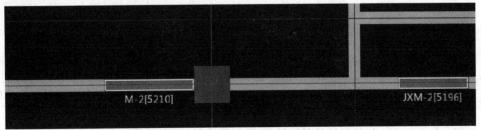

图 2.106

(3)精确布置 TC1

删除 LC3,利用"精确布置"绘制 TC1 图元,绘制好的 TC1 如图 2.107 所示。

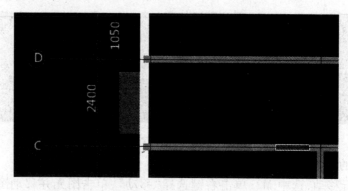

图 2.107

四、任务结果

①应用"修改构件图元名称"把 MQ1 修改为 MQ3；删除 LM1，利用精确布置绘制 LC1。
②汇总计算，统计本层门窗的工程量，如表 2.41 所示。

表 2.41　二层门窗清单定额量

序 号	项目编码	项目名称及特征	单　位	工程量
1	010505008001	悬挑板-雨篷、飘窗 1. 混凝土种类：商品混凝土 2. 混凝土强度等级：C25	m³	0.3875
	B-2	商品混凝土 C25	m³	0.3933
	4-124	捣固养护 板	10m³	0.0388
2	010801001001	木质门 1. 门代号及洞口尺寸：夹板门、M-1（1000mm×2100mm）、M-2（1500mm×2100mm）具体尺寸见图纸设计	m²	26.25
	B-11	木夹板门	m²	26.25
3	010801004001	木质防火门 1. 门代号及洞口尺寸：丙级防火门，JXM1（550mm×2000mm）、JXM2（1200mm×2000mm） 2. 门框、扇材质：木质	m²	5.9
	[1347]4-26	木质防火门	100m² 框外围面积	0.059
4	010802003002	钢质防火门-乙级 1. 门代号及洞口尺寸：乙级防火门，YFM1（1200mm×2100mm） 2. 门框或扇外围尺寸：见图纸设计 3. 门框、扇材质：钢质	m²	5.04
	[1347]4-46	钢制防火门安装 双扇	100m² 框外围面积	0.0504

续表

序号	项目编码	项目名称及特征	单 位	工程量
5	010807001001	塑钢窗 1. 窗代号及洞口尺寸：LC1（900mm × 2700mm）、LC2（1200mm × 2700mm）、LC3（1500mm × 2700mm）、LC4（900mm × 1800mm）、LC5（1200mm × 1800mm） 2. 框、扇材质：塑钢	m²	106.92
	[1347]4-153	塑钢窗安装 单层	100m² 框外围面积	1.0692
6	010807001002	塑钢飘窗 1. 窗代号及洞口尺寸：TLC1（1500mm × 2700mm） 2. 框、扇材质：塑钢（平开）	m²	14.58
	[1347]4-153	塑钢窗安装 单层	100m² 框外围面积	0.1458
7	011201001002	墙面一般抹灰-混合砂浆2 1. 墙体类型：混凝土墙面 2. 底层厚度、砂浆配合比：9mm 厚1:0.5:3混合砂浆 3. 面层厚度、砂浆配合比：5mm 厚1:0.5:2.5混合砂浆	m²	3.6
	[1347]2-44	墙面、墙裙抹混合砂浆 混凝土墙(12+8)mm 预拌砂浆	100m²	0.036
8	011203001001	零星项目一般抹灰-飘窗 1. 基层类型、部位：混凝土板、飘窗 2. 面层厚度、砂浆配合比：20mm 厚1:2.5 水泥砂浆	m²	1.395
	[1347]2-117	零星抹灰 水泥砂浆 预拌砂浆	100m²	0.014
9	011209002001	全玻(无框玻璃)幕墙 1. 玻璃品种、规格、颜色：10mm，1950mm × 1950mm，白色 2. 固定方式：全玻璃幕墙点拨式固定	m²	159.19
	[1347]2-406	全玻璃幕墙 点式	100m²	1.5919
10	011301001002	天棚抹灰-外 1. 基层类型：现浇混凝土楼板 2. 抹灰厚度、材料种类：20mm 厚1:2.5 水泥砂浆	m²	3.875
	[1347]3-10	混凝土面天棚抹水泥砂浆 现浇板 预拌砂浆	100m²	0.0388

续表

序 号	项目编码	项目名称及特征	单 位	工程量
11	011407001001	墙面喷刷涂料 1.基层类型:抹灰面 2.喷刷涂料部位:墙面 3.涂料品种、喷刷遍数:刮大白两遍 封底漆 　一道 乳胶漆二道	m²	3.6
	[1347]5-126	内墙涂料 三遍	100m²	0.036
	[1347]5-1280	室内刮大白 两遍	100m²	0.036
12	011407002001	天棚喷刷涂料-外 1.基层类型:抹灰面 2.喷刷涂料部位:天棚 3.涂料品种、喷刷遍数:外墙涂料二道	m²	5.27
	[1347]5-127	外墙涂料 两遍	100m²	0.0527
	[1347]5-182	墙面批腻子	100m²	0.0527

五、总结拓展

组合构件

灵活利用软件中的构件去组合图纸上复杂的构件。这里以组合飘窗为例,讲解组合构件的操作步骤。飘窗是由底板、顶板、带形窗、墙洞组成。

(1)飘窗底板

①新建飘窗底板,如图2.108所示。

②通过复制建立飘窗顶板,如图2.109所示。

属性名称	属性值	附加
名称	飘窗底板	
类别	平板	☐
砼类型	(预拌砼)	☐
砼标号	C30	☑
厚度(mm)	100	☐
顶标高(m)	4.5	☐
是否是楼板	否	☐
模板类型	普通模板	☐
备注		☐

图 2.108

属性名称	属性值	附加
名称	飘窗顶板	
类别	平板	☐
砼类型	(预拌砼)	☐
砼标号	C30	☑
厚度(mm)	100	☐
顶标高(m)	7.3	☐
是否是楼板	否	☐
模板类型	普通模板	☐
备注		☐

图 2.109

(2)新建飘窗、墙洞

①新建带形窗,如图 2.110 所示。

②新建飘窗墙洞,如图 2.111 所示。

属性名称	属性值	附加
名称	飘窗	
框厚(mm)	0	
起点顶标高(m)	7.2	
起点底标高(m)	4.5	
终点顶标高(m)	7.2	
终点底标高(m)	4.5	
轴线距左边线	(0)	
备注		

图 2.110

属性名称	属性值	附加
名称	飘窗墙洞	
洞口宽度(mm)	1500	
洞口高度(mm)	2700	
离地高度(mm)	600	
洞口面积(m2)	4.05	
备注		

图 2.111

(3)绘制底板、顶板、带形窗、墙洞

绘制完飘窗底板,在同一位置绘制飘窗顶板,图元标高不相同,可以在同一位置进行绘制。绘制带形窗时,需要在外墙外边线的地方把带形窗打断(见图 2.112),对带形窗进行偏移(见图 2.113),接着绘制飘窗墙洞。

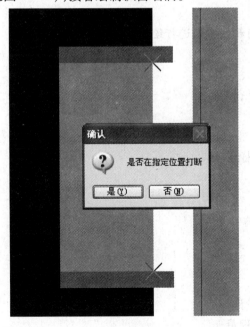

图 2.112

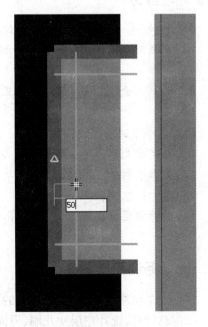

图 2.113

(4)组合构件

进行右框选(见图 2.114),弹出"新建组合构件"对话框,查看是否有多余或缺少的构件,单击右键确定,组合构件完成,如图 2.115 所示。

图 2.114

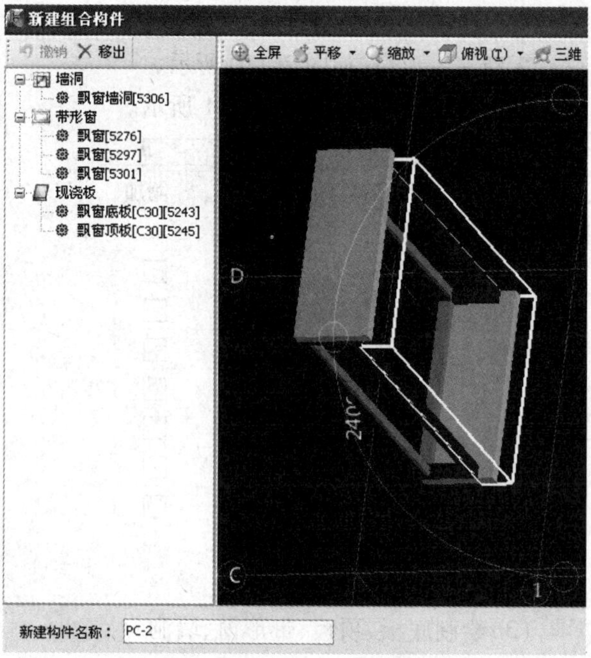

新建构件名称： PC-2

图 2.115

思考与练习

(1)Ｅ轴/④—⑤轴间 LC1 为什么要利用精确布置进行绘制?
(2)定额中飘窗是否计算建筑面积?

2.3.4　女儿墙、屋面的工程量计算

通过本小节的学习,你将能够:
(1)确定女儿墙高度、厚度,确定屋面防水的上卷高度;
(2)矩形绘制屋面图元;
(3)图元的拉伸;
(4)统计本层女儿墙、女儿墙压顶、屋面的工程量。

一、任务说明

①完成二层屋面的女儿墙、屋面的工程量计算。
②汇总计算,统计二层女儿墙、屋面的工程量。

二、任务分析

①从哪张图中可以找到屋面做法? 二层的屋面是什么做法? 都与哪些清单、定额相关?
②从哪张图中可以找到女儿墙的尺寸?

三、任务实施

1)分析图纸

（1）分析女儿墙及压顶

分析建施-4、建施-8可知,女儿墙的构造参见建施-8节点1,女儿墙墙厚240mm(以建施-4平面图为准)。女儿墙墙身为砖墙,压顶材质为混凝土,宽340mm、高150mm。

（2）分析屋面

分析建施-0、建施-1可知,本层的屋面做法为屋面3,防水的上卷高度设计没有指明,按照定额默认高度为250mm。

2)清单、定额计算规则学习

（1）清单计算规则（见表2.42）

表2.42 女儿墙、屋面清单计算规则

编 号	项目名称	单 位	计算规则
010401003	实心砖墙	m³	按设计图示尺寸以体积计算
010507005	压顶	m³	1. 以米计量,按设计图示的中心线延长米计算; 2. 以立方米计量,按设计图示尺寸以体积计算
011702025	压顶	m²	按模板与现浇混凝土构件的接触面积计算
011407001	墙面喷刷涂料		按设计图示尺寸以实刷面积计算
011203001	零星项目一般抹灰		按设计图示尺寸以面积计算
010902001	屋面涂膜防水	m²	按设计图示尺寸以面积计算。 1. 斜屋顶(不包括平屋顶找坡)按斜面积计算,平屋顶按水平投影面积计算; 2. 不扣除房上烟囱、风帽底座、风道、屋面小气窗和斜沟所占面积
011101006	屋面找平层	m²	3. 屋面的女儿墙、伸缩缝和天窗等处的弯起部分,并入屋面工程量内
011001001	保温隔热屋面	m²	按设计图示尺寸以面积计算。扣除面积大于0.3m²孔洞及占位面积

（2）定额计算规则

表2.43 女儿墙、屋面定额计算规则

编 号	项目名称	单 位	计算规则
3-58	实心砖墙一砖(混合砂浆)M5预拌砂浆	m³	从屋面板上表面算至女儿墙顶面(如有混凝土压顶时算至压顶下表面)

续表

编　号	项目名称	单　位	计算规则
12-141	压顶 木模板、木支撑	m^2	按模板与现浇混凝土构件的接触面积计算
2-117	零星抹灰 水泥砂浆 预拌砂浆	m^2	按设计图示尺寸以面积计算
5-127	外墙涂料 两遍	m^2	
5-182	墙面批腻子	m^2	
7-50	SBS 卷材 热熔	m^2	按设计图示尺寸以面积计算。 1. 斜屋顶(不包括平屋顶找坡)按斜面积计算,平屋顶按水平投影面积计算; 2. 不扣除房上烟囱、风帽底座、风道、屋面小气窗和斜沟所占面积; 3. 屋面的女儿墙、伸缩缝和天窗等处的弯起部分,并入屋面工程量内
1-326	水泥砂浆找平层 填充材料上 20mm 预拌砂浆	m^2	
7-57	SBC120 复合卷材 冷贴	m^2	
1-324	水泥砂浆找平层混凝土或硬基层上 20mm 预拌砂浆	m^2	
8-197	屋面保温 炉渣混凝土	m^3	按设计实铺厚度以体积计算
8-210	屋面保温 干铺保温板	m^3	

3)属性定义

(1)女儿墙的属性定义

女儿墙的属性定义同墙,只是在新建墙体时,把名称改为"女儿墙",其属性定义如图 2.116所示。

属性编辑框

属性名称	属性值	附加
名称	女儿墙	
类别	砖墙	☐
材质	普通砖	☐
砂浆标号	M5	☐
砂浆类型	(混合砂浆中砂)	☐
内/外墙标	外墙	☑
厚度(mm)	240	☑
起点顶标高	层底标高+0.9	☐
终点顶标高	层底标高+0.9	☐
起点底标高	层底标高	☐
终点底标高	层底标高	☐
轴线距左墙	(120)	☐
图元形状	直形	☐
工艺	混水	☐
是否为人防	否	☐
备注		☐
⊞ 计算属性		
⊞ 显示样式		

图 2.116

属性名称	属性值	附加
名称	不上人屋	
顶标高(m)	层底标高	☐
坡度(°)		☐
备注		☐

图 2.117

属性名称	属性值	附加
名称	女儿墙压	
材质	现浇混凝	☐
砼标号	(C25)	☐
砼类型	(泵送砼碎	☐
截面宽度(	340	☐
截面高度(	150	☐
截面面积(m	0.051	☐
起点顶标高	墙顶标高	☐
终点顶标高	墙顶标高	☐
轴线距左边	(170)	☐
备注		☐
⊞ 计算属性		
⊞ 显示样式		

图 2.118

（2）屋面的属性定义

在模块导航栏中单击"其他"→"屋面"，在构件列表中单击"新建"→"新建屋面"，在属性编辑框中输入相应的属性值，如图2.117所示。

（3）女儿墙压顶的属性定义

在模块导航栏中单击"其他"→"压顶"，在构件列表中单击"新建"→"新建压顶"，在属性编辑框中输入相应的属性值，如图2.118所示。

4）做法套用

①女儿墙的做法套用，如图2.119所示。

	编码	类别	项目名称	项目特征	单位	工程量表达式	表达式说明	措施项目	专业
1	010401003001	项	实心砖墙	1.砖品种、规格、强度等级：实心砖 MU10 2.墙体类型：实心砖墙 3.墙厚：240 4.砂浆强度等级、配合比：M5 预拌混合砂浆	m3	TJ	TJ〈体积〉	☐	建筑工程
2	3-58	定	实心砖墙 1砖（混合砂浆）M5 预拌砂浆		m3	TJ	TJ〈体积〉	☐	建筑

图2.119

②屋面的做法套用，如图2.120所示。

	编码	类别	项目名称	项目特征	单位	工程量表达式	表达式说明	措施项目	专业
1	010902001001	项	屋面卷材防水	1.卷材品种、规格、厚度：SBS防水 4mm厚 2.防水层数：1层 3.防水层做法：热熔	m2	MJ	MJ〈面积〉	☐	建筑工程
2	7-50	定	SBS卷材 热熔		m2	FSMJ	FSMJ〈防水面积〉	☐	建筑
3	011101006002	项	屋面防水下水泥砂浆找平层	1.找平层厚度、砂浆配合比：20厚1：3水泥砂浆在砼板上，20厚1：3水泥砂浆在保温层上	m2	MJ	MJ〈面积〉	☐	建筑工程
4	1-326	借	水泥砂浆找平层 填充材料上 20mm 预拌砂浆		m2	FSMJ	FSMJ〈防水面积〉	☐	装饰
5	011001001001	项	保温隔热屋面	1.保温隔热材料品种、规格、厚度：炉渣混凝土30厚垫层，100厚挤塑聚乙烯泡沫板 2.隔气层材料品种、做法：SBS防水卷材 3.粘结材料种类、做法：冷贴	m2	MJ	MJ〈面积〉	☐	建筑工程
6	8-197	定	屋面保温 炉渣混凝土C7.5		m3	MJ*0.138	MJ〈面积〉*0.138	☐	建筑
7	8-210	定	屋面保温 干铺保温板		m3	MJ*0.1	MJ〈面积〉*0.1	☐	建筑
8	7-57	定	SBC120复合卷材 冷贴		m2	MJ+JBCD*0.15	MJ〈面积〉+JBCD〈卷边长度〉*0.15	☐	建筑
9	011101006003	项	屋面隔气层下水泥砂浆找平层	1.找平层厚度、砂浆配合比：20mm厚 1：3水泥砂浆	m2	MJ+JBCD*0.15	MJ〈面积〉+JBCD〈卷边长度〉*0.15	☐	建筑工程
10	1-324	借	水泥砂浆找平层 混凝土或硬基层上 20mm 预拌砂浆		m2	MJ+JBCD*0.15	MJ〈面积〉+JBCD〈卷边长度〉*0.15	☐	装饰

图2.120

③女儿墙压顶的做法套用，如图2.121所示。

	编码	类别	项目名称	项目特征	单位	工程量表达式	表达式说明	措施项目	专业
1	010507005001	项	压顶	1.断面尺寸：见图 2.混凝土种类：商品混凝土 3.混凝土强度等级：C25	m3	TJ	TJ〈体积〉	☐	建筑工程
2	B-2	补	商品混凝土C25		m3	TJ*1.015	TJ〈体积〉*1.015	☐	
3	4-127	定	捣固养护 其他		m3	TJ		☐	建筑
4	011702025001	项	压顶	1.模板类型：木模板 木支撑	m2	MBMJ	MBMJ〈模板面积〉	☑	建筑工程
5	12-141	定	压顶 木模板、木支撑		m2	MBMJ	MBMJ〈模板面积〉	☑	建筑
6	011407001002	项	墙面喷刷涂料	1.基层类型：抹灰面 2.喷刷涂料部位：压顶 3.涂料品种、喷刷遍数：外墙涂料二道	m2	WLMJ	WLMJ〈外露面积〉	☐	建筑工程
7	5-127	借	外墙涂料 二遍		m2	WLMJ	WLMJ〈外露面积〉	☐	装饰
8	5-182	借	墙面批腻子		m2	WLMJ	WLMJ〈外露面积〉	☐	装饰
9	011203001001	项	零星项目一般抹灰	1.基层类型、部位：混凝土压顶 2.面层厚度、砂浆配合比：20mm厚 1：2.5水泥砂浆	m2	WLMJ	WLMJ〈外露面积〉	☐	建筑工程
10	2-117	借	零星抹灰 水泥砂浆 预拌砂浆		m2	WLMJ	WLMJ〈外露面积〉	☐	装饰

图2.121

5)画法讲解

(1)直线绘制女儿墙

采用直线绘制女儿墙,因为画的时候是居中于轴线绘制的,女儿墙图元绘制完成后要对其进行偏移、延伸,使女儿墙各段墙体封闭,绘制好的图元如图 2.122 所示。

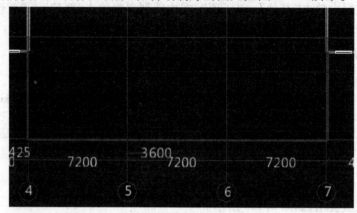

图 2.122

(2)矩形绘制屋面

采用矩形绘制屋面,只要找到两个对角点即可进行绘制,如图 2.123 中的两个对角点。

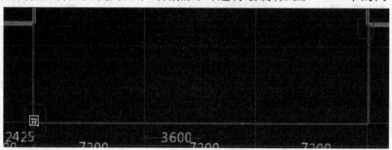

图 2.123

绘制完屋面,和图纸对应位置的屋面比较发现缺少一部分,如图 2.124 所示。采用"延伸"的功能把屋面补全,选中屋面,单击要拉伸的面上一点,拖着往延伸的方向找到终点,如图 2.125 所示。

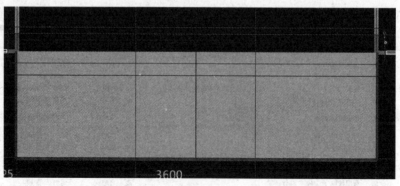

图 2.124

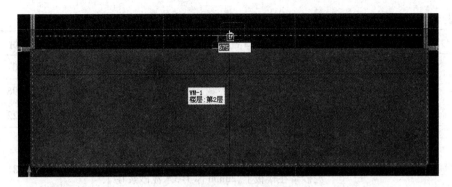

图2.125

四、任务结果

汇总计算,统计本层女儿墙、压顶及屋面的工程量,如表2.44所示。

表2.44　二层女儿墙、屋面清单定额量

序号	项目编码	项目名称及特征	单位	工程量
1	010401003001	实心砖墙 1.砖品种、规格、强度等级:实心砖 MU10 2.墙体类型:实心砖墙 3.墙厚:240mm 4.砂浆强度等级、配合比:M5 预拌混合砂浆	m³	6.0696
	3-58	实心砖墙 一砖(混合砂浆) M5 预拌砂浆	10m³	0.607
2	010507005001	压顶 1.断面尺寸:见图 2.混凝土种类:商品混凝土 3.混凝土强度等级:C25	m³	1.7325
	B-2	商品混凝土 C25	m³	1.7585
	4-127	捣固养护 其他	10m³	0.1732
3	010902001001	屋面卷材防水 1.卷材品种、规格、厚度:SBS 防水 4mm 厚 2.防水层数:一道 3.防水层做法:热熔	m²	144.981
	7-50	SBS 卷材 热熔	100m²	1.5372
4	011001001001	保温隔热屋面 1.保温隔热材料品种、规格、厚度:炉渣混凝土30mm 厚找坡,100mm 厚聚苯乙烯泡沫板 2.隔汽层材料品种、厚度:SBC 防水卷材 3.粘结材料种类、做法:冷贴	m²	144.981

续表

序号	项目编码	项目名称及特征	单位	工程量
4	8-197	屋面保温 炉渣混凝土 C7.5	10m³	2.0007
	8-210	屋面保温 干铺保温板	10m³	1.4498
	7-57	SBC120 复合卷材 冷贴	100m²	1.5022
5	011101006002	屋面防水下水泥砂浆找平层 1.找平层厚度、砂浆配合比:20mm 厚 1:3 水泥砂浆在楼板上,20mm 厚 1:3 水泥砂浆在保温层上	m²	144.981
	[1347]1-326	水泥砂浆找平层 填充材料上 20mm 预拌砂浆	100m²	1.5372
6	011101006003	屋面隔汽层下水泥砂浆找平层 1.找平层厚度、砂浆配合比:20mm 厚 1:3 水泥砂浆	m²	150.225
	[1347]1-324	水泥砂浆找平层 混凝土或硬基层上 20mm 预拌砂浆	100m²	1.5022
7	011203001001	零星项目一般抹灰 1.基层类型、部位:混凝土压顶 2.面层厚度、砂浆配合比:20mm 厚 1:2.5 水泥砂浆	m²	25.0103
	[1347]2-117	零星抹灰 水泥砂浆 预拌砂浆	100m²	0.2501
8	011407001002	墙面喷刷涂料 1.基层类型:抹灰面 2.喷刷涂料部位:压顶 3.涂料品种、喷刷遍数:外墙涂料二道	m²	25.0103
	[1347]5-127	外墙涂料 两遍	100m²	0.2501
	[1347]5-182	墙面批腻子	100m²	0.2501

2.3.5 过梁、圈梁、构造柱的工程量计算

通过本小节的学习,你将能够:
统计本层的圈梁、过梁、构造柱工程量。

一、任务说明

完成二层过梁、圈梁、构造柱的工程量计算。

二、任务分析

①对比二层与首层的过梁、圈梁、构造柱,都有哪些不同?

②构造柱为什么不建议用复制?

三、任务实施

1)分析图纸

(1)分析过梁、圈梁

分析结施-2、结施-9、建施-4、建施-10、建施-11可知,二层层高为3.9m,外墙上窗的高度为2.7m,窗距地高度为0.7m,外墙上梁高为0.5m,所以外墙窗顶不设置过梁、圈梁,窗底设置圈梁。内墙门顶设置圈梁代替过梁。

(2)分析构造柱

构造柱的布置位置详见结施-2中第八条中的(4)。

2)画法讲解

(1)从首层复制圈梁图元到二层

利用从"其他楼层复制构件图元"的方法复制圈梁图元到二层,对复制过来的图元,利用"三维"显示查看是否正确,比如查看门窗图元是否和梁相撞。

(2)自动生成构造柱

对于构造柱图元,不推荐采用层间复制。如果楼层不是标准层,通过复制过来的构造柱图元容易出现位置错误的问题。

单击"自动生成构造柱",然后对构造柱图元进行查看,比如看是否在一段墙中重复布置了构造柱图元。查看的目的是保证本层的构造柱图元的位置及属性都是正确的。

四、任务结果

汇总计算,统计本层构造柱、圈梁、过梁的工程量,如表2.45所示。

表2.45　二层过梁、圈梁、构造柱清单定额量

序　号	项目编码	项目名称及特征	单　位	工程量
1	010502002001	构造柱 1.混凝土种类:商品混凝土 2.混凝土强度等级:C25	m^3	12.5916
	B-2	商品混凝土 C25	m^3	12.8689
	4-123	捣固养护 柱	$10m^3$	1.2679
2	010503004001	圈梁 1.混凝土种类:商品混凝土 2.混凝土强度等级:C25	m^3	4.3251
	B-2	商品混凝土 C25	m^3	4.39
	4-126	捣固养护 梁	$10m^3$	0.4325

续表

序　号	项目编码	项目名称及特征	单　位	工程量
3	010503005001	过梁 1.混凝土种类:商品混凝土 2.混凝土强度等级:C25	m³	0.5646
	B-2	商品混凝土 C25	m³	0.573
	4-126	捣固养护 梁	10m³	0.0565

五、总结拓展

变量标高

对于构件属性中的标高处理一般有两种方式:一种为直接输入标高的数字,如在组合飘窗图2.113中就采用了这种方式;另一种 QL1 的顶标高为"层底标高 +0.1 +0.6",这种定义标高模式称为变量标高,好处在于进行层间复制时标高不容易出错,省去手动调整标高的时间。推荐用户使用变量标高。

2.4　三层、四层工程量计算

通过本节的学习,你将能够:
(1)掌握块存盘、块提取功能;
(2)掌握批量选择构件图元的方法;
(3)掌握批量删除的方法;
(4)统计三层、四层各构件图元的工程量。

一、任务说明

完成三层、四层的工程量计算。

二、任务分析

①对比三层、四层与二层的图纸都有哪些不同?
②如何快速对图元进行批量选定、删除工作?
③做法套用有快速的方法吗?

三、任务实施

1)分析三层图纸

①分析结施-5,三层©轴位置的矩形 KZ3 在二层为圆形 KZ2,其他柱和二层柱一样。

②由结施-5、结施-9、结施-13可知,三层剪力墙、梁、板、后浇带与二层完全相同。

③对比建施-4与建施-5发现,三层和二层砌体墙基本相同,三层有一段弧形墙体。

④二层天井的地方在三层为办公室,因此增加几道墙体。

2)绘制三层图元

运用"从其他楼层复制构件图元"的方法复制图元到三层。建议构造柱不要进行复制,用"自动生成构造柱"的方法绘制三层构造柱图元。运用学到的软件功能对三层图元进行修改,保存并汇总计算。

3)三层工程量汇总

汇总计算,统计本层工程量,如表2.46所示。

表2.46 三层清单定额量

序号	项目编码	项目名称及特征	单 位	工程量
1	010401005001	空心砖墙 1.砖品种、规格、强度等级:多孔砖 2.墙体类型:多孔砖墙 3.墙厚:250mm 4.砂浆强度等级、配合比:M5预拌混合砂浆	m^3	31.6842
	3-173	空心砖墙 一砖(混合砂浆)M5预拌砂浆	$10m^3$	3.1684
2	010401005002	空心砖墙-弧形 1.砖品种、规格、强度等级:多孔砖 2.墙体类型:240mm多孔砖墙 3.砂浆强度等级、配合比:M5预拌混合砂浆	m^3	9.1537
	3-173R*1.1	空心砖墙 一砖(混合砂浆)M5预拌砂浆 人工乘以系数1.1	$10m^3$	0.9154
3	010402001001	砌块墙200mm厚 1.砌块品种、规格、强度等级:陶粒混凝土砌块390mm×190mm×290mm MU10 2.墙体类型:砌块墙 3.墙厚:200mm 4.砂浆强度等级:M5预拌混合砂浆	m^3	71.6851
	3-291	砌筑陶粒混凝土砌块墙(390mm×190mm×290mm)墙厚190mm(混合砂浆)M5预拌砂浆	$10m^3$	7.1685
4	010402001002	砌块墙100mm厚 1.砌块品种、规格、强度等级:陶粒混凝土砌块390mm×90mm×290mm MU10 2.墙体类型:砌块墙 3.墙厚:100mm 4.砂浆强度等级:M5混合砂浆	m^3	2.1215
	3-243	砌筑陶粒混凝土砌块墙(390mm×90mm×290mm)墙厚90mm(混合砂浆)M5预拌砂浆	$10m^3$	0.2122

续表

序 号	项目编码	项目名称及特征	单 位	工程量
5	010502001002	矩形柱 1. 柱形状:矩形 2. 混凝土种类:商品混凝土 3. 混凝土强度等级:C25	m³	35.595
	B-2	商品混凝土 C25	m³	36.1289
	4-123	捣固养护 柱	10m³	3.5595
6	010502002001	构造柱 1. 混凝土种类:商品混凝土 2. 混凝土强度等级:C25	m³	12.8483
	B-2	商品混凝土 C25	m³	13.0411
	4-123	捣固养护 柱	10m³	1.2848
7	010503002001	矩形梁 1. 混凝土种类:商品混凝土 2. 混凝土强度等级:C25	m³	0.2405
	B-2	商品混凝土 C25	m³	0.2441
	4-126	捣固养护 梁	10m³	0.0241
8	010503004001	圈梁 1. 混凝土种类:商品混凝土 2. 混凝土强度等级:C25	m³	4.3146
	B-2	商品混凝土 C25	m³	4.3793
	4-126	捣固养护 梁	10m³	0.4315
9	010503004002	圈梁-弧形 1. 混凝土种类:商品混凝土 2. 混凝土强度等级:C25	m³	0.9407
	B-2	商品混凝土 C25	m³	0.9548
	4-126	捣固养护 梁	10m³	0.0941
10	010503005001	过梁 1. 混凝土种类:商品混凝土 2. 混凝土强度等级:C25	m³	0.6906
	B-2	商品混凝土 C25	m³	0.7009
	4-126	捣固养护 梁	10m³	0.0691
11	010504001002	直形墙 1. 混凝土种类:商品混凝土 2. 混凝土强度等级:C25	m³	75.8935

续表

序号	项目编码	项目名称及特征	单位	工程量
11	B-2	商品混凝土 C25	m³	76.9721
	4-125	捣固养护 墙	10m³	7.5835
12	010505001002	有梁板 1.混凝土种类:商品混凝土 2.混凝土强度等级:C25	m³	138.8601
	B-2	商品混凝土 C25	m³	140.9389
	4-124	捣固养护 板	10m³	13.8856
13	010505008001	悬挑板-雨篷、飘窗 1.混凝土种类:商品混凝土 2.混凝土强度等级:C25	m³	0.3875
	B-2	商品混凝土 C25	m³	0.3933
	4-124	捣固养护 板	10m³	0.0388
14	010508001004	后浇带 1.混凝土种类:商品混凝土 2.混凝土强度等级:C30	m³	2.2416
	B-1	商品混凝土 C30	m³	2.2752
	4-124	捣固养护 板	10m³	0.2242
15	010801001001	木质门 1.门代号及洞口尺寸:夹板门、M-1(1000mm×2100mm)、M-2(1500mm×2100mm)具体尺寸见图纸设计	m²	35.7
	B-11	木夹板门	m²	35.7
16	010801004001	木质防火门 1.门代号及洞口尺寸:丙级防火门,JXM1(550mm×2000mm)、JXM2(1200mm×2000mm) 2.门框、扇材质:木质	m²	5.9
	[1347]4-26	木质防火门	100m² 框外围面积	0.059
17	010802003002	钢质防火门-乙级 1.门代号及洞口尺寸:乙级防火门,YFM1(1200mm×2100mm) 2.门框或扇外围尺寸:见图纸设计 3.门框、扇材质:钢质	m²	5.04
	[1347]4-46	钢制防火门安装 双扇	100m² 框外围面积	0.0504

续表

序号	项目编码	项目名称及特征	单 位	工程量
18	010807001001	塑钢窗 1. 窗代号及洞口尺寸：LC1（900mm×2700mm）、LC2（1200mm×2700mm）、LC3（1500mm×2700mm）、LC4（900mm×1800mm）、LC5（1200mm×1800mm） 2. 框、扇材质：塑钢	m²	136.08
	[1347]4-153	塑钢窗安装 单层	100m² 框外围面积	1.3608
19	010807001002	塑钢飘窗 1. 窗代号及洞口尺寸：TLC1（1500mm×2700mm） 2. 框、扇材质：塑钢（平开）	m²	14.58
	[1347]4-153	塑钢窗安装 单层	100m² 框外围面积	0.1458
20	011201001002	墙面一般抹灰-混合砂浆2 1. 墙体类型：混凝土墙面 2. 底层厚度、砂浆配合比：9mm 厚1:0.5:3混合砂浆 3. 面层厚度、砂浆配合比：5mm 厚1:0.5:2.5混合砂浆	m²	3.6
	[1347]2-44	墙面、墙裙抹混合砂浆混凝土墙（12+8）mm 预拌砂浆	100m²	0.036
21	011203001001	零星项目一般抹灰-飘窗 1. 基层类型、部位：混凝土板、飘窗 2. 面层厚度、砂浆配合比：20mm 厚1:2.5 水泥砂浆	m²	1.395
	[1347]2-117	零星抹灰 水泥砂浆 预拌砂浆	100m²	0.014
22	011209002001	全玻（无框玻璃）幕墙 1. 玻璃品种、规格、颜色：10mm 1950mm×1950mm 白色 2. 固定方式：全玻璃幕墙点拨式固定	m²	79.31
	[1347]2-406	全玻璃幕墙 点式	100m²	0.7931
23	011301001002	天棚抹灰-外 1. 基层类型：现浇混凝土楼板 2. 抹灰厚度、材料种类：20mm 厚1:2.5 水泥砂浆	m²	3.875
	[1347]3-10	混凝土面天棚抹水泥砂浆 现浇板 预拌砂浆	100m²	0.0388

续表

序号	项目编码	项目名称及特征	单 位	工程量
24	011407001001	墙面喷刷涂料 1. 基层类型:抹灰面 2. 喷刷涂料部位:墙面 3. 涂料品种、喷刷遍数:刮大白两遍 封底漆 一道 乳胶漆二道	m²	3.6
	[1347]5-126	内墙涂料 两遍	100m²	0.036
	[1347]5-180	刮大白 两遍	100m²	0.036
25	011407002001	天棚喷刷涂料-外 1. 基层类型:抹灰面 2. 喷刷涂料部位:天棚 3. 涂料品种、喷刷遍数:外墙涂料二道	m²	5.27
	[1347]5-127	外墙涂料 两遍	100m²	0.0527
	[1347]5-182	墙面批腻子	100m²	0.0527

4)分析四层图纸

(1)结构图纸分析

分析结施-5、结施-9与结施-10、结施-13与结施-14可知,四层的框架柱和端柱与三层的图元是相同的;大部分梁的截面尺寸和三层的相同,只是名称发生了变化;板的名称和截面都发生了变化;四层的连梁高度发生了变化,LL1下的洞口高度为3.9m−1.3m＝2.6m,LL2下的洞口高度不变为2.6m;剪力墙的截面没有发生变化。

(2)建筑图纸分析

从建施-5、建施-6可知,四层和三层的房间数发生了变化。

结合以上分析,建立四层构件图元的方法可以采用前面介绍过的两种层间复制图元的方法。本节介绍另一种快速建立整层图元的方法:块存盘、块提取。

5)一次性建立整层构件图元

(1)块存盘

在黑色绘图区域下方的显示栏选择"第3层"(见图2.126),单击"楼层",在下拉菜单中可以看到"块存盘""块提取",如图2.127所示。单击"块存盘",框选本层,然后单击基准点即①轴与Ⓐ轴的交点(见图2.128),弹出"另存为"对话框,可以对文件保存的位置进行更改,这里选择保存在桌面上(见图2.129)。

图2.126

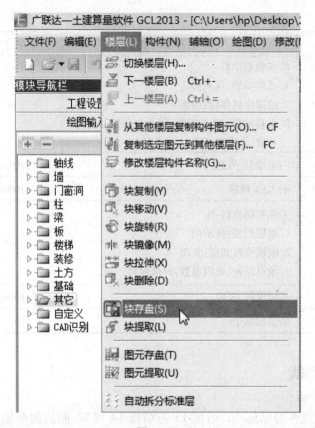

图 2.127

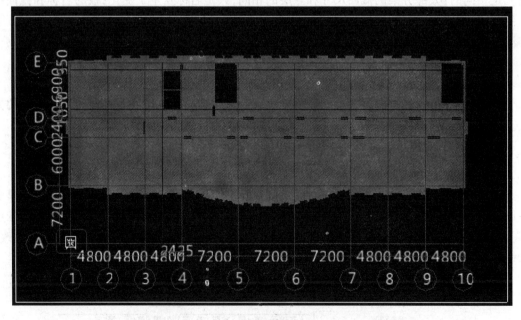

图 2.128

图 2.129

（2）块提取

在显示栏中切换楼层到"第 4 层"，单击"楼层"→"块提取"，弹出"打开"对话框，选择保存在桌面上的块文件，如图 2.130 所示。单击"打开"按钮，屏幕上出现如图 2.131 所示的结果，单击①轴和Ⓐ轴的交点，弹出提示对话框"块提取成功"。

图 2.130

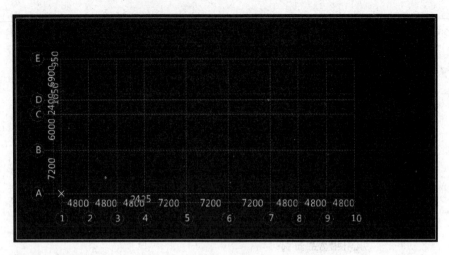

图 2.131

6)四层构件及图元的核对修改

（1）柱、剪力墙构件及图元的核对修改

对柱、剪力墙图元的位置、截面尺寸、混凝土标号进行核对修改。

（2）梁、板构件及图元的核对修改

①利用修改构件名称建立梁构件。选中Ⓔ轴 KL3，在属性编辑框"名称"一栏修改"KL3"为"WKL-3"，如图 2.132 所示。

属性编辑框		中
属性名称	属性值	附加
名称	WKL-3	
类别1	框架梁	
类别2		
材质	现浇混凝土	
砼标号	(C25)	
砼类型	(泵送砼碎石20mm (425#)	
截面宽度（	250	☑
截面高度（	500	☑
截面面积 (m	0.125	
截面周长 (m	1.5	
起点顶标高	层顶标高	
终点顶标高	层顶标高	
轴线距梁左	(125)	
砖胎膜厚度	0	
是否计算单	否	
图元形状	直形	
模板类型	组合钢模板	
支撑类型	钢支撑	
是否为人防	否	
备注		
⊞ 计算属性		
⊞ 显示样式		

图 2.132

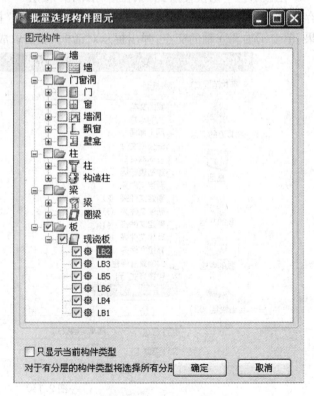

图 2.133

②批量选择构件图元(F3 键)。单击模块导航栏中的"板",切换到板构件,按下"F3"键,弹出如图 2.133 所示"批量选择构件图元"对话框,选择所有的板然后单击"确定"按钮,能看到绘图界面的板图元都被选中(见图 2.134),按下"Delete"键,弹出"是否删除选中图元"的确认对话框(见图 2.135),单击"是"按钮。删除板的构件图元以后,单击"构件列表"→"构件名称",可以看到所有的板构件都被选中(见图 2.136),单击右键选择"删除",在弹出的确认对话框中单击"是"按钮,可以看到构件列表为空。

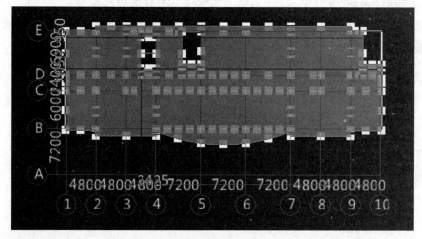

图 2.134

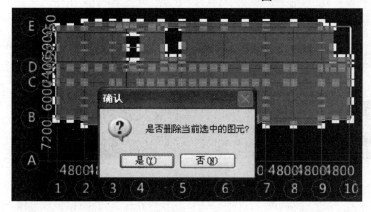

图 2.135

图 2.136

③新建板构件并绘制图元。板构件的属性定义及绘制参见第 2.2.4 节的相关内容。注意 LB1 的标高为 17.4m。

(3)砌块墙、门窗、过梁、圈梁、构造柱构件及图元的核对修改

利用延伸、删除等功能对四层砌块墙体图元进行绘制;利用精确布置、修改构件图元名称绘制门窗洞口构件图元;按"F3"键选择内墙 QL1,删除图元,利用智能布置重新绘制 QL1 图元;按"F3"键选择构造柱,删除构件图元,然后在构件列表中删除其构件;单击"自动生成构造柱"快速生成图元,检查复核构造柱的位置是否按照图纸要求进行设置。

(4)后浇带、建筑面积构件及图元核对修改

对比图纸,查看后浇带的宽度、位置是否正确。四层后浇带和三层无异,无须修改;建筑

面积三层和四层无差别,无须修改。

7)做法刷套用做法

单击"框架柱构件",双击进入套取做法界面,可以看到通过"块提取"建立的构件中没有做法,那么怎样才能对四层所有的构件套取做法呢? 下面利用"做法刷"功能来套取做法。

切换到"第3层",如图 2.137 所示。在构件列表中双击 KZ1,进入套取做法界面,单击"做法刷",勾选第 4 层的所有框架柱(见图 2.138),单击右键确定即可。

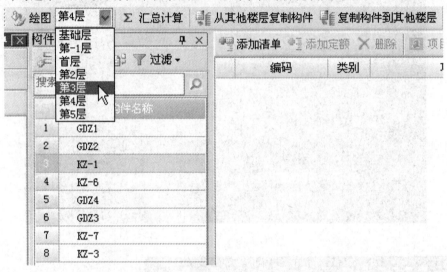

图 2.137

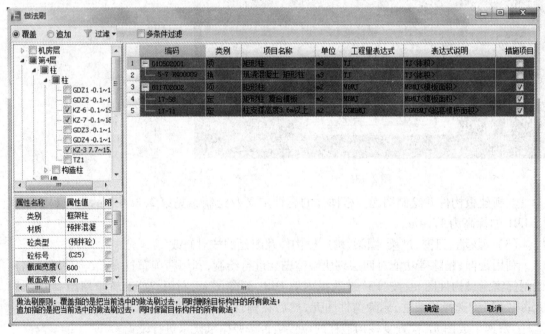

图 2.138

四、任务结果

汇总计算,统计本层工程量如表2.47所示。

表2.47　四层清单定额量

序 号	项目编码	项目名称及特征	单 位	工程量
1	010401005001	空心砖墙 1.砖品种、规格、强度等级:多孔砖 2.墙体类型:多孔砖墙 3.墙厚:250mm 4.砂浆强度等级、配合比:M5 预拌混合砂浆	m³	31.804
	3-173	空心砖墙 一砖(混合砂浆)M5 预拌砂浆	10m³	3.1804
2	010401005002	空心砖墙-弧形 1.砖品种、规格、强度等级:多孔砖 2.墙体类型:240mm多孔砖墙 3.砂浆强度等级、配合比:M5 预拌混合砂浆	m³	9.0762
	3-173R * 1.1	空心砖墙 一砖(混合砂浆)M5 预拌砂浆 人工乘以系数 1.1	10m³	0.9076
3	010402001001	砌块墙200mm 厚 1.砌块品种、规格、强度等级:陶粒混凝土砌块 　390mm×190mm×290mm MU10 2.墙体类型:砌块墙 3.墙厚:200mm 4.砂浆强度等级:M5 预拌混合砂浆	m³	86.9747
	3-291	砌筑陶粒混凝土砌块墙(390mm×190mm×290mm)墙厚190mm(混合砂浆)M5 预拌砂浆	10m³	8.6975
4	010402001002	砌块墙100mm 厚 1.砌块品种、规格、强度等级:陶粒混凝土砌块 　390mm×90mm×290mm MU10 2.墙体类型:砌块墙 3.墙厚:100mm 4.砂浆强度等级:M5 混合砂浆	m³	1.9697
	3-243	砌筑陶粒混凝土砌块墙(390mm×90mm×290mm)墙厚90mm(混合砂浆)M5 预拌砂浆	10m³	0.197
5	010502001002	矩形柱 1.柱形状:矩形 2.混凝土种类:商品混凝土 3.混凝土强度等级:C25	m³	35.4

续表

序号	项目编码	项目名称及特征	单位	工程量
5	B-2	商品混凝土 C25	m³	35.931
	4-123	捣固养护 柱	10m³	3.54
6	010502002001	构造柱 1.混凝土种类:商品混凝土 2.混凝土强度等级:C25	m³	13.9861
	B-2	商品混凝土 C25	m³	14.1959
	4-123	捣固养护 柱	10m³	1.3986
7	010503002001	矩形梁 1.混凝土种类:商品混凝土 2.混凝土强度等级:C25	m³	0.1685
	B-2	商品混凝土 C25	m³	0.171
	4-126	捣固养护 梁	10m³	0.0169
8	010503004001	圈梁 1.混凝土种类:商品混凝土 2.混凝土强度等级:C25	m³	4.6095
	B-2	商品混凝土 C25	m³	4.6786
	4-126	捣固养护 梁	10m³	0.4609
9	010503004002	圈梁-弧形 1.混凝土种类:商品混凝土 2.混凝土强度等级:C25	m³	0.9364
	B-2	商品混凝土 C25	m³	0.9505
	4-126	捣固养护 梁	10m³	0.0936
10	010503005001	过梁 1.混凝土种类:商品混凝土 2.混凝土强度等级:C25	m³	0.741
	B-2	商品混凝土 C25	m³	0.7521
	4-126	捣固养护 梁	10m³	0.0741
11	010504001002	直形墙 1.混凝土种类:商品混凝土 2.混凝土强度等级:C25	m³	75.8935
	B-2	商品混凝土 C25	m³	76.9919
	4-125	捣固养护 墙	10m³	7.5854

续表

序 号	项目编码	项目名称及特征	单 位	工程量
12	010505001002	有梁板 1. 混凝土种类:商品混凝土 2. 混凝土强度等级:C25	m³	138.6223
	B-2	商品混凝土 C25	m³	140.6976
	4-124	捣固养护 板	10m³	13.8618
13	010505008001	悬挑板-雨篷、飘窗 1. 混凝土种类:商品混凝土 2. 混凝土强度等级:C25	m³	0.3875
	B-2	商品混凝土 C25	m³	0.3933
	4-124	捣固养护 板	10m³	0.0388
14	010508001004	后浇带 1. 混凝土种类:商品混凝土 2. 混凝土强度等级:C30	m³	2.2417
	B-1	商品混凝土 C30	m³	2.2753
	4-124	捣固养护 板	10m³	0.2242
15	010801001001	木质门 1. 门代号及洞口尺寸:夹板门、M-1(1000mm×2100mm)、 M-2(1500mm×2100mm),具体尺寸见图纸设计	m²	38.85
	B-11	木夹板门	m²	38.85
16	010801004001	木质防火门 1. 门代号及洞口尺寸:丙级防火门,JXM1(550mm× 2000mm)、JXM2(1200mm×2000mm) 2. 门框、扇材质:木质	m²	5.9
	[1347]4-26	木质防火门	100m²框外围面积	0.059
17	010802003002	钢质防火门-乙级 1. 门代号及洞口尺寸:乙级防火门,YFM1(1200mm× 2100mm) 2. 门框或扇外围尺寸:见图纸设计 3. 门框、扇材质:钢质	m²	5.04
	[1347]4-46	钢制防火门安装 双扇	100m²框外围面积	0.0504

续表

序 号	项目编码	项目名称及特征	单 位	工程量
18	010807001001	塑钢窗 1.窗代号及洞口尺寸:LC1(900mm×2700mm)、LC2(1200mm×2700mm)、LC3(1500mm×2700mm)、LC4(900mm×1800mm)、LC5(1200mm×1800mm) 2.框、扇材质:塑钢	m²	136.08
	[1347]4-153	塑钢窗安装 单层	100m² 框外围 面积	1.3608
19	010807001002	塑钢飘窗 1.窗代号及洞口尺寸:TLC1(1500mm×2700mm) 2.框、扇材质:塑钢(平开)	m²	14.58
	[1347]4-153	塑钢窗安装 单层	100m² 框外围 面积	0.1458
20	011201001002	墙面一般抹灰-混合砂浆2 1.墙体类型:混凝土墙面 2.底层厚度、砂浆配合比:9mm厚1:0.5:3混合砂浆 3.面层厚度、砂浆配合比:5mm厚1:0.5:2.5混合砂浆	m²	3.6
	[1347]2-44	墙面、墙裙抹混合砂浆 混凝土墙(12+8)mm 预拌砂浆	100m²	0.036
21	011203001001	零星项目一般抹灰-飘窗 1.基层类型、部位:混凝土板、飘窗 2.面层厚度、砂浆配合比:20mm厚1:2.5水泥砂浆	m²	1.395
	[1347]2-117	零星抹灰 水泥砂浆 预拌砂浆	100m²	0.014
22	011209002001	全玻(无框玻璃)幕墙 1.玻璃品种、规格、颜色:10mm 1950mm×1950mm 白色 2.固定方式:全玻璃幕墙点拨式固定	m²	79.31
	[1347]2-406	全玻璃幕墙 点式	100m²	0.7931
23	011301001002	天棚抹灰-外 1.基层类型:现浇混凝土楼板 2.抹灰厚度、材料种类:20mm厚1:2.5水泥砂浆	m²	3.875
	[1347]3-10	混凝土面天棚抹水泥砂浆 现浇板 预拌砂浆	100m²	0.0388

续表

序 号	项目编码	项目名称及特征	单 位	工程量
24	011407001001	墙面喷刷涂料 1.基层类型:抹灰面 2.喷刷涂料部位:墙面 3.涂料品种、喷刷遍数:刮大白两遍 封底漆一道 乳胶漆二道	m^2	3.6
	[1347]5-126	内墙涂料 三遍	100m^2	0.036
	5-180	刮大白	100m^2	0.036
25	011407002001	天棚喷刷涂料 1.基层类型:抹灰面 2.喷刷涂料部位:天棚 3.涂料品种、喷刷遍数:外墙涂料二道	m^2	5.27
	[1347]5-127	外墙涂料 两遍	100m^2	0.0527
	[1347]5-182	墙面批腻子	100m^2	0.0527

五、总结拓展

(1)删除不存在图元的构件

单击梁构件列表的"过滤",选择"当前楼层未使用的构件",单击如图2.139所示的位置,一次性选择所有构件,单击右键选择"删除"即可。单击"过滤",选择"当前楼层使用构件"。

图2.139

(2)查看工程量的方法

下面简单介绍几种在绘图界面查看工程量的方式。

①单击"查看工程量",选中要查看的构件图元,弹出"查看构件图元工程量"对话框,可

以查看做法工程量、清单工程量、定额工程量,如图2.140、图2.141所示。

图2.140

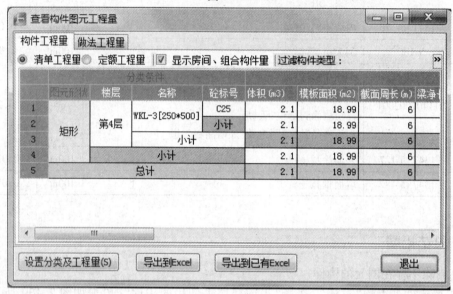

图2.141

②按"F3"键批量选择构件图元,然后单击"查看工程量",可以查看做法工程量、清单工程量、定额工程量。

③单击"查看计算式",选择单一图元,弹出"查看构件图元工程量计算式",可以查看此图元的详细计算式,还可以利用"查看三维扣减图"查看详细工程量计算式。

思考与练习

分析可不可以块复制建立三层图元?

2.5 机房及屋面工程量计算

通过本节的学习,你将能够:

(1)掌握三点定义斜板的画法;

(2)掌握屋面的定义与做法套用;

(3)绘制屋面图元;

(4)统计机房及屋面的工程量。

一、任务说明

①完成机房及屋面的构件定义、做法套用及图元绘制。

②汇总计算,统计机房及屋面的工程量。

二、任务分析

①机房层及屋面各都有什么构件? 机房中的墙、柱尺寸在什么图中可以找到?

②此层屋面与二层屋面的做法有什么不同?

③斜板、斜墙如何定义绘制?

三、任务实施

1)分析图纸

①从建施-8 可知,机房的屋面是由平屋面 + 坡屋面组成,以④轴为分界线。

②坡屋面是结构找坡,本工程为结构板找坡,斜板下的梁、墙、柱的起点顶标高和终点顶标高不再是同一标高。

2)属性定义

结施-14 中 WB2、YXB3、YXB4 的厚度都是 150mm,在画板图元时可以统一按照 WB2 去绘制,方便绘制斜板图元。屋面板的属性定义操作同板,WB2 的属性定义如图 2.142 所示。

属性名称	属性值	附加
名称	WB-2-斜板	
砼标号	(C25)	☐
砼类型	泵送砼碎石20mm (425	☐
厚度(mm)	150	☐
顶标高(m)	层顶标高	☐
是否是楼板	是	☐
是否是空心	否	☐
类别	有梁板	☐
模板类型	复合木模板	☐
支撑类型	钢支撑	☐
备注		☐
⊞ 计算属性		
⊞ 显示样式		

图 2.142

3)做法套用

①坡屋面的做法套用,如图 2.143 所示。

②上人屋面的做法套用,如图 2.144 所示。

	编码	类别	项目名称	项目特征	单位	工程量表达	表达式说明	措施项目	专业
1	─ 010902001001	项	屋面卷材防水	1.卷材品种、规格、厚度: SBS防水 4mm厚 2.防水层数: 1层 3.防水层做法: 热熔	m2	MJ	MJ<面积>	☐	建筑工程
2	7-50	定	SBS卷材 热熔		m2	FSMJ	FSMJ<防水面积>	☐	建筑
3	─ 011101006002	项	屋面防水下水泥砂浆找平层	1.找平层厚度、砂浆配合比: 20厚1: 3水泥砂浆在楼板上, 20厚1: 3水泥砂浆在保温层上	m2	MJ	MJ<面积>	☐	建筑工程
4	1-326	借	水泥砂浆找平层 填充材料上 20mm 预拌砂浆		m2	FSMJ	FSMJ<防水面积>	☐	装饰
5	─ 011001001002	项	保温隔热屋面	1.保温隔热材料品种、规格、厚度: 炉渣混凝土30厚垫坡, 100厚聚苯乙烯泡沫板 2.隔气层材料品种、厚度: SBC防水卷材 3.粘结材料种类、做法: 冷贴	MJ	MJ	MJ<面积>	☐	建筑工程
6	8-210	定	屋面保温 干铺保温板		m3	MJ*0.1	MJ<面积>*0.1	☐	建筑
7	7-57	定	SBC120复合卷材 冷贴		m2	MJ	MJ<面积>	☐	建筑
8	─ 011101006003	项	屋面隔气层下水泥砂浆找平层	1.找平层厚度、砂浆配合比: 20mm厚 1: 3水泥砂浆	m2	MJ	MJ<面积>	☐	建筑工程
9	1-324	借	水泥砂浆找平层 混凝土或硬基层上 20mm 预拌砂浆		m2	MJ	MJ<面积>	☐	装饰

图 2.143

	编码	类别	项目名称	项目特征	单位	工程量表达	表达式说明	措施项目	专业
1	─ 010902003001	项	屋面刚性层	1.刚性层厚度: 40厚 2.混凝土种类: 商品细石混凝土 3.混凝土强度等级: C20 4.嵌缝材料种类: 建筑油膏 5.钢筋规格、型号: Φ6.5@200*200钢筋网	m2	MJ	MJ<面积>	☐	建筑工程
2	7-80	定	预拌细石混凝土 厚40mm		m2	MJ	MJ<面积>	☐	建筑
3	4-224	定	楼面、地面钢筋网 钢筋直径(mm) Φ6.5		t	2.02	2.02	☐	建筑
4	─ 010902001001	项	屋面卷材防水	1.卷材品种、规格、厚度: SBS防水 4mm厚 2.防水层数: 1层 3.防水层做法: 热熔	m2	MJ	MJ<面积>	☐	建筑工程
5	7-50	定	SBS卷材 热熔		m2	FSMJ	FSMJ<防水面积>	☐	建筑
6	─ 011101006002	项	屋面防水下水泥砂浆找平层	1.找平层厚度、砂浆配合比: 20厚1: 3水泥砂浆在楼板上, 20厚1: 3水泥砂浆在保温层上	m2	FSMJ	FSMJ<防水面积>	☐	建筑工程
7	1-326	借	水泥砂浆找平层 填充材料上 20mm 预拌砂浆		m2	FSMJ	FSMJ<防水面积>	☐	装饰
8	─ 011001001001	项	保温隔热屋面	1.保温隔热材料品种、规格、厚度: 炉渣混凝土30厚垫坡, 100厚聚苯乙烯泡沫板 2.隔气层材料品种、厚度: SBC防水卷材 3.粘结材料种类、做法: 冷贴	MJ	MJ	MJ<面积>	☐	建筑工程
9	8-197	定	屋面保温 炉渣混凝土C7.5		m3	MJ*0.107	MJ<面积>*0.107	☐	建筑
10	8-210	定	屋面保温 干铺保温板		m3	MJ*0.1	MJ<面积>*0.1	☐	建筑
11	7-57	定	SBC120复合卷材 冷贴			MJ+JBCD*0.15	MJ<面积>+JBCD<卷边长度>*0.15	☐	建筑
12	─ 011101006003	项	屋面隔气层下水泥砂浆找平层	1.找平层厚度、砂浆配合比: 20mm厚 1: 3水泥砂浆		MJ+JBCD*0.15	MJ<面积>+JBCD<卷边长度>*0.15	☐	建筑工程
13	1-324	借	水泥砂浆找平层 混凝土或硬基层上 20mm 预拌砂浆		m2	MJ+JBCD*0.15	MJ<面积>+JBCD<卷边长度>*0.15	☐	装饰

图 2.144

4)画法讲解

(1)三点定义斜板

单击"三点定义斜板",选择 WB2,可以看到选中的板边缘变成淡蓝色,如图 2.145 所示。在有数字的地方按照图纸的设计输入标高(见图 2.146),输入标高后一定要记得按"Enter"键保存输入的数据。输入标高后可以看到板上有一个箭头,这表示斜板已经绘制完成,箭头指向标高低的方向,如图 2.147 所示。

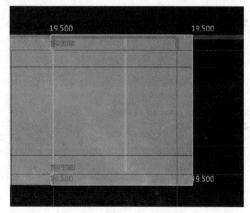

图 2.145

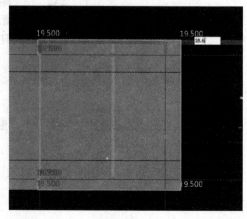

图 2.146

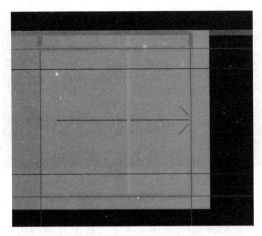

图 2.147

（2）平齐板顶

右键单击"平齐板顶"（见图 2.148），选择梁、墙、柱图元（见图 2.149），弹出确认对话框询问"是否同时调整手动修改顶标高后的柱、梁、墙的顶标高"（见图 2.150），单击"是"按钮，然后利用三维查看斜板的效果，如图 2.151 所示。

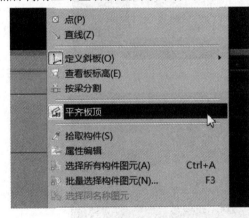

图 2.148

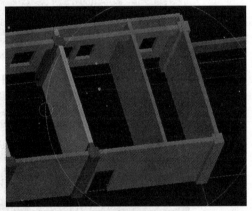

图 2.149

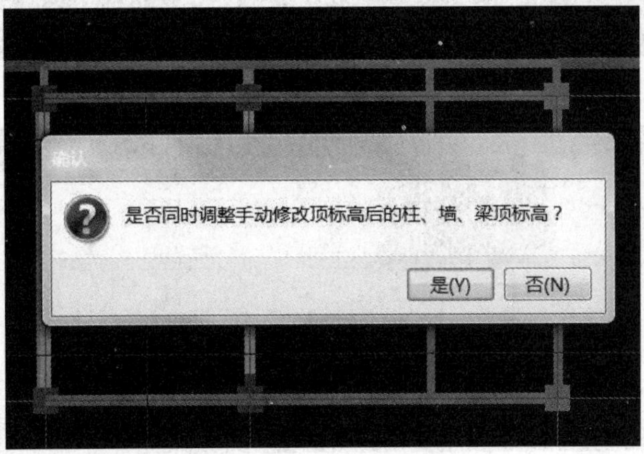

图 2.150

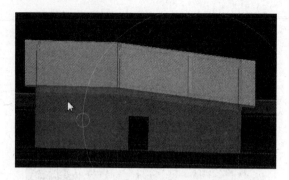

图2.151

（3）智能布置屋面图元

建立好屋面构件，单击"智能布置"（见图2.152），选择外墙内边线（见图2.153），布置后的图元如图2.154所示。单击"定义屋面卷边"，设置屋面卷边高度。单击"智能布置"→"现浇板"，选择机房屋面板，单击右键确定。单击"三维"按钮，查看布置后的屋面，如图2.155所示。

图2.152

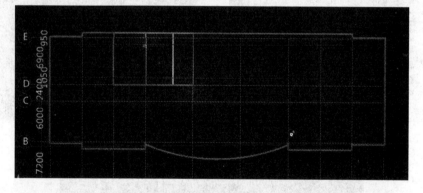

图2.153

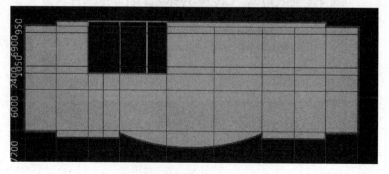

图2.154

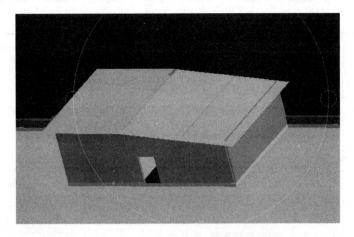

图 2.155

（4）绘制建筑面积图元

矩形绘制机房层建筑面积，绘制建筑面积图元后对比图纸，可以看到机房层的建筑面积并不是一个规则的矩形，单击"分割"→"矩形"，如图 2.156 所示。

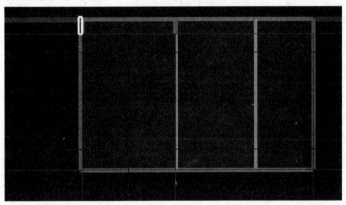

图 2.156

四、任务结果

汇总计算，统计机房及屋面工程量，如表 2.48 所示。

表 2.48 机房及屋面清单定额量

序号	项目编码	项目名称及特征	单 位	工程量
1	010401003001	实心砖墙 1.砖品种、规格、强度等级:实心砖 MU10 2.墙体类型:实心砖墙 3.墙厚:240mm 4.砂浆强度等级、配合比:M5 预拌混合砂浆	m³	16.5869
	3-58	实心砖墙 一砖（混合砂浆）M5 预拌砂浆	10m³	1.6587

续表

序号	项目编码	项目名称及特征	单 位	工程量
2	010401003002	实心砖墙-弧形 1.砖品种、规格、强度等级:实心砖 MU10 2.墙体类型:实心砖墙 3.墙厚:240mm 4.砂浆强度等级、配合比:M5 预拌混合砂浆	m³	3.7843
	3-82R＊1.1	弧形实心砖墙 一砖(混合砂浆)M5 预拌砂浆 人工乘以系数 1.1	10m³	0.3784
3	010401005001	空心砖墙 1.砖品种、规格、强度等级:多孔砖 2.墙体类型:多孔砖墙 3.墙厚:250mm 4.砂浆强度等级、配合比:M5 预拌混合砂浆	m³	6.4653
	3-173	空心砖墙 一砖(混合砂浆)M5 预拌砂浆	10m³	0.6465
4	010402001001	砌块墙 200mm 厚 1.砌块品种、规格、强度等级:陶粒混凝土砌块 390mm×190mm×290mm MU10 2.墙体类型:砌块墙 3.墙厚:200mm 4.砂浆强度等级:M5 预拌混合砂浆	m³	12.9536
	3-291	砌筑陶粒混凝土砌块墙(390mm×190mm×290mm)墙厚 190mm(混合砂浆)M5 预拌砂浆	10m³	1.2954
5	010402001002	砌块墙 100mm 厚 1.砌块品种、规格、强度等级:陶粒混凝土砌块 390mm×90mm×290mm MU10 2.墙体类型:砌块墙 3.墙厚:100mm 4.砂浆强度等级:M5 混合砂浆	m³	0.4873
	3-243	砌筑陶粒混凝土砌块墙(390mm×90mm×290mm)墙厚 90mm(混合砂浆)M5 预拌砂浆	10m³	0.0487
6	010502001002	矩形柱 1.柱形状:矩形 2.混凝土种类:商品混凝土 3.混凝土强度等级:C25	m³	6.556
	B-2	商品混凝土 C25	m³	6.6544
	4-123	捣固养护 柱	10m³	0.6556

续表

序号	项目编码	项目名称及特征	单 位	工程量
7	010502002001	构造柱 1.混凝土种类:商品混凝土 2.混凝土强度等级:C25	m³	4.3391
	B-2	商品混凝土 C25	m³	4.7802
	4-123	捣固养护 柱	10m³	0.471
8	010503004001	圈梁 1.混凝土种类:商品混凝土 2.混凝土强度等级:C25	m³	0.7518
	B-2	商品混凝土 C25	m³	0.763
	4-126	捣固养护 梁	10m³	0.0752
9	010503005001	过梁 1.混凝土种类:商品混凝土 2.混凝土强度等级:C25	m³	0.4671
	B-2	商品混凝土 C25	m³	0.4741
	4-126	捣固养护 梁	10m³	0.0467
10	010504001002	直形墙 1.混凝土种类:商品混凝土 2.混凝土强度等级:C25	m³	11.1979
	B-2	商品混凝土 C25	m³	11.3316
	4-125	捣固养护 墙	10m³	1.1164
11	010505001002	有梁板 1.混凝土种类:商品混凝土 2.混凝土强度等级:C25	m³	9.2081
	B-2	商品混凝土 C25	m³	9.3805
	4-124	捣固养护 板	10m³	0.9242
12	010505001003	有梁板-斜 1.混凝土种类:商品混凝土 2.混凝土强度等级:C25	m³	7.64
	B-2	商品混凝土 C25	m³	7.7546
	4-124	捣固养护 板	10m³	0.764
13	010505001003	有梁板-斜 1.混凝土种类:商品混凝土 2.混凝土强度等级:C25	m³	2.1648
	B-2	商品混凝土 C25	m³	2.1972
	4-124	捣固养护 板	10m³	0.2165

续表

序号	项目编码	项目名称及特征	单 位	工程量
14	010505003001	平板 1.混凝土种类:商品混凝土 2.混凝土强度等级:C25	m³	1.6859
	B-2	商品混凝土 C25	m³	1.7112
	4-124	捣固养护 板	10m³	0.1686
15	010505007001	挑檐板 1.混凝土种类:商品混凝土 2.混凝土强度等级:C25	m³	2.9709
	B-2	商品混凝土 C25	m³	3.0154
	4-124	捣固养护 板	10m³	0.2971
16	010507005001	压顶 1.断面尺寸:见图 2.混凝土种类:商品混凝土 3.混凝土强度等级:C25	m³	7.1219
	B-2	商品混凝土 C25	m³	7.2287
	4-127	捣固养护 其他	10m³	0.7122
17	010802003002	钢质防火门-乙级 1.门代号及洞口尺寸:乙级防火门,YFM1(1200mm × 2100mm) 2.门框或扇外围尺寸:见图纸设计 3.门框、扇材质:钢质	m²	5.04
	[1347]4-46	钢制防火门安装 双扇	100m² 框外围面积	0.0504
18	010807001001	塑钢窗 1.窗代号及洞口尺寸:LC1(900mm × 2700mm)、LC2(1200mm × 2700mm)、LC3(1500mm × 2700mm)、LC4(900mm × 1800mm)、LC5(1200mm × 1800mm) 2.框、扇材质:塑钢	m²	10.8
	[1347]4-153	塑钢窗安装 单层	100m² 框外围面积	0.108
19	010902001001	屋面卷材防水 1.卷材品种、规格、厚度:SBS 防水 4mm 厚 2.防水层数:一道 3.防水层做法:热熔	m²	1625.5099
	7-50	SBS 卷材 热熔	100m²	16.6366

序号	项目编码	项目名称及特征	单 位	工程量
20	010902003001	屋面刚性层 1. 刚性层厚度:40mm 厚 2. 混凝土种类:商品细石混凝土 3. 混凝土强度等级:C20 4. 嵌缝材料种类:建筑油膏 5. 钢筋规格、型号:φ6.5@200mm×200mm 钢筋网	m²	1507.1578
	7-80	预拌细石混凝土 厚40mm	100m²	15.0716
	4-224	楼面、地面钢筋网 钢筋直径(mm)φ6.5	t	4.04
21	011001001001	保温隔热屋面 1. 保温隔热材料品种、规格、厚度:炉渣混凝土 30mm 厚找坡,100mm 厚聚苯乙烯泡沫板 2. 隔汽层材料品种、厚度:SBC 防水卷材 3. 粘结材料种类、做法:冷贴	m²	1555.7478
	8-197	屋面保温 炉渣混凝土 C7.5	10m³	16.7971
	8-210	屋面保温 干铺保温板	10m³	15.5575
	7-57	SBC120 复合卷材 冷贴	100m²	15.7864
22	011001001002	保温隔热屋面 1. 保温隔热材料品种、规格、厚度:炉渣混凝土 30mm 厚找坡,100mm 厚聚苯乙烯泡沫板 2. 隔汽层材料品种、厚度:SBC 防水卷材 3. 粘结材料种类、做法:冷贴	m²	69.7621
	8-210	屋面保温 干铺保温板	10m³	0.6976
	7-57	SBC120 复合卷材 冷贴	100m²	0.6976
23	011101006002	屋面防水下水泥砂浆找平层 1. 找平层厚度、砂浆配合比:20 厚1:3 水泥砂浆在楼板上,20 厚1:3 水泥砂浆在保温层上	m²	1625.5099
	[1347]1-326	水泥砂浆找平层 填充材料上 20mm 预拌砂浆	100m²	16.6366
24	011101006003	屋面隔汽层下水泥砂浆找平层 1. 找平层厚度、砂浆配合比:20mm 厚1:3 水泥砂浆	m²	1648.3993
	[1347]1-324	水泥砂浆找平层 混凝土或硬基层上 20mm 预拌砂浆	100m²	16.484
25	011203001001	零星项目一般抹灰 1. 基层类型、部位:混凝土压顶 2. 面层厚度、砂浆配合比:20mm 厚1:2.5 水泥砂浆	m²	92.8921
	[1347]2-117	零星抹灰 水泥砂浆 预拌砂浆	100m²	0.9289

续表

序号	项目编码	项目名称及特征	单 位	工程量
26	011407001002	墙面喷刷涂料 1. 基层类型:抹灰面 2. 喷刷涂料部位:压顶 3. 涂料品种、喷刷遍数:外墙涂料二道	m²	92.8921
	[1347]5-127	外墙涂料两遍	100m²	0.9289
	[1347]5-182	墙面批腻子	100m²	0.9289

五、总结拓展

线性构件起点顶标高与终点顶标高不一样时,如图 2.151 所示的梁就是这种情况。如果这样的梁不在斜板下时,就不能应用"平齐板顶",需要对梁的起点顶标高和终点顶标高进行编辑,达到图纸上的设计要求。

按键盘上的"~"键,显示构件的图元方向。选中梁,单击"属性"(见图 2.157),注意梁的起点顶标高和终点顶标高都是顶板顶标高。假设梁的起点顶标高为 18.6m,我们对这道梁构件的属性进行编辑(见图 2.158),单击"三维"查看三维效果,如图 2.159 所示。

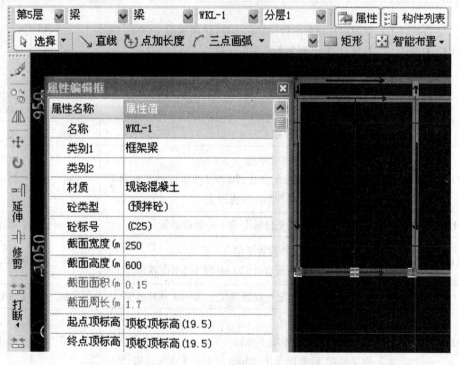

图 2.157

属性名称	属性值	附加
名称	WKL-1	
类别1	框架梁	☐
类别2		☐
材质	预拌混凝	☐
砼类型	(预拌砼)	☐
砼标号	(C25)	☐
截面宽度(	250	☑
截面高度(	600	☑
截面面积(m	0.15	☐
截面周长(m	1.7	☐
起点顶标高	18.6	☐
终点顶标高	层顶标高	☐
轴线距梁左	(125)	☐
砖胎膜厚度	0	☐
是否计算单	否	☐
图元形状	矩形	☐
模板类型	复合模扳	☐

图 2.158

图 2.159

2.6　地下一层工程量计算

通过本节的学习,你能够:
(1)分析地下层要计算哪些构件;
(2)各构件需要计算哪些工程量;
(3)地下层构件与其他层构件定义与绘制的区别;
(4)计算并统计地下一层工程量。

2.6.1　地下一层柱的工程量计算

通过本小节的学习,你将能够:
(1)分析本层归类到剪力墙的构件;
(2)掌握异形柱的属性定义及做法套用功能;
(3)绘制异形柱图元;
(4)统计地下一层柱的工程量。

一、任务说明

①完成地下一层柱的构件定义、做法套用及图元绘制。
②汇总计算,统计地下一层柱的工程量。

二、任务分析

①地下一层都有哪些需要计算的构件工程量?
②地下一层中有哪些柱构件不需要绘制?

三、任务实施

1)分析图纸

分析结施-4 及结施-6,可以从柱表中得到柱的截面信息,本层包括矩形框架柱、圆形框架柱及异形端柱。

③轴与④轴间以及⑦轴上的 GJZ1、GJZ2、GYZ1、GYZ2、GYZ3、GAZ1,上述柱构件包含在剪力墙里面,图形算量时属于剪力墙内部构件,归到剪力墙里面,在绘图时不需要单独绘制,所以本层需要绘制的柱的主要信息如表 2.49 所示。

表 2.49　柱表

序　号	类　型	名　称	混凝土标号	截面尺寸(mm)	标　高	备注
1	矩形框架柱	KZ1	C30	600×600	−4.400 ~ −0.100	
		KZ3	C30	600×600	−4.400 ~ −0.100	
2	圆形框架柱	KZ2	C30	$D=850$	−4.400 ~ −0.100	
3	异形端柱	GDZ1	C30	详见结施-14 柱截面尺寸	−4.400 ~ −0.100	
		GDZ2	C30		−4.400 ~ −0.100	
		GDZ3	C30		−4.400 ~ −0.100	
		GDZ4	C30		−4.400 ~ −0.100	
		GDZ5	C30		−4.400 ~ −0.100	
		GDZ6	C30		−4.400 ~ −0.100	

2)柱的属性定义

本层 GDZ3、GDZ5、GDZ6 的属性定义在参数化端柱里面找不到类似的参数图,需要考虑用另一种方法定义,新建柱中除了可以建立矩形、圆形、参数化柱外,还可以建立异形柱,因此 GDZ3、GDZ5、GDZ6 柱需要在异形柱里面建立。

①首先根据柱的尺寸需要定义网格,单击"新建异形柱",在弹出的窗口中输入想要的网格尺寸,单击"确定"按钮即可,如图 2.160 所示。

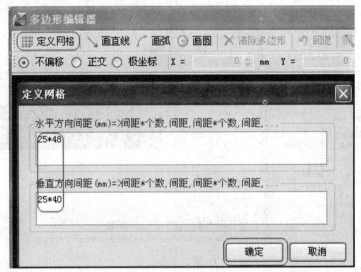

图 2.160

②用画直线或画弧线的方式绘制想要的参数图,以 GDZ3 为例,如图 2.161 所示。

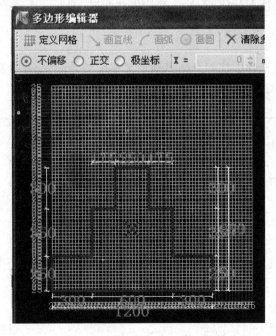

图 2.161

3)做法套用

地下一层柱的做法,可以将一层柱的做法利用"做法刷"功能复制过来,步骤如下:

①将 GDZ1 按照图 2.162 套用好做法,选择"GDZ1"→单击"定义"→选择"GDZ1 的做法"→单击"做法刷"。

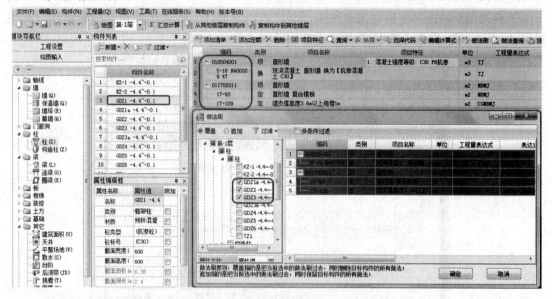

图 2.162

②弹出"做法刷"对话框,选择"-1层"→选择"柱"→选择与首层 GDZ1 做法相同的柱,单击"确定"按钮即可将本层与首层 GDZ1 做法相同的柱定义好做法。

③可使用相同方法将 KZ1、KZ2、KZ3 套用做法。

四、任务结果

①用上面讲述的建立异形柱的方法重新定义本层的异形柱,并绘制本层柱图元。

②汇总计算,统计地下一层柱的工程量,如表 2.50 所示。

表 2.50　地下一层柱清单定额量

序　号	项目编码	项目名称及特征	单　位	工程量
1	010502001001	矩形柱 1.柱形状:矩形 2.混凝土种类:商品混凝土 3.混凝土强度等级:C30	m³	18.576
	B-1	商品混凝土 C30	m³	18.8546
	4-123	捣固养护 柱	10m³	1.8576
2	010502001002	矩形柱 1.柱形状:矩形 2.混凝土种类:商品混凝土 3.混凝土强度等级:C25	m³	0.25

续表

序 号	项目编码	项目名称及特征	单 位	工程量
2	B-2	商品混凝土 C25	m³	0.2538
	4-123	捣固养护 柱	10m³	0.025
3	010502003001	异形柱 1.柱形状:圆形 2.混凝土种类:商品混凝土 3.混凝土强度等级:C30	m³	4.8801
	B-1	商品混凝土 C30	m³	4.9533
	4-123	捣固养护 柱	10m³	0.488
4	010504001003	直形墙 1.混凝土种类:商品混凝土 2.混凝土强度等级:C30 3.抗渗等级:P8	m³	64.5581
	B-3	商品混凝土 C30 P8	m³	65.5264
	4-125	捣固养护 墙	10m³	6.4558
5	010504001003	直形墙 1.混凝土种类:商品混凝土 2.混凝土强度等级:C30	m³	7.482
	B-1	商品混凝土 C30	m³	7.5942
	4-125	捣固养护 墙	10m³	0.7482

五、总结拓展

①在新建异形柱时,绘制异形图时有一个原则:不管是直线还是弧线,需要一次围成封闭区域,围成封闭区域以后不能在这个网格上再绘制任何图形。

②本层 GDZ5 在异形柱里是不能精确定义的,很多人在绘制这个图时会产生错觉,认为绘制直线再绘制弧线就行了,其实不是,图纸给的尺寸是矩形部分边线到圆形部分的切线距离为 300mm,并非到与弧线的交点处为 300mm。如果要精确绘制,必须先将这个距离手算出来,然后定义网格才能绘制。

③前面已经讲述这些柱是归到墙里面计算的,我们要的是准确的量,所以可以变通一下,定义一个圆形柱即可。

2.6.2 地下一层剪力墙的工程量计算

通过本小节的学习,你将能够:

(1)分析本层归类到剪力墙的构件;

（2）熟练运用构件的层间复制与做法刷功能；

（3）绘制剪力墙图元；

（4）统计地下一层剪力墙的工程量。

一、任务说明

①完成地下一层剪力墙的构件定义、做法套用及图元绘制。

②汇总计算，统计地下一层剪力墙的工程量。

二、任务分析

①地下一层剪力墙的构件与首层有什么不同？

②地下一层中有哪些剪力墙构件不需要绘制？

三、任务实施

1）分析图纸

（1）分析剪力墙

分析图纸结施-4，可以得到如表2.51所示的剪力墙信息。

表2.51　地下一层剪力墙表

序　号	类　型	名　称	混凝土标号	墙厚(mm)	标　高	备　注
1	外墙	WQ1	C30	250	-4.4 ~ -0.1	
2	内墙	Q1	C30	25	-4.4 ~ -0.1	
3	内墙	Q2	C30	200	-4.4 ~ -0.1	

（2）分析连梁

连梁是剪力墙的一部分。

①结施-4中，⑨轴和⑪轴之间的剪力墙上有LL4，尺寸为250mm×700mm，梁顶标高为±0.00；在剪力墙里面连梁是归到墙里面的，所以不用绘制LL4，直接绘制外墙WQ1，到绘制门窗时点上墙洞即可。

②结施-4中，④轴和⑦轴的剪力墙上有LL1、LL2、LL3，连梁下方有门和墙洞，在绘制墙时可以直接通长绘制墙，不用绘制LL1、LL2、LL3，到绘制门窗时将门和墙洞绘制上即可。

（3）分析暗梁、暗柱

暗梁、暗柱是剪力墙的一部分，结施-4中的暗梁布置图就不再进行绘制，类似GAZ1这种和墙厚一样的暗柱，此位置的剪力墙通长绘制，GAZ1不再进行绘制。类似外墙上GDZ1这种暗柱，我们把其定义为异形柱并进行绘制，做法套用时按照剪力墙的做法套用清单、定额。

2）剪力墙的属性定义

①本层剪力墙的属性定义与首层相同，参照首层剪力墙的属性定义。

②本层剪力墙也可不重新定义，而是将首层剪力墙构件复制过来，具体操作步骤如下：

a. 切换到绘图界面,单击"构件"→"从其他楼层复制构件",如图 2.163 所示。

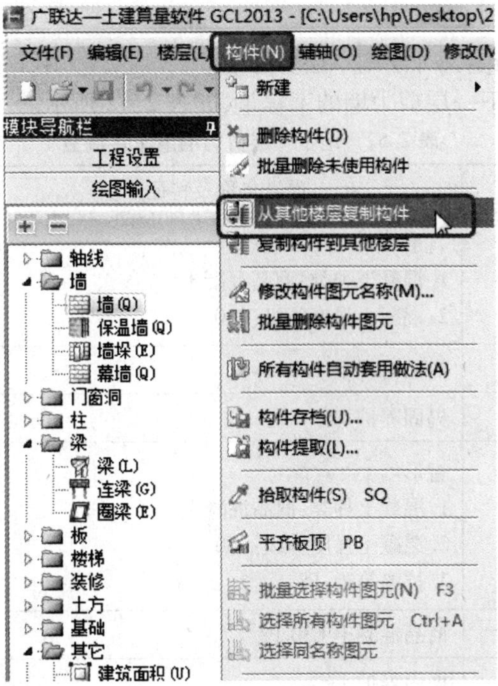

图 2.163

b. 弹出如图 2.164 所示"从其他楼层复制构件"对话框,选择源楼层和本层需要复制的构件,勾选"同时复制构件做法",单击"确定"按钮。但⑨轴与⑪轴间的 200mm 厚混凝土墙没有复制过来,需要重新建立属性,这样本层的剪力墙就全部建立好了。

图 2.164

四、任务结果

①参照上述方法重新定义并绘制本层剪力墙。

②汇总计算,统计地下一层剪力墙的工程量,如表2.52所示。

表2.52 地下一层剪力墙清单定额量

序 号	项目编码	项目名称及特征	单 位	工程量
1	010504001001	直形墙 1.混凝土种类:商品混凝土 2.混凝土强度等级:C30	m³	36.894
	B-1	商品混凝土 C30	m³	37.4474
	4-125	捣固养护 墙	10m³	3.6894
2	010504001003	直形墙 1.混凝土种类:商品混凝土 2.混凝土强度等级:C30 3.抗渗等级:P8	m³	138.0395
	B-3	商品混凝土 C30 P8	m³	140.1101
	4-125	捣固养护 墙	10m³	13.804

五、总结拓展

本层剪力墙的外墙,大部分都偏往轴线外175mm,如果每段墙都用偏移方法绘制比较麻烦。我们知道在第2.6.1节里柱的位置是固定好的,因此在这里先在轴线上绘制外剪力墙,绘制完后利用"对齐"功能将墙的外边线与柱的外边线对齐即可。

2.6.3 地下一层梁、板、填充墙的工程量计算

通过本小节的学习,你将能够:

统计本层梁、板及填充墙的工程量。

一、任务说明

①完成地下一层梁、板及填充墙的构件定义、做法套用及图元绘制。

②汇总计算,统计地下一层梁、板及填充墙的工程量。

二、任务分析

地下一层梁、板、填充墙的构件与首层有什么不同?

三、任务实施

分析图纸

①分析图纸结施-7,从左至右、从上至下,本层有框架梁、非框架梁、悬梁 3 种。

②分析框架梁 KL1 ~ KL6、非框架梁 L1 ~ L11、悬梁 XL1,主要信息如表 2.53 所示。

表 2.53 地下一层梁表

序 号	类 型	名 称	混凝土标号	截面尺寸(mm)	顶标高	备 注
1	框架梁	KL1	C30	250×500　250×650	层顶标高	与首层相同
		KL2	C30	250×500　250×650	层顶标高	与首层相同
		KL3	C30	250×500	层顶标高	属性相同位置不同
		KL4	C30	250×500	层顶标高	属性相同位置不同
		KL5	C30	250×500	层顶标高	属性相同位置不同
		KL6	C30	250×650	层顶标高	
3	非框架梁	L1	C30	250×500	层顶标高	属性相同位置不同
		L2	C30	250×500	层顶标高	属性相同位置不同
		L3	C30	250×500	层顶标高	属性相同位置不同
		L4	C30	200×400	层顶标高	
		L5	C30	250×600	层顶标高	与首层相同
		L6	C30	250×400	层顶标高	与首层相同
		L7	C30	250×600	层顶标高	与首层相同
		L8	C30	200×400	层顶标高 -0.05	与首层相同
		L9	C30	250×600	层顶标高 -0.05	与首层相同
		L10	C30	250×400	层顶标高	与首层相同
		L11	C30	250×400	层顶标高	与首层相同
4	悬梁	XL1	C30	250×500	层顶标高	与首层相同

③分析结施-11,可以从板平面图中得到板的截面信息,如表 2.54 所示。

表2.54 地下一层板表

序 号	类 型	名 称	混凝土标号	板厚 h(mm)	板顶标高	备 注
1	楼板	LB1	C30	180	层顶标高 −0.05	
2	其他板	FB1	C30	300	层顶标高	
		YXB1	C30	180	层顶标高	

④分析建施-0、建施-2、建施-9,可以得到填充墙信息,如表2.55所示。

表2.55 地下一层填充墙表

序 号	类 型	砌筑砂浆	材 质	墙厚(mm)	标 高	备 注
1	框架间墙	M5 混合砂浆	陶粒混凝土砌块	200	−4.4 ~ −0.1	梁下墙
2	砌块内墙	M5 混合砂浆	陶粒混凝土砌块	200	−4.4 ~ −0.1	

四、任务结果

汇总计算,统计本层梁、板、填充墙的工程量,如表2.56所示。

表2.56 地下一层梁、板、填充墙清单定额量

序 号	项目编码	项目名称及特征	单 位	工程量
1	010402001001	砌块墙200mm 厚 1.砌块品种、规格、强度等级:陶粒混凝土砌块 390mm×190mm×290mm MU10 2.墙体类型:砌块墙 3.墙厚:200mm 4.砂浆强度等级:M5 预拌混合砂浆	m³	67.0181
	3-291	砌筑陶粒混凝土砌块墙(390mm×190mm×290mm)墙厚190mm(混合砂浆)M5 预拌砂浆	10m³	6.7018
2	010402001002	砌块墙100mm 厚 1.砌块品种、规格、强度等级:陶粒混凝土砌块 390mm×90mm×290mm MU10 2.墙体类型:砌块墙 3.墙厚:100mm 4.砂浆强度等级:M5 混合砂浆	m³	2.4277
	3-243	砌筑陶粒混凝土砌块墙(390mm×90mm×290mm)墙厚90mm(混合砂浆)M5 预拌砂浆	10m³	0.2428

续表

序 号	项目编码	项目名称及特征	单 位	工程量
3	010505001001	有梁板 1.混凝土种类:商品混凝土 2.混凝土强度等级:C30	m³	198.0342
	B-1	商品混凝土 C30	m³	200.1668
	4-124	捣固养护 板	10m³	19.7209

2.6.4 地下一层门洞口、圈梁、构造柱的工程量计算

通过本小节的学习,你将能够:
统计地下一层门窗洞口、圈梁、构造柱的工程量。

一、任务说明

①完成地下一层门窗、圈梁、构造柱的构件定义、做法套用及图元绘制。
②汇总计算,统计地下一层门窗、圈梁、构造柱的工程量。

二、任务分析

地下一层门窗、圈梁、构造柱的构件与首层有什么不同?

三、任务实施

1)分析图纸

分析图纸建施-2、结施-4,可以得到地下一层门洞口信息,如表2.57所示。

表 2.57 地下一层门洞口表

序 号	名 称	数量(个)	宽(mm)	高(mm)	离地高度(mm)	备 注
1	M1	2	1000	2100	800	
2	M2	2	1500	2100	800	
3	JFM1	1	1000	2100	800	
4	JFM2	1	1800	2100	800	
5	YFM1	1	1200	2100	800	
6	JXM1	1	1200	2000	800	
7	JXM2	1	1200	2000	800	
8	电梯门洞	2	1200	2100	800	
9	走廊洞口	2	1800	2000	800	
10	⑦轴墙洞	1	2000	2000	800	
11	消火栓箱	1	750	1650	950	

2)门洞口属性定义与做法套用

门洞口的属性定义与做法套用同首层。下面是与首层不同的地方,请注意:

①本层 M1、M2、YFM1、JXM1、JXM2 与首层属性相同,只是离地高度不一样,可以将构件复制过来,根据图纸内容修改离地高度即可。复制构件的方法同前文填充墙构件复制方法,这里不再细述。

②本层 JFM1、JFM2 是甲级防火门,与首层 YFM1 乙级防火门的属性定义相同,套用做法也一样。

四、任务结果

汇总计算,统计本层门洞口、过梁、圈梁、构造柱的工程量,如表 2.58 所示。

表 2.58　地下一层门洞口、过梁、圈梁、构造柱清单定额量

序号	项目编码	项目名称及特征	单位	工程量
1	010502002001	构造柱 1.混凝土种类:商品混凝土 2.混凝土强度等级:C25	m^3	3.5752
	B-2	商品混凝土 C25	m^3	3.4806
	4-123	捣固养护 柱	$10m^3$	0.3429
2	010503004001	圈梁 1.混凝土种类:商品混凝土 2.混凝土强度等级:C25	m^3	0.7741
	B-2	商品混凝土 C25	m^3	0.7827
	4-126	捣固养护 梁	$10m^3$	0.0771
3	010503005001	过梁 1.混凝土种类:商品混凝土 2.混凝土强度等级:C25	m^3	0.3431
	B-2	商品混凝土 C25	m^2	0.3482
	4-126	捣固养护 梁	$10m^3$	0.0343
4	010801001001	木质门 1.门代号及洞口尺寸:夹板门、M-1(1000mm×2100mm)、M-2(1500mm×2100mm)具体尺寸见图纸设计	m^2	10.5
	B-11	木夹板门	m^2	10.5
5	010801004001	木质防火门 1.门代号及洞口尺寸:丙级防火门,JXM1(550mm×2000mm)、JXM2(1200mm×2000mm) 2.门框、扇材质:木质	m^2	5.9
	[1347]4-26	木质防火门	$100m^2$ 框外围面积	0.059

续表

序 号	项目编码	项目名称及特征	单 位	工程量
6	010802003001	钢质防火门-甲级 1.门代号及洞口尺寸:甲级防火门,JFM1 （1000mm × 2000mm）、JFM2（1800mm × 2100mm） 2.门框或扇外围尺寸:见图纸设计 3.门框、扇材质:钢质	m²	5.88
	[1347]4-45	钢制防火门安装 单扇	100m² 框外围面积	0.0588
7	010802003002	钢质防火门-乙级 1.门代号及洞口尺寸:乙级防火门,YFM1 （1200mm × 2100mm） 2.门框或扇外围尺寸:见图纸设计 3.门框、扇材质:钢质	m²	2.52
	[1347]4-46	钢制防火门安装 双扇	100m² 框外围面积	0.0252

2.6.5 地下室后浇带、坡道与地沟的工程量计算

通过本小节的学习,你将能够:
(1)定义后浇带、坡道、地沟;
(2)依据定额及清单分析坡道、地沟需要计算的工程量。

一、任务说明

①完成地下一层后浇带、坡道、地沟的构件定义、做法套用及图元绘制。
②汇总计算,统计地下一层后浇带、坡道、地沟的工程量。

二、任务分析

①地下一层坡道、地沟的构件所在位置及构件尺寸。
②坡道、地沟的定义和做法套用有什么特殊性?

三、任务实施

1)分析图纸

①分析结施-7,可以从板平面图中得到后浇带的截面信息。本层只有一条后浇带,后浇带宽度为800mm,分布在⑤轴与⑥轴间,距离⑤轴的距离为1000mm,可从首层复制。
②在坡道的底部和顶部均有一个截面为600mm×700mm截水沟。
③坡道的坡度为$i=5$,板厚200mm,垫层厚度为100mm。

2)属性定义

（1）坡道的属性定义

①定义一块筏板基础，标高暂定为层底标高，如图 2.165 所示。

②定义一个面式垫层，如图 2.166 所示。

属性名称	属性值	附加
名称	坡道	
材质	现浇混凝土	
砼标号	(C30)	□
砼类型	(泵送砼碎石20mm (425#))	□
厚度(mm)	200	□
顶标高(m)	层底标高+0.2	□
底标高(m)	层底标高	□
砖胎膜厚度	0	□
类别	有梁式	□
模板类型	组合钢模板	□
支撑类型	木支撑	□
备注		□
⊞ 计算属性		
⊞ 显示样式		

图 2.165

属性名称	属性值	附加
名称	DC-1	
材质	现浇混凝土	□
砼标号	(C15)	□
砼类型	(泵送砼碎石20mm (425#))	□
形状	面型	□
厚度(mm)	100	□
顶标高(m)	基础底标高	□
工艺	干铺	□
备注		□
⊞ 计算属性		
⊞ 显示样式		

图 2.166

（2）截水沟的属性定义

软件建立地沟时，默认地沟由 4 个部分组成，因此要建立一个完整的地沟，需要建立 4 个地沟单元，分别为地沟底板、顶板与两个侧板。

①单击定义矩形地沟单元，此时定义的是截水沟的底板，属性根据结施-3 定义，如图 2.167所示。

②单击定义矩形地沟单元，此时定义的是截水沟的顶板，属性根据结施-3 定义，如图 2.168所示。

属性名称	属性值	附加
名称	DG-1-2	
类别	底板	☑
材质	现浇混凝土	□
砼标号	(C30)	□
砼类型	(泵送砼碎石20mm (425#))	□
截面宽度(	600	□
截面高度(	100	□
截面面积(m	0.06	
相对底标高	0.65	□
相对偏心距	0	□
备注		□
⊞ 显示样式		

图 2.167

属性名称	属性值
名称	DG-1-1
类别	盖板
材质	现浇混凝土
砼标号	(C30)
砼类型	(泵送砼碎石20mm (425#))
截面宽度(mm)	500
截面高度(mm)	50
截面面积(m2)	0.025
相对底标高(m)	0.65
相对偏心距(mm)	0
备注	
⊞ 显示样式	

图 2.168

③单击定义矩形地沟单元,此时定义的是截水沟的左侧板,属性根据结施-3 定义,如图 2.169所示。

④单击定义矩形地沟单元,此时定义的是截水沟的右侧板,属性根据结施-3 定义,如图 2.170所示。

属性名称	属性值	附加
名称	DG-1-3	
类别	侧壁	☑
材质	现浇混凝土	☐
砼标号	(C30)	☐
砼类型	(泵送砼碎石20mm(425#))	☐
截面宽度(	100	☐
截面高度(	700	☐
截面面积(m	0.07	
相对底标高	0	☐
相对偏心距	250	☐
备注		☐
⊞ 显示样式		

图 2.169

属性名称	属性值	附加
名称	DG-1-4	
类别	侧壁	☐
材质	现浇混凝土	☐
砼标号	(C30)	☐
砼类型	(泵送砼碎石20mm(425#))	☐
截面宽度(	100	☐
截面高度(	700	☐
截面面积(m	0.07	
相对底标高	0	☐
相对偏心距	-250	☐
备注		☐
⊞ 显示样式		

图 2.170

3)做法套用

①坡道的做法套用,如图 2.171 所示。

	编码	类别	项目名称	项目特征	单位	工程量表达式	表达式说明	措施项目	专业
1	⊟ 010501004001	项	满堂基础	1.混凝土种类:商品混凝土 2.混凝土强度等级:C30 3.抗渗等级:P8	m3	TJ	TJ〈体积〉	☐	建筑工程
2	B-3	补	商品混凝土C30P8		m3	TJ*1.015	TJ〈体积〉*1.015	☐	建筑
3	4-122	定	捣固养护 基础(基础梁)		m3	TJ	TJ〈体积〉	☐	建筑
4	⊟ 011702001001	项	满堂基础	1.基础类型:梁板式满堂基础	m2	ZHMMJ	ZHMMJ〈直面面积〉	☑	建筑工程
5	12-21	定	满堂基础 有梁式 组合钢模板 木支撑		m2	ZHMMJ	ZHMMJ〈直面面积〉	☑	建筑
6	⊟ 010905001001	项	基础卷材防水	1.卷材品种、规格、厚度:SBS防水卷材 4mm厚 2.防水层数:一层 3.防水层做法:热熔	m2	DBMJ	DBMJ〈底部面积〉	☐	建筑工程
7	7-165	定	SBS防水卷材 热熔		m2	DBMJ	DBMJ〈底部面积〉	☐	建筑
8	⊟ 011101006	项	基础平面砂浆找平层	1.找平层厚度、砂浆配合比:20mm厚 1:3水泥砂浆	m2	DBMJ	DBMJ〈底部面积〉	☐	建筑工程
9	1-324	借	水泥砂浆找平层 混凝土或硬基层上 20mm 预拌砂浆		m2	DBMJ	DBMJ〈底部面积〉	☐	装饰

图 2.171

②地沟的做法套用,如图 2.172 所示。

	编码	类别	项目名称	项目特征	单位	工程量表达式	表达式说明	措施项目	专业
1	⊟ 010507003001	项	地沟	1.土壤类别:见地质报告 2.沟截面净空尺寸:400*600 3.垫层种类:商品混凝土 4.混凝土强度等级:C25 5.防护材料种类:内抹1:3水泥砂浆 6.盖板:500*50铸铁	m	TJ	TJ〈体积〉	☐	建筑工程
2	B-2	补	商品混凝土C25		m3	TJ*1.015	TJ〈体积〉*1.015	☐	
3	4-127	定	捣固养护 其他		m3	TJ	TJ〈体积〉	☐	建筑
4	2-117	借	零星抹灰 水泥砂浆 预拌砂浆		m2	MHMJ	MHMJ〈抹灰面积〉	☐	装饰
5	⊟ 011702026001	项	电缆沟、地沟	1.模板类型:木模板 木支撑 2.沟截面:400*600	m2	MBMJ	MBMJ〈模板面积〉	☑	建筑工程
6	12-145	定	地沟 木模板、木支撑		m2	MBMJ	MBMJ〈模板面积〉	☑	建筑

图 2.172

4)画法讲解

①后浇带画法参照前面后浇带画法。

②地沟使用直线绘制即可。

③坡道：

a.按图纸尺寸绘制上述定义的筏板和垫层；

b."三点定义斜板"绘制⑨—⑪轴坡道处的筏板。

四、任务结果

汇总计算，统计地下室后浇带、坡道与地沟的工程量，如表2.59所示。

表2.59 地下室后浇带、坡道与地沟清单定额量

序 号	项目编码	项目名称及特征	单 位	工程量
1	010501001001	基础垫层 1.混凝土种类:商品混凝土 2.混凝土强度等级:C15	m³	5.9142
	B-6	商品混凝土 C15	m³	6.0029
	4-122	捣固养护 基础垫层	10m³	0.5914
2	010501004001	满堂基础 1.混凝土种类:商品混凝土 2.混凝土强度等级:C30 3.抗渗等级:P8	m³	11.1769
	B-3	商品混凝土 C30 P8	m³	11.3445
	4-122	捣固养护 基础（基础梁）	10m³	1.1177
3	010507003001	地沟 1.土壤类别:见地质报告 2.沟截面净空尺寸:400mm×600mm 3.混凝土种类:商品混凝土 4.混凝土强度等级:C25 5.防护材料种类:内抹1:3水泥砂浆 6.盖板:500mm×50mm 铸铁	m	6.95
	B-2	商品混凝土 C25	m³	1.4109
	4-127	捣固养护 其他	10m³	0.139
	［1347］2-117	零星抹灰 水泥砂浆 预拌砂浆	100m²	0.1027
	B-6	地沟盖板	块	14
4	010508001002	后浇带 1.混凝土种类:商品混凝土 2.混凝土强度等级:C35 P8	m³	1.72

序号	项目编码	项目名称及特征	单 位	工程量
4	B-4	商品混凝土 C35 P8	m^3	1.7458
	4-125	捣固养护 墙	$10m^3$	0.172
5	010508001003	后浇带 1. 混凝土种类:商品混凝土 2. 混凝土强度等级:C35	m^3	2.472
	B-5	商品混凝土 C35	m^3	2.5091
	4-124	捣固养护 板	$10m^3$	0.2472
6	011101006001	基础平面砂浆找平层 1. 找平层厚度、砂浆配合比:20mm 厚 1:3水泥砂浆	m^2	58.6204
	[1347]1-324	水泥砂浆找平层 混凝土或硬基层上 20mm 预拌砂浆	$100m^2$	0.5862
7	010905001001	基础卷材防水 1. 卷材品种、规格、厚度:SBS 防水卷材 4mm 厚 2. 防水层数:一道 3. 防水层做法:热熔	m^2	58.6204
	7-165	SBS 防水卷材 热熔	$100m^2$	0.5862

2.7 基础层工程量计算

通过本节的学习,你将能够:
(1)分析基础层需要计算的内容;
(2)定义筏板、集水坑、基础梁、土方等构件;
(3)统计基础层工程量。

2.7.1 筏板、垫层的工程量计算

通过本小节的学习,你将能够:
(1)依据定额和清单分析筏板、垫层的计算规则,确定计算内容;
(2)定义基础筏板、垫层、集水坑;
(3)绘制基础筏板、垫层、集水坑;
(4)统计基础筏板、垫层、集水坑工程量。

一、任务说明

①完成基础层筏板、垫层的构件定义、做法套用及图元绘制。
②汇总计算,统计基础层筏板、垫层、集水坑的工程量。

二、任务分析

①基础层都有哪些需要计算的构件工程量？如筏板、垫层、集水坑、防水工程等。

②筏板、垫层、集水坑、防水如何定义和绘制？

③防水如何套用做法？

三、任务实施

1)分析图纸

①分析结施-3可知,本工程筏板厚度为500mm,混凝土标号为C30;由建施-0中第四条防水设计可知,地下防水为防水卷材和混凝土自防水两道设防,筏板的混凝土为预拌抗渗混凝土 C30;由结施-1第八条可知,抗渗等级为 P8;由结施-3可知,筏板底标高为基础层底标高(-4.9m)。

②本工程基础垫层厚度为100mm,混凝土标号为C15,顶标高为基础底标高,出边距离为100mm。

③本层有 JSK1 两个、JSK2 一个。

a. JSK1 截面为 2250mm×2200mm,坑板顶标高为 -5.5m,底板厚度为 800mm,底板出边宽度为 600mm,混凝土标号为 C30,放坡角度为 45°。

b. JSK2 截面为 1000mm×1000mm,坑板顶标高为 -5.4m,底板厚度为 500mm,底板出边宽度为 600mm,混凝土标号为 C30,放坡角度为 45°。

④集水坑垫层厚度为100mm。

2)清单、定额计算规则学习

(1)清单计算规则(见表2.60)

表 2.60　筏板、垫层清单计算规则

编　号	项目名称	单　位	计算规则
010501004	满堂基础	m³	按设计图示尺寸以体积计算。不扣除伸入承台基础的桩头所占体积
011702001	基础模板	m²	按模板与现浇混凝土构件的接触面积计算
010905001	基础底板卷材防水	m²	按设计图示尺寸以面积计算。 1.楼(地)面防水:按主墙间净空面积计算,扣除凸出地面的构筑物、设备基础等所占面积,不扣除间壁墙及单个面积≤0.3m² 柱、垛、烟囱和孔洞所占面积; 2.楼(地)面防水反边高度≤300mm 算作地面防水,反边高度>300mm 按墙面防水计算
011101006	平面找平层		按设计图示尺寸以面积计算
010501001	垫层	m³	按设计图示尺寸以体积计算

（2）定额计算规则（见表2.61）

表2.61 筏板、垫层定额计算规则

编　号	项目名称	单　位	计算规则
B-3	现浇混凝土 满堂基础 商品混凝土 C30 P8	m³	按设计图示尺寸以体积计算,局部加深部分并入满堂基础体积内。加1.5%损耗
B-6	商品混凝土 C15	m³	按设计图示尺寸以体积计算,局部加深部分并入满堂基础体积内。加1.5%损耗
4-122	捣固养护 基础垫层	m³	按设计图示尺寸以体积计算,局部加深部分并入满堂基础体积内
12-21	满堂基础 复合模板	m²	按设计图示尺寸以混凝土与模板接触面的面积计算
7-165	基础及楼(地)面防水、防潮 SBS 改性沥青卷材满堂红基础 筏板	m²	按设计图示尺寸以实铺面积计算
1-333	楼地面整体面层 细石混凝土 楼地面 厚度35mm	m²	按设计图示尺寸以主墙间净空面积计算。扣除构筑物的设备基础、室内管道等所占面积,不扣除间壁墙和0.3m²以内柱、垛、扶墙烟囱及孔洞所占面积。但门洞、空圈、暖气包槽、壁龛的开口部分也不增加
1-335*2	细石混凝土找平层 每增减 5mm 预拌混凝土 子目乘以系数 2	m²	
1-324	水泥砂浆找平层 混凝土或硬基层上 20mm 预拌砂浆	m²	

3）属性定义

①筏板的属性定义,如图2.173所示。

②垫层的属性定义,如图2.174所示。

属性编辑框		
属性名称	属性值	附加
名称	FB-1	
材质	现浇混凝土	☐
砼标号	(C30)	☐
砼类型	(泵送砼碎石20mm(425#))	☐
厚度(mm)	500	☐
顶标高(m)	层底标高+0.5	☐
底标高(m)	层底标高	☐
砖胎膜厚度	0	☐
类别	有梁式	☐
模板类型	组合钢模板	☐
支撑类型	木支撑	☐
备注		☐
⊞ 计算属性		
⊞ 显示样式		

图2.173

属性编辑框		
属性名称	属性值	附加
名称	筏板垫层	
材质	现浇混凝土	☐
砼标号	(C15)	☐
砼类型	(泵送砼碎石20mm(425#))	☐
形状	面型	☐
厚度(mm)	100	☐
顶标高(m)	基础底标高	☐
工艺	干铺	☐
备注		☐
⊞ 计算属性		
⊞ 显示样式		

图2.174

③集水坑的属性定义。JSK1 的属性定义如图 2.175 所示。

属性名称	属性值	附加
名称	JSK-1	
材质	现浇混凝土	☐
砼标号	(C30)	☐
砼类型	(泵送砼碎石20mm (425#))	☐
截面宽度(	2225	
截面长度(	2250	
坑底出边距	600	
坑底板厚度	800	
坑板顶标高	-5.5	
放坡输入方	放坡角度	
放坡角度	45	
砖胎膜厚度	0	
基础类别	有梁式	☐
模板类型	组合钢模板	☐
支撑类型	钢支撑	☐
备注		☐
⊞ 计算属性		
⊞ 显示样式		

图 2.175

4）做法套用

①JSK1 做法套用,如图 2.176 所示。

	编码	类别	项目名称	项目特征	单位	工程量表达式	表达式说明	措施项目	专业
1	010501004001	项	满堂基础	1.混凝土种类：商品混凝土 2.混凝土强度等级: C30 3.抗渗等级: P8	m3	TJ	TJ<体积>	☐	建筑工程
2	B-3	补	商品混凝土C30P8		m3	TJ*1.015	TJ<体积>*1.015	☐	
3	4-122	定	捣固养护 基础 (基础梁)		m3	TJ	TJ<体积>	☐	建筑
4	011702001001	项	满堂基础	1.基础类型: 梁板式满堂基础	m2	DBXMMJ+KLMMBMJ	DBXMMJ<底部斜面面积>+KLMMBMJ<抗立面模板面积>	☑	建筑工程
5	12-21	定	满堂基础 有梁式 组合钢模板 木支撑		m2	DBXMMJ+KLMMBMJ	DBXMMJ<底部斜面面积>+KLMMBMJ<抗立面模板面积>	☑	建筑
6	010905001001	项	基础卷材防水	1.卷材品种、规格、厚度: SBS防水卷材 4mm厚 2.防水层数: 一道 3.防水层做法: 热熔	m2	DBXMMJ+DBSPMJ	DBXMMJ<底部斜面面积>+DBSPMJ<底部水平面积>	☐	建筑工程
7	7-165	定	SBS防水卷材 热熔		m2	DBXMMJ+DBSPMJ	DBXMMJ<底部斜面面积>+DBSPMJ<底部水平面积>	☐	建筑
8	011101006004	项	细石混凝土找平层-基础	找平层厚度、砂浆配合比: 40mm厚细石混凝土C20	m2	DBXMMJ+DBSPMJ	DBXMMJ<底部斜面面积>+DBSPMJ<底部水平面积>	☐	建筑工程
9	1-333	借	细石混凝土找平层 30mm 预拌混凝土		m2	DBXMMJ+DBSPMJ	DBXMMJ<底部斜面面积>+DBSPMJ<底部水平面积>	☐	装饰
10	1-335 *2	借换	细石混凝土找平层 每增减5mm 预拌混凝土 子目乘以系数2		m2	DBXMMJ+DBSPMJ	DBXMMJ<底部斜面面积>+DBSPMJ<底部水平面积>	☐	装饰

图 2.176

②筏板基础的做法套用,如图 2.177 所示。

③垫层的做法套用,如图 2.178 所示。

添加清单 添加定额 × 删除 项目特征 查询 换算 选择代码 编辑计算式 做法刷 做法查询 选配 提取做法 当前构件自动套用做法 五金手册

	编码	类别	项目名称	项目特征	单位	工程量表达式	表达式说明	措施项目	专业
1	010501004001	项	满堂基础	1.混凝土种类:商品混凝土 2.混凝土强度等级:C30 3.抗渗等级:P8	m3	TJ	TJ<体积>	☐	建筑工程
2	B-3	补	商品混凝土C30P8		m3	TJ*1.015	TJ<体积>*1.015	☐	
3	4-122	定	捣固养护 基础(基础梁)		m3	TJ	TJ<体积>	☐	建筑
4	011702001001	项	满堂基础	1.基础类型:梁板式满堂基础	m2	MBMJ	MBMJ<模板面积>	☑	建筑工程
5	12-21	定	满堂基础 有梁式 组合钢模板 木支撑		m2	MBMJ	MBMJ<模板面积>	☐	建筑
6	010905001001	项	基础卷材防水	卷材品种、规格、厚度:SBS防水卷材 3mm厚 防水层数:二道 防水层做法:热熔	m2	DBMJ+WQWCFBPMMJ+ZHMMJ	DBMJ<底部面积>+WQWCFBPMMJ<外墙外侧筏板平面面积>+ZHMMJ<直面面积>	☐	建筑工程
7	7-185 *2	换	SBS防水卷材 热熔 子目乘以系数2		m2	DBMJ+WQWCFBPMMJ+ZHMMJ+74.5+224	DBMJ<底部面积>+WQWCFBPMMJ<外墙外侧筏板平面面积>+ZHMMJ<直面面积>+74.5+224	☐	建筑
8	011101006004	项	细石混凝土找平层-基础	找平层厚度、砂浆配合比:40mm厚细石混凝土C20	m2	DBMJ	DBMJ<底部面积>	☐	建筑工程
9	1-333	借	细石混凝土找平层 30mm 预拌混凝土		m2	DBMJ	DBMJ<底部面积>	☐	装饰
10	1-335 *2	借换	细石混凝土找平层 每增减5mm 预拌混凝土 子目乘以系数2		m2	DBMJ	DBMJ<底部面积>	☐	装饰
11	011101006	项	基础平面砂浆找平层	找平层厚度、砂浆配合比:20mm 厚 1:3水泥砂浆	m2	WQWCFBPMMJ	WQWCFBPMMJ<外墙外侧筏板平面面积>	☐	建筑工程
12	1-324	借	水泥砂浆找平层 混凝土及硬基层上 20mm 预拌砂浆		m2	WQWCFBPMMJ	WQWCFBPMMJ<外墙外侧筏板平面面积>	☐	装饰
13	011201004	项	基础立面砂浆找平层	1.基层类型:混凝土墙 2.找平层砂浆厚度、配合比:20mm 厚 1:3水泥砂浆	m2	ZHMMJ	ZHMMJ<直面面积>	☐	建筑工程
14	2-32	借	墙面、墙裙抹水泥砂浆 混凝土墙 12+8mm 预拌砂浆		m2	ZHMMJ	ZHMMJ<直面面积>	☐	装饰

图 2.177

添加清单 添加定额 × 删除 项目特征 查询 换算 选择代码 编辑计算式 做法刷 做法查询 选配 提取做

	编码	类别	项目名称	项目特征	单位	工程量表达式	表达式说明	措施项目	专业
1	010501001001	项	基础垫层	1.混凝土种类:商品混凝土 2.混凝土强度等级:C15	m3	TJ	TJ<体积>	☐	建筑工程
2	B-6	补	商品混凝土C15		m3	TJ*1.015	TJ<体积>*1.015	☐	
3	4-122	定	捣固养护 基础垫层		m3	TJ	TJ<体积>	☐	建筑

图 2.178

5)画法讲解

①筏板属于面式构件,和楼层现浇板一样,可以使用直线绘制也可以使用矩形绘制。在这里使用直线绘制,绘制方法同首层现浇板。

②垫层属于面式构件,可以使用直线绘制,也可以使用矩形绘制。在这里使用智能布置。单击"智能布置"→"筏板",在弹出的对话框中输入出边距离"100",单击"确定"按钮,垫层就布置好了。

③集水坑采用点画绘制即可。

四、任务结果

汇总计算,统计基础层筏板、垫层、集水坑的工程量,如表2.62所示。

表 2.62 基础层筏板、垫层与集水坑清单定额量

序 号	项目编码	项目名称及特征	单 位	工程量
1	010501001001	基础垫层 1.混凝土种类:商品混凝土 2.混凝土强度等级:C15	m³	106.4194
	B-6	商品混凝土 C15	m³	108.0157
	4-122	捣固养护 基础垫层	10m³	10.6419

续表

序 号	项目编码	项目名称及特征	单 位	工程量
2	010501004001	满堂基础 1. 混凝土种类:商品混凝土 2. 混凝土强度等级:C30 3. 抗渗等级:P8	m³	561.5023
	B-3	商品混凝土 C30 P8	m³	569.8114
	4-122	捣固养护 基础(基础梁)	10m³	56.1502
3	011101006001	基础平面砂浆找平层 1. 找平层厚度、砂浆配合比:20mm 厚 1:3 水泥砂浆	m²	63.1503
	[1347]1-324	水泥砂浆找平层 混凝土或硬基层上 20mm 预拌砂浆	100m²	0.6315
4	011101006004	细石混凝土找平层-基础 1. 找平层厚度、砂浆配合比:40mm 厚细石混凝土 C20	m²	1048.8079
	[1347]1-333	细石混凝土找平层 30mm 预拌混凝土	100m²	10.4881
	[1347]1-335 * 2	细石混凝土找平层 每增减 5mm 预拌混凝土 子目乘以系数 2	100m²	10.4881
5	011201004001	基础立面砂浆找平层 1. 基层类型:混凝土墙 2. 找平层砂浆厚度、配合比:20mm 厚 1:3 水泥砂浆	m²	76.4
	[1347]2-32	墙面、墙裙抹水泥砂浆 混凝土墙(12+8)mm 预拌砂浆	100m²	0.764
6	010905001001	基础卷材防水 1. 卷材品种、规格、厚度:SBS 防水卷材 4mm 厚 2. 防水层数:一道 3. 防水层做法:热熔	m²	1188.3582
	7-165	SBS 防水卷材 热熔	100m²	14.8686

五、总结拓展

(1)建模定义集水坑

①该软件提供了直接在绘图区绘制不规则形状的集水坑的操作模式。如图 2.179 所示,选择"新建自定义集水坑"后,用直线画法在绘图区绘制 T 形图元。

②绘制成封闭图形后,软件就会自动生成一个自定义的集水坑了,如图 2.180 所示。

(2)多集水坑自动扣减

①多个集水坑之间的扣减用手工计算是很繁琐的,如果集水坑再有边坡就更加难算了,多个集水坑如果发生相交,软件是完全可以精确计算的。如图 2.181、图 2.182 所示的两个相交的集水坑,其空间形状是非常复杂的。

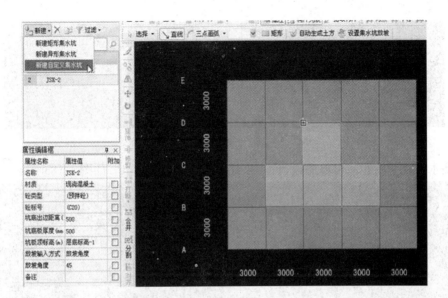

图 2.179

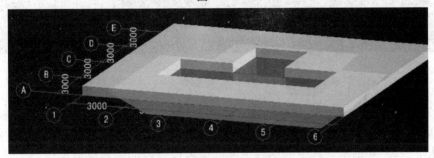

图 2.180

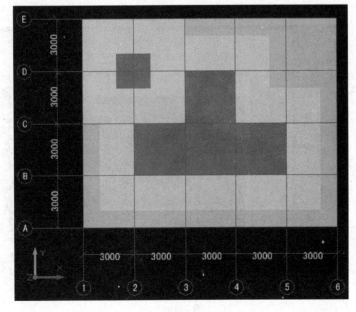

图 2.181

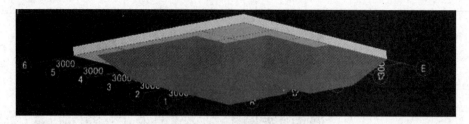

图 2.182

②集水坑之间的扣减可以通过查看三维扣减图很清楚地看到,如图 2.183 所示。

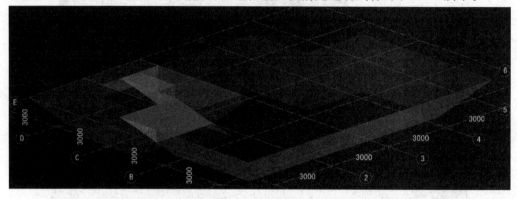

图 2.183

(3)设置集水坑放坡

实际工程中,集水坑各边边坡可能不一致,可以通过设置集水坑边坡来调整。选择"调整放坡和出边距离"的功能后,点选集水坑构件和要修改边坡的坑边,单击右键确定后就会出现"调整集水坑放坡"对话框。其中绿色的字体都是可以修改的。修改后单击"确定"按钮,就可以看到修改后的边坡形状了,如图 2.184 所示。

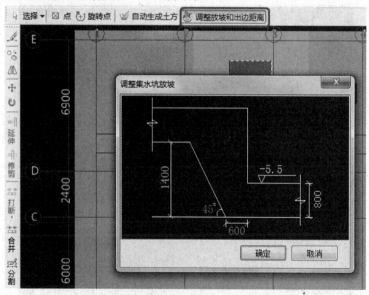

图 2.184

思考与练习

(1)筏板已经布置上垫层了,集水坑布置上后,为什么还要布置集水坑垫层?

(2)多个集水坑相交,软件在计算时扣减的原则是什么? 谁扣谁?

2.7.2 基础梁、基础后浇带的工程量计算

通过本小节的学习,你将能够:

(1)依据清单和定额分析基础梁、基础后浇带的计算规则;

(2)定义基础梁、基础后浇带;

(3)统计基础梁、基础后浇带的工程量。

一、任务说明

①完成基础梁、基础后浇带的构件定义、做法套用及图元绘制。

②汇总计算,统计基础梁、基础后浇带的工程量。

二、任务分析

基础梁、基础后浇带如何套用做法?

三、任务实施

1)分析图纸

由结施-2 中第 11 条后浇带中可知,在底板和地梁后浇带的位置设有 -3×300 止水钢板两道。后浇带的绘制不再重复讲解,可从地下一层复制图元及构件。

分析结施-3,可以得知有基础主梁和基础次梁两种。基础主梁为 JZL1 ~ JZL4,基础次梁为 JCL1,主要信息如表 2.63 所示。

表 2.63 基础梁表

序 号	类 型	名称	混凝土标号	截面尺寸(mm)	梁底标高	备 注
1	基础主梁	JZL1	C30	500×1200	基础底标高	
		JZL2	C30	500×1200	基础底标高	
		JZL3	C30	500×1200	基础底标高	
		JZL4	C30	500×1200	基础底标高	
2	基础次梁	JCL1	C30	500×1200	基础底标高	

2)清单、定额计算规则学习

(1)清单计算规则(见表 2.64)

表 2.64　基础梁清单计算规则

编　号	项目名称	单　位	计算规则
010501004	满堂基础-基础梁	m³	按设计图示尺寸以体积计算。伸入墙内的梁头、梁垫并入梁体积内。梁长： 1. 梁与柱连接时,梁长算至柱侧面； 2. 主梁与次梁连接时,次梁长算至主梁侧面
010508001	后浇带	m³	按设计图示尺寸以体积计算

（2）定额计算规则（见表 2.65）

表 2.65　基础梁定额计算规则

编　号	项目名称	单　位	计算规则
B-3	商品混凝土 C30 P8	m³	按设计图示尺寸以体积计算。伸入墙内的梁头、梁垫并入梁体积内。梁长： 1. 梁与柱连接时,梁长算至柱侧面； 2. 主梁与次梁连接时,次梁长算至主梁侧面
B-3	商品混凝土 C35 P8	m³	
4-122	捣固养护　基础	m²	

3）属性定义

基础梁的属性定义与框架梁的属性定义类似。在模块导航栏中单击"基础"→"基础梁",在构件列表中单击"新建"→"新建矩形基础梁",在属性编辑框中输入基础梁基本信息即可,如图 2.185 所示。

属性名称	属性值	附加
名称	JZL-1	
类别	基础主梁	☐
材质	预拌混凝土	☐
砼类型	(抗渗砼)	☐
砼标号	(C30)	☐
模板类型	复合模板	☐
截面宽度(	500	☑
截面高度(	1200	☑
截面面积 (m	0.6	☐
截面周长 (m	3.4	☐
起点顶标高	层底标高加梁高	☐
终点顶标高	层底标高加梁高	☐
轴线距梁左	(250)	☐
砖胎膜厚度	0	☐
备注		☐

图 2.185

4)做法套用

①基础梁的做法套用,如图 2.186 所示。

添加清单 添加定额 × 删除 项目特征 查询 换算 选择代码 编辑计算式 做法刷 做法查询 选配 提取做法 当前构

	编码	类别	项目名称	项目特征	单位	工程量表达式	表达式说明	措施项目	专业
1	010501004001	项	满堂基础	1. 混凝土种类：商品混凝土 2. 混凝土强度等级：C30 3. 抗渗等级：P8	m3	TJ	TJ<体积>	☐	建筑工程
2	B-3	补	商品混凝土C30P8		m3	TJ*1.015	TJ<体积>*1.015	☐	
3	4-122	定	捣固养护 基础（基础梁）		m3	TJ	TJ<体积>	☐	建筑
4	011702001001	项	满堂基础	1. 基础类型：梁板式满堂基础	m2	MBMJ	MBMJ<模板面积>	☑	建筑工程
5	12-21	定	满堂基础 有梁式 组合钢模板 木支撑		m2	MBMJ	MBMJ<模板面积>	☑	建筑

图 2.186

②基础后浇带的做法套用,如图 2.187 所示。

添加清单 添加定额 × 删除 项目特征 查询 换算 选择代码 编辑计算式 做法刷 做法查询 选配 提取做法 当前构件自

	编码	类别	项目名称	项目特征	单位	工程量表达式	表达式说明	措施项目	专业
1	010508001001	项	后浇带-基础	1. 混凝土种类：商品混凝土 2. 混凝土强度等级：C35 P8	m3	FBJCHJDTJ	FBJCHJDTJ<筏板基础后浇带体积>	☐	建筑工程
2	B-4	补	商品混凝土C35P8		m3	FBJCHJDTJ*1.015	FBJCHJDTJ<筏板基础后浇带体积>*1.015	☐	
3	4-122	定	捣固养护 基础		m3	FBJCHJDTJ	FBJCHJDTJ<筏板基础后浇带体积>	☐	建筑
4	011702030001	项	后浇带-基础	1. 模板类型：木模板 木支撑 2. 后浇带部位：满堂基础	m2	FBJCHJDMBMJ	FBJCHJDMBMJ<筏板基础后浇带模板面积>	☑	建筑工程
5	12-146	定	后浇带 基础		m2	FBJCHJDMBMJ	FBJCHJDMBMJ<筏板基础后浇带模板面积>	☑	建筑

图 2.187

四、任务结果

汇总计算,统计基础梁、基础后浇带的工程量,如表 2.66 所示。

表 2.66 基础梁、基础后浇带清单定额量

序 号	项目编码	项目名称及特征	单 位	工程量
1	010501004001	满堂基础 1. 混凝土种类:商品混凝土 2. 混凝土强度等级:C30 3. 抗渗等级:P8	m^3	87.9295
	B-3	商品混凝土 C30 P8	m^3	89.2484
	4-122	捣固养护 基础（基础梁）	$10m^3$	8.7929
2	010508001001	后浇带-基础 1. 混凝土种类:商品混凝土 2. 混凝土强度等级:C35 P8	m^3	9.44
	B-4	商品混凝土 C35 P8	m^3	9.5816
	4-122	捣固养护 基础	$10m^3$	0.944

2.7.3 土方工程量计算

通过本小节的学习,你将能够:

（1）依据清单、定额分析挖土方的计算规则；

（2）定义大开挖土方；

（3）统计挖土方的工程量。

一、任务说明

①完成土方工程的构件定义、做法套用及图元绘制。

②汇总计算土方工程的工程量。

二、任务分析

①哪些地方需要挖土方？

②基础回填土方应如何计算？

三、任务实施

1）分析图纸

分析结施-3，本工程土方属于大开挖土方，依据定额知道挖土方需要增加工作面300 mm，根据挖土深度需要放坡，放坡土方增量按照清单规定计算。

2）清单、定额计算规则学习

（1）清单计算规则（见表2.67）

表2.67　土方清单计算规则

编　号	项目名称	单　位	计算规则
010101002	挖一般土方	m³	按设计图示尺寸以体积计算
010101003	挖沟槽土方	m³	按设计图示尺寸以基础垫层底面积乘挖土深度计算
010101004	挖基坑土方	m³	
010103001	回填方	m³	按设计图示尺寸以体积计算。 1.场地回填：回填面积乘平均回填厚度； 2.室内回填：主墙间面积乘回填厚度，不扣除间隔墙； 3.基础回填：按挖方清单项目工程量减去自然地坪以下埋设的基础体积（包括基础垫层及其他构筑物）

（2）定额计算规则（见表2.68）

表2.68　定额计算规则

编　号	项目名称	单　位	计算规则
1-89	反铲挖掘机挖、自卸汽车运土方（运距）5 km以内	m³	按规定考虑工作面、放坡以体积计算
1-7	人工挖土方 普通土（深度）2 m以内	m³	机械挖土量的5%计算

续表

编 号	项目名称	单 位	计算规则
1-17	人工挖沟槽 普通土（深度）2m 以内	m³	按规定考虑工作面、不放坡以体积计算
1-27	人工挖基坑 普通土（深度）2m 以内	m³	
1-88	回填土 夯填	m³	回填土按挖土体积减去室外设计地坪以下埋设的基础体积,建筑物、构筑物、垫层所占的体积,以体积计算

3)绘制土方

在垫层绘图界面,单击"智能布置"→"筏板基础",然后选中土方,单击右键选择"偏移",整体向外偏移100mm。

4)做法套用

单击土方,切换到属性定义界面。根据大开挖土方,做法套用如图2.188所示。

	编码	类别	项目名称	项目特征	单位	工程量表达式	表达式说明	措施项目	专业
1	010101002001	项	挖一般土方	1.土壤类别:见地质报告 2.挖土深度:详见施工图 3.弃土运距:自行考虑	m3	TFTJ	TFTJ〈土方体积〉	□	建筑工程
2	1-89	定	反铲挖掘机挖、自卸汽车运土方(运距)5km以内		m3	TFTJ	TFTJ〈土方体积〉	□	建筑
3	1-7	定	人工挖土方 普通土(深度)2m以内		m3	TFTJ*0.05	TFTJ〈土方体积〉*0.05	□	建筑

图 2.188

四、任务结果

汇总计算,统计本层土方的工程量,如表2.69所示。

表 2.69 土方清单定额量

序号	项目编码	项目名称及特征	单 位	工程量
1	010101002001	挖一般土方 1.土壤类别:见地质报告 2.挖土深度:详见施工图 3.弃土运距:自行考虑	m³	5226.9931
	1-89	反铲挖掘机挖、自卸汽车运土方(运距)5km 以内	1000m³	5.824
	1-7	人工挖土方普通土(深度)2m 以内	100m³	2.912
2	010101003001	挖沟槽土方 1.土壤类别:见地质报告 2.挖土深度:详见施工图 3.弃土运距:自行考虑	m³	78.4809
	1-17	人工挖沟槽普通土(深度)2m 以内	100m³	3.2767

续表

序 号	项目编码	项目名称及特征	单 位	工程量
3	010101004001	挖基坑土方 1.土壤类别:见地质报告 2.挖土深度:详见施工图 3.弃土运距:自行考虑	m³	31.6506
	1-89	反铲挖掘机挖、自卸汽车运土方(运距)5km 以内	1000m³	0.04
	1-27	人工挖基坑 普通土(深度)2m 以内	100m³	0.02
4	010103001001	回填方-基础梁 1.密实度要求:按图纸设计及规范要求 2.填方材料品种:普通土 3.填方来源、运距:自行考虑	m³	0
	1-188	回填土 夯填	100m³	2.285
5	010103001001	回填方-大开挖回填 1.密实度要求:按图纸设计及规范要求 2.填方材料品种:普通土 3.填方来源、运距:自行考虑	m³	118.8374
	1-188	回填土 夯填	100m³	2.4514
	1-205	单(双)轮车运土方 运距50m 以内	100m³	2.4514
	1-206	单(双)轮车运土方 500m 以内 每增加50m	100m³	2.4514
6	010103001002	回填方-基坑回填 1.密实度要求:按图纸设计及规范要求 2.填方材料品种:普通土 3.填方来源、运距:自行考虑	m³	25.9284
	1-188	回填土 夯填	100m³	0.292
	1-205	单(双)轮车运土方 运距50m 以内	100m³	0.292
	1-206	单(双)轮车运土方 500m 以内 每增加50m	100m³	0.292

五、总结拓展

大开挖土方设置边坡系数

①对于大开挖基坑土方,还可以在生成土方图元后对其进行二次编辑,达到修改土方边坡系数的目的。图 2.189 所示为一个筏板基础下面的大开挖土方。

②选择功能按钮中"设置放坡系数"→"所有边"命令,再点选该大开挖土方构件,单击右键确认后就会出现"输入放坡系数"对话框,输入实际要求的系数数值后单击"确定"按钮,即可完成放坡设置,如图 2.190、图 2.191 所示。

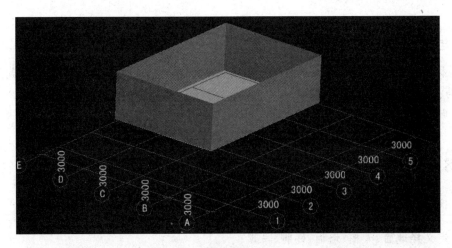

图 2.189

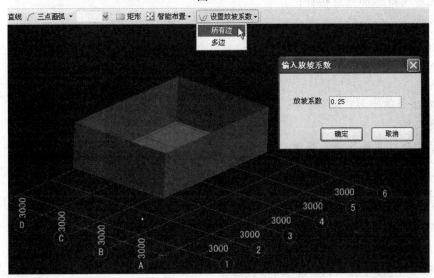

图 2.190

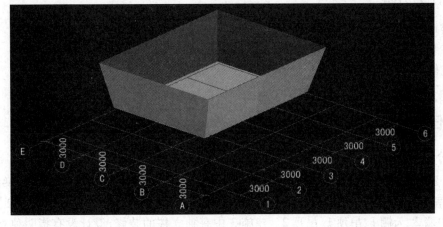

图 2.191

思考与练习

(1)本工程灰土回填是和大开挖一起自动生成的,如果灰土回填不一起自动生成,可以单独布置吗?

(2)斜大开挖土方如何定义与绘制?

2.8 装修工程量计算

通过本节的学习,你将能够:

(1)定义楼地面、天棚、墙面、踢脚、吊顶;

(2)在房间中添加依附构件;

(3)统计各层的装修工程量。

2.8.1 首层装修工程量计算

通过本小节的学习,你将能够:

(1)定义房间;

(2)分类统计首层装修工程量。

一、任务说明

①完成全楼装修工程的楼地面、天棚、墙面、踢脚、吊顶的构件定义及做法套用。

②建立首层房间单元添加依附构件并绘制。

③汇总计算,统计首层装修工程的工程量。

二、任务分析

①楼地面、天棚、墙面、踢脚、吊顶的构件做法在图中什么位置找到?

②各装修做法套用清单和定额时如何正确地编辑工程量表达式?

③装修工程中如何用虚墙分割空间?

④外墙保温如何定义、套用做法?地下与地上一样吗?

三、任务实施

1)分析图纸

分析建施-0 的室内装修做法表,首层有 5 种装修类型的房间:电梯厅、门厅;楼梯间;接待室、会议室、办公室;卫生间、清洁间;走廊。装修做法有楼面1、楼面2、楼面3、踢脚2、踢脚3、内墙1、内墙2、天棚1、吊顶1、吊顶2。建施-3 中有独立柱的装修,设计没有指明独立柱的装修做法,默认同所在房间的装修,首层的独立柱有圆形、矩形。

2)清单、定额计算规则学习

(1)清单计算规则(见表2.70)

表 2.70 装修清单计算规则

编 号	项目名称	单 位	计算规则
011102003	块料楼地面	m²	按设计图示尺寸以面积计算。门洞、空圈、暖气包槽、壁龛的开口部分并入相应的工程量内
011102001	石材楼地面	m²	按设计图示尺寸以面积计算。门洞、空圈、暖气包槽、壁龛的开口部分并入相应的工程量内
011101001	水泥砂浆地面	m²	按设计图示尺寸以主墙间净空面积计算。扣除构筑物的设备基础、室内管道等所占面积,不扣除间壁墙和0.3m²以内柱、垛、附墙烟囱及孔洞所占面积。但门洞、空圈、暖气包槽、壁龛的开口部分也不增加
011001005	保温隔热楼地面	m²	按设计图示尺寸以面积计算。扣除0.3m²以内柱、垛、附墙烟囱及孔洞所占面积。门洞、空圈、暖气包槽、壁龛的开口部分不增加计算
011101006	平面找平	m²	按设计图示尺寸以面积计算
010904001	楼(地)面卷材防水	m²	按设计图示尺寸以面积计算。 1. 按设计图示尺寸以主墙间净空面积计算。扣除构筑物的设备基础、室内管道等所占面积,不扣除间壁墙和0.3m²以内柱、垛、附墙扶墙烟囱及孔洞所占面积。 2. 卷起高度在300mm以内算作地面,在300mm以上按墙面防水计算
011105003	块料踢脚线	m²(m)	1. 以m²计量,按设计图示长度乘高度以面积计算;
011105002	石材踢脚线	m²(m)	2. 以m计量,按延长米计算
011201001	墙面抹灰	m²	按设计图示尺寸以面积计算。扣除墙裙、门窗洞口及单个0.3m²以外的孔洞所占面积,不扣除踢脚线、挂镜线和墙与构件交接处的面积,门窗洞口和孔洞的侧壁及顶面不增加面积。附墙柱、梁、垛、烟囱侧壁并入相应的墙面面积内
011407001	墙面喷刷涂料	m²	按设计图示尺寸以面积计算
011204003	块料墙面	m²	按镶贴表面积计算

续表

编　号	项目名称	单　位	计算规则
011301001	天棚抹灰	m²	按设计图示尺寸以水平投影面积计算。不扣除间壁墙、垛、柱、附墙烟囱、检查口和管道所占的面积，带梁天棚、梁两侧抹灰面积并入天棚面积内，板式楼梯底面抹灰按斜面积计算，锯齿楼梯底面抹灰按展开面积计算
011407002	天棚喷刷涂料	m²	按设计图示尺寸以面积计算
011302001	吊顶天棚	m²	按设计图示尺寸以水平投影面积计算。天棚面中的灯槽及跌级、锯齿形、吊挂式、藻井式天棚面积不展开计算。不扣除间壁墙、检查口、附墙烟囱、柱垛和管道所占面积，扣除单个 >0.3m² 的孔洞、独立柱及与天棚相连的窗帘盒所占的面积

（2）定额计算规则

①楼地面装修定额计算规则（以楼面 2 为例），如表 2.71 所示。

表 2.71　楼地面装修定额计算规则

编　号	项目名称	单　位	计算规则
1-2	水泥砂浆楼地面 预拌砂浆	m²	按设计图示尺寸以主墙间净空面积计算。扣除构筑物的设备基础、室内管道等所占面积，不扣除间壁墙和 0.3m² 以内柱、垛、附墙烟囱及孔洞所占面积。但门洞、空圈、暖气包槽、壁龛的开口部分也不增加
1-324	水泥砂浆找平层 混凝土或硬基层上 20mm 预拌砂浆	m²	
1-328	水泥砂浆找平层 每增减 5mm 预拌砂浆 子目乘以系数 –2	m²	
1-340	地热细石混凝土厚 60mm 塑料管间距 300mm 公称直径（mm 以内）20	m²	
1-61	陶瓷地砖楼地面周长（mm）2000 以内 干硬性砂浆	m³	按设计图示尺寸以实铺面积计算，不扣除 0.1m² 以内的孔洞所占面积，门洞、空圈、暖气包槽、壁龛的开口部分并入相应的工程量内计算
1-23	大理石楼地面 周长 3200mm 以内 单色 干硬性砂浆	m²	
1-367	酸洗打蜡 楼地面	m²	
8-248	楼地面隔热 聚苯乙烯泡沫塑料板	m³	按维护结构墙体间净面积乘设计厚度以体积计算，不扣除柱、垛所占的体积

编　号	项目名称	单　位	计算规则
7-146	SBC120 复合卷材 冷贴满铺平面	m²	按设计图示尺寸以主墙间净空面积加卷起高度在 500mm 以内的卷起面积计算
7-152	SBS 卷材 热熔 平面	m²	
1-318	炉渣混凝土垫层	m³	按设计图示尺寸以主墙间净空面积乘以设计厚度以体积计算

②踢脚定额计算规则,如表 2.72 所示。

表 2.72　踢脚定额计算规则

编　号	项目名称	单　位	计算规则
1-156	陶瓷地砖踢脚线	m²	按设计图示的实贴长度乘以高度以面积计算
1-152	大理石踢脚线 直线形	m²	

③内墙面、独立柱装修定额计算规则(以内墙 1 为例),如表 2.73 所示。

表 2.73　内墙面、独立柱装修定额计算规则

编　号	项目名称	单　位	计算规则
2-42	墙面、墙裙抹混合砂浆 砖墙(14 + 6)mm 预拌砂浆	m²	按设计图示尺寸以面积计算。 扣除门窗洞、空圈和 0.3m² 以上的孔洞所占面积,门窗洞侧壁、顶面超出 120mm 部分的面积,增加垛的侧面面积。砌体中的混凝土构件抹灰并入砌体抹灰
2-44	墙面、墙裙抹混合砂浆 混凝土墙(12 + 8)mm 预拌砂浆	m²	
2-52	面层抹灰(罩面或找平抹光) DP-G 砂浆 每增减 1mm 干拌砂浆	m²	
2-160	粘贴内墙砖 周长 2400mm 以内	m²	按设计图示尺寸以实贴面积计算。不扣除 0.1m² 以内的孔洞所占面积,垛和附墙柱并入墙面计算
2-181	粘贴外墙砖 周长 800mm 以外面砖灰缝(mm) 5 预拌砂浆	m²	
5-126	内墙涂料 三遍	m²	按设计图示尺寸以实刷面积计算
5-127	外墙涂料 两遍	m²	
5-180	室内刮大白 两遍 抹灰面	m²	按设计图示尺寸以实刷面积计算

④天棚、吊顶定额计算规则(以天棚 1、吊顶 1 为例),如表 2.74 所示。

表 2.74　天棚、吊顶定额计算规则

编　号	项目名称	单　位	计算规则
3-8	混凝土面天棚抹混合砂浆 一次抹灰 预拌砂浆	m²	按设计图示尺寸以主墙间净面积计算。不扣除间壁墙、柱、垛、附墙烟囱、检查口和管道所占的面积,带梁天棚、梁两侧抹灰面积并入天棚面积内
3-10	混凝土面天棚抹水泥砂浆 现浇板 预拌砂浆	m²	
3-40	不上人型轻钢天棚龙骨 龙骨间距 600mm×600mm 以内 平面	m²	按设计图示尺寸以水平投影面积计算。不扣除间壁墙、柱、垛、附墙烟囱、检查口和管道所占的面积,扣除单个 0.3m² 以上的孔洞、独立柱及与天棚相连的窗帘盒所占的面积
3-42	不上人型轻钢天棚龙骨 龙骨间距 600mm×600mm 以上 平面	m²	
3-162	铝合金条板面层 闭缝	m²	按设计图示尺寸以展开面积计算
3-180	吸音板面层 矿棉吸音板	m²	

3)装修构件的属性定义

(1)楼地面的属性定义

单击模块导航栏中的"装修"→"楼地面",在构件列表中单击"新建"→"新建楼地面",在属性编辑框中输入相应的属性值,如有房间需要计算防水,要在"是否计算防水"中选择"是",如图 2.192 所示。

(2)踢脚的属性定义

新建踢脚构件的属性定义,如图 2.193 所示。

(3)内墙面的属性定义

新建内墙面构件的属性定义,如图 2.194 所示。

属性编辑框		
属性名称	属性值	附加
名称	楼面1	
顶标高(m)	层底标高	
块料厚度(	10	
是否计算防	是	
备注		
⊞ 计算属性		
⊞ 显示样式		

图 2.192

属性编辑框		
属性名称	属性值	附加
名称	踢脚2	
高度(mm)	100	
块料厚度(	10	
起点底标高	墙底标高	
终点底标高	墙底标高	
备注		
⊞ 计算属性		
⊞ 显示样式		

图 2.193

属性编辑框		
属性名称	属性值	附加
名称	内墙面1-1	
所附墙材质	空心砖	
内/外墙面	内墙面	
起点顶标高	墙顶标高	
终点顶标高	墙顶标高	
起点底标高	墙底标高	
终点底标高	墙底标高	
块料厚度(	0	
备注		
⊞ 计算属性		
⊞ 显示样式		

图 2.194

(4)天棚的属性定义

天棚构件的属性定义,如图 2.195 所示。

(5)吊顶的属性定义

分析建施-9,得知吊顶1距地高度为3400mm,如图 2.196 所示。

（6）独立柱的属性定义

独立柱的属性定义，如图2.197所示。

属性名称	属性值	附加
名称	顶棚1	
备注		□
⊞ 计算属性		
⊞ 显示样式		

图2.195

属性名称	属性值	附加
名称	吊顶1	
离地高度(	3400	□
备注		□

图2.196

属性名称	属性值	附加
名称	独立柱	
块料厚度(	0	□
顶标高(m)	柱顶标高	□
底标高(m)	柱底标高	□
备注		□

图2.197

（7）房间的属性定义

通过"添加依附构件"，建立房间中的装修构件。构件名称下"楼1"可以切换成"楼2"或是"楼3"，其他的依附构件也是同理进行操作，如图2.198所示。

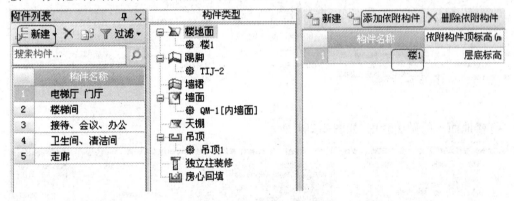

图2.198

4）做法套用

（1）楼地面的做法套用

①楼地面1的做法套用，如图2.199所示。

	编码	类别	项目名称	项目特征	单位	工程量表达式	表达式说明	措施项目	专业
1	⊟ 011102003001	项	块料楼地面	找平层厚度、砂浆配合比：10mm厚2：3水泥砂浆找平 结合层厚度、砂浆配合比：30mm厚干硬性水泥砂浆	m2	KLDMJ	KLDMJ〈块料地面积〉	□	建筑工程
2	1-61	借	陶瓷地砖楼地面 周长(mm) 2000以内 干硬性水泥砂浆		m2	KLDMJ	KLDMJ〈块料地面积〉	□	装饰
3	1-324	借	水泥砂浆找平层 混凝土或硬基层上 20mm 预拌砂浆		m2	DMJ	DMJ〈地面积〉	□	装饰
4	1-328 *-2	借换	水泥砂浆找平层 每增减5mm 预拌砂浆 子目乘以系数-2		m2	DMJ	DMJ〈地面积〉	□	装饰
5	⊟ 011101006004	项	细石混凝土找平层	1.找平层厚度、砂浆配合比：60mm厚细石混凝土C15 中间配Ø3@50*50钢丝网和散热器	m2	DMJ	DMJ〈地面积〉	□	建筑工程
6	1-340	借	地热细石混凝土 厚60mm 塑料管间距300mm 公称直径(mm以内) 20		m2	DMJ	DMJ〈地面积〉	□	装饰
7	B-11	补	Ø3@50*50钢丝网		m2	DMJ	DMJ〈地面积〉	□	
8	⊟ 011001005001	项	保温隔热楼地面	1.保温隔热部位：地面 2.保温隔热材料品种、规格、厚度： 3.隔气层材料品种、厚度：SBC120复合卷材 4.粘结材料种类、做法：冷贴	m3	DMJ	DMJ〈地面积〉	□	建筑工程
9	8-248	定	楼地面隔热 聚苯乙烯泡沫塑料板		m3	DMJ*0.02	DMJ〈地面积〉*0.02	□	建筑
10	7-146	定	SBC120复合卷材 冷贴满铺 平面		m2	DMJ+DMZC*0.1	DMJ〈地面积〉+DMZC〈地面周长〉*0.1	□	建筑
11	⊟ 011101006001	项	地面水泥砂浆找平	1.找平层厚度、砂浆配	m2	DMJ+DMZC*0.1	DMJ〈地面积〉+DMZC〈地面周长〉*0.1	□	建筑工程
12	1-324	借	水泥砂浆找平层 混凝土或硬基层上 20mm 预拌砂浆		m2	DMJ+DMZC*0.1	DMJ〈地面积〉+DMZC〈地面周长〉*0.1	□	装饰

图2.199

②楼地面 2 的做法套用,如图 2.200 所示。

	编码	类别	项目名称	项目特征	单位	工程量表达式	表达式说明	措施项目	专业
1	011102003001	项	块料楼地面	找平层厚度、砂浆配合比:10mm厚1:3水泥砂浆找平 结合层厚度、砂浆配合比:30mm厚干硬性水泥砂浆	m2	KLDMJ	KLDMJ〈块料地面积〉	□	建筑工程
2	1-61	借	陶瓷地砖楼地面 周长(mm) 2000以内 干硬性砂浆		m2	KLDMJ	KLDMJ〈块料地面积〉		装饰
3	1-324	借	水泥砂浆找平层 混凝土或硬基层上 20mm 预拌砂浆		m2	DMJ	DMJ〈地面积〉		装饰
4	1-328 *-2	借换	水泥砂浆找平层 每增减5mm 预拌砂浆 子目乘以系数-2		m2	DMJ	DMJ〈地面积〉		装饰
5	010904001001	项	楼(地)面卷材防水	1.卷材品种、规格、厚度:SBS防水卷材 2.防水层数:一层 3.防水层做法:热熔 4.反边高度:300mm	m2	DMJ+DMZC*0.3	DMJ〈地面积〉+DMZC〈地面周长〉*0.3	□	建筑工程
6	7-152	定	SBS卷材 热熔法 平面		m2	DMJ+DMZC*0.3	DMJ〈地面积〉+DMZC〈地面周长〉*0.3		建筑
7	011101006004	项	细石混凝土找平层	1.找平层厚度、砂浆配合比:60mm厚细石混凝土C15 中间配Φ3950*50钢网和散热器	m2	DMJ	DMJ〈地面积〉	□	建筑工程
8	1-340	借	地热细:混凝土 厚60mm 塑料管间距(mm)以内)公称直径(mm以内) 20		m2	DMJ	DMJ〈地面积〉		装饰
9	B-11	补	Φ3950*50钢丝网		m2	DMJ	DMJ〈地面积〉		
10	011001005001	项	保温隔热楼地面	1.保温隔热部位:地面 2.保温隔热材料品种、规格、厚度:聚苯乙烯泡沫塑料板厚度20mm厚 3.隔气层材料品种、厚度:SBC120复合卷材 4.粘结材料种类、做法:冷贴	m2	DMJ	DMJ〈地面积〉	□	建筑工程
11	8-248	定	楼地面隔热 聚苯乙烯泡沫塑料板		m3	DMJ*0.02	DMJ〈地面积〉*0.02	□	建筑
12	7-146	定	SBC120复合卷材 冷贴满铺 平面		m2	DMJ+DMZC*0.1	DMJ〈地面积〉+DMZC〈地面周长〉*0.1	□	建筑
13	011101006001	项	地面水泥砂浆找平层	1.找平层厚度、砂浆配	m2	DMJ+DMZC*0.1	DMJ〈地面积〉+DMZC〈地面周长〉*0.1	□	建筑工程
14	1-324	借	水泥砂浆找平层 混凝土或硬基层上 20mm 预拌砂浆		m2	DMJ+DMZC*0.1	DMJ〈地面积〉+DMZC〈地面周长〉*0.1	□	装饰

图 2.200

③楼地面 3 的做法套用,如图 2.201 所示。

	编码	类别	项目名称	项目特征	单位	工程量表达式	表达式说明	措施项目	专业
1	011102001001	项	石材楼地面	1.找平层厚度、砂浆配合比:10mm厚水泥砂浆找平 2.结合层厚度、砂浆配合比:30mm厚预拌干硬性水泥砂浆 3.面层材料品种、规格、颜色:800*800花岗岩 4.酸洗、打蜡要求:两遍	m2	KLDMJ	KLDMJ〈块料地面积〉	□	建筑工程
2	1-23	借	大理石楼地面 周长3200mm以内 单色 干硬性砂浆		m2	KLDMJ	KLDMJ〈块料地面积〉		装饰
3	1-324	借	水泥砂浆找平层 混凝土或硬基层上 20mm 预拌砂浆		m2	DMJ	DMJ〈地面积〉		装饰
4	1-328 *-2	借换	水泥砂浆找平层 每增减5mm 预拌砂浆 子目乘以系数-2		m2	DMJ	DMJ〈地面积〉		装饰
5	1-367	借	酸洗打蜡 楼地面		m2	KLDMJ	KLDMJ〈块料地面积〉		装饰
6	011101006004	项	细石混凝土找平层	1.找平层厚度、砂浆配合比:60mm厚细石混凝土C15 中间配Φ3950*50钢丝网和散热器	m2	DMJ	DMJ〈地面积〉	□	建筑工程
7	1-340	借	地热细:混凝土 厚60mm 塑料管间距300mm 公称直径(mm以内)		m2	DMJ	DMJ〈地面积〉		装饰
8	B-11	补	Φ3950*50钢丝网		m2	DMJ	DMJ〈地面积〉		
9	011001005001	项	保温隔热楼地面	1.保温隔热部位:地面 2.保温隔热材料品种、规格、厚度:聚苯乙烯泡沫塑料板厚20mm厚 3.隔气层材料品种、厚度:SBC120复合卷材 4.粘结材料种类、做法:冷贴	m2	DMJ	DMJ〈地面积〉	□	建筑工程
10	8-248	定	楼地面隔热 聚苯乙烯泡沫塑料板		m3	DMJ*0.02	DMJ〈地面积〉*0.02	□	建筑
11	7-146	定	SBC120复合卷材 冷贴满铺 平面		m2	DMJ+DMZC*0.1	DMJ〈地面积〉+DMZC〈地面周长〉*0.1	□	建筑
12	011101006001	项	地面水泥砂浆找平层	1.找平层厚度、砂浆配	m2	DMJ+DMZC*0.1	DMJ〈地面积〉+DMZC〈地面周长〉*0.1	□	建筑工程
13	1-324	借	水泥砂浆找平层 混凝土或硬基层上 20mm 预拌砂浆		m2	DMJ+DMZC*0.1	DMJ〈地面积〉+DMZC〈地面周长〉*0.1	□	装饰

图 2.201

(2)踢脚的做法套用

①踢脚的 1 的做法套用,如图 2.202 所示。

	编码	类别	项目名称	项目特征	单位	工程量表达式	表达式说明	措施项目	专业
1	011105001	项	水泥砂浆踢脚线	1.素水泥浆一道毛(内掺建筑胶) 2.6厚1:3水泥砂浆打底扫毛或划出纹道 3.素水泥浆一道 4.6厚1:2.5水泥砂浆罩面压实赶光 5.水泥砂浆踢脚高度100mm:	m	TJKLMJ	TJKLMJ〈踢脚块料面积〉	□	装饰工程
2	11-77	定	踢脚线 DP砂浆		m	TJMHCD	TJMHCD〈踢脚抹灰长度〉	□	装饰

图 2.202

②踢脚 2 的做法套用,如图 2.203 所示。

	编码	类别	项目名称	项目特征	单位	工程量表达式	表达式说明	措施项目	专业
1	011105003001	项	块料踢脚线	1. 踢脚线高度:100mm 2. 粘贴层厚度、材料	m2	TJKLMJ	TJKLMJ〈踢脚块料面积〉	☑	建筑工程
2	1-156	借	陶瓷地砖踢脚线		m2	TJKLMJ	TJKLMJ〈踢脚块料面积〉	☑	装饰

图 2.203

③踢脚 3 的做法套用,如图 2.204 所示。

	编码	类别	项目名称	项目特征	单位	工程量表达式	表达式说明	措施项目	专业
1	011105002001	项	石材踢脚线	1. 踢脚线高度:100mm 2. 粘贴层厚度、材料种类:15mm厚2:1:8水泥石灰砂浆 5mm厚:1水泥砂浆加20%建筑胶抹缝 3. 面层材料品种、规格、颜色:10mm厚石板水泥浆擦缝	m2	TJKLMJ	TJKLMJ〈踢脚块料面积〉	☑	建筑工程
2	1-152	借	大理石踢脚线 直线形		m2	TJKLMJ	TJKLMJ〈踢脚块料面积〉		装饰

图 2.204

(3)内墙面的做法套用

①内墙 1 的做法套用,如图 2.205 所示。

	编码	类别	项目名称	项目特征	单位	工程量表达式	表达式说明	措施项目	专业
1	011201001001	项	墙面一般抹灰-混合砂浆1	1. 墙体类型:砖墙面 2. 底层厚度、砂浆配合比:9mm厚1:0.5:3混合砂浆 3. 面层厚度、砂浆配合比:5mm厚1:0.5:2.5混合砂浆	m2	QMHHMJ	QMHHMJ〈墙面抹灰面积〉	☑	建筑工程
2	2-42	借	墙面、墙裙抹灰混合砂浆 砖墙 14+6mm 预拌砂浆		m2	QMHHMJZ	QMHHMJZ〈墙面抹灰面积（不分材质）〉	☑	装饰
3	011407001001	项	墙面喷刷涂料	基层类别:抹灰面 涂料种类、喷刷部位:墙面 涂料品种、喷刷遍数:刮大白2遍 封底漆一道 乳胶漆二遍	m2	QMKLMJZ	QMKLMJZ〈墙面块料面积（不分材质）〉	☑	建筑工程
4	5-126	借	内墙涂料 三遍		m2	QMKLMJZ	QMKLMJZ〈墙面块料面积（不分材质）〉	☑	装饰
5	5-180	借	室内刮大白 二遍 抹灰面		m2	QMKLMJZ	QMKLMJZ〈墙面块料面积（不分材质）〉	☑	装饰

图 2.205

内墙抹灰脚手架没有直接在内墙面的抹灰面积中套用做法,因为在墙面抹灰的代码中没有内墙脚手架长度的代码,也没有相关联的代码。内墙面脚手架的做法套用在墙体工程量中套取做法。

②内墙 2 的做法套用,如图 2.206 所示。

	编码	类别	项目名称	项目特征	单位	工程量表达式	表达式说明	措施项目	专业
1	011204003001	项	块料墙面-内墙面	1. 安装方式:水泥砂浆粘贴 2. 面层材料品种、规格、颜色:内墙面砖 200*300	m2	QMKLMJ	QMKLMJ〈墙面块料面积〉	☑	建筑工程
2	2-160	借	粘贴内墙面砖 周长2400mm以内		m2	QMKLMJ	QMKLMJ〈墙面块料面积〉		装饰

图 2.206

(4)天棚的做法套用

①天棚 1 的做法套用,如图 2.207 所示。

	编码	类别	项目名称	项目特征	单位	工程量表达式	表达式说明	措施项目	专业
1	011301001001	项	天棚抹灰-内	1. 基层类别:现浇混凝土楼板底 2. 抹灰厚度、材料种类:20mm厚混合砂浆	m2	TPMHMJ	TPMHMJ〈天棚抹灰面积〉	☑	建筑工程
2	3-8	借	混凝土面天棚混合砂浆 一次抹灰 预拌砂浆		m2	TPMHMJ	TPMHMJ〈天棚抹灰面积〉	☑	装饰
3	011407002002	项	天棚喷刷涂料	1. 基层类别:抹灰面 2. 涂料种类、喷刷部位:天棚 3. 涂料品种、喷刷遍数:封底漆一道 乳胶漆二道	m2	TPZSMJ	TPZSMJ〈天棚装饰面积〉	☑	建筑工程
4	5-126	借	内墙涂料 三遍		m2	TPZSMJ	TPZSMJ〈天棚装饰面积〉	☑	装饰
5	5-180	借	室内刮大白 二遍 抹灰面		m2	TPZSMJ	TPZSMJ〈天棚装饰面积〉	☑	装饰
6	011701006	项	满堂脚手架	1. 搭设方式:满铺 2. 搭设高度:3.78m 3. 脚手架材质:钢管脚手	m2	TPTYMJ	TPTYMJ〈天棚投影面积〉	☑	建筑工程
7	11-41	定	满堂脚手架 基本层		m2	TPTYMJ	TPTYMJ〈天棚投影面积〉	☑	建筑

图 2.207

②门厅外顶棚的做法套用,如图 2.208 所示。

	编码	类别	项目名称	项目特征	单位	工程量表达式	表达式说明	措施项目	专业
1	011301001002	项	天棚抹灰-外	1.基层类型:现浇混凝土楼板 2.抹灰厚度、材料种类:20mm厚1:2.5水泥砂浆	m2	TPMHMJ	TPMHMJ〈天棚抹灰面积〉	☐	建筑工程
2	3-10	借	混凝土面天棚抹水泥砂浆 现浇板 预拌砂浆		m2	TPMHMJ	TPMHMJ〈天棚抹灰面积〉	☐	装饰
3	011407002001	项	天棚喷刷涂料	1.基层类型:抹灰面 2.喷刷涂料部位:天棚 3.涂料品种、喷刷遍数:外墙涂料二道	m2	TPZSMJ	TPZSMJ〈天棚装饰面积〉	☐	建筑工程
4	5-127	借	外墙涂料 二遍		m2	TPZSMJ	TPZSMJ〈天棚装饰面积〉	☐	装饰
5	011701006	项	满堂脚手架	1.搭设方式:满铺 2.檐口高度:3.78m 3.脚手架材质:钢管脚手	m2	TPTYMJ	TPTYMJ〈天棚投影面积〉	☑	建筑工程
6	11-41	定	满堂脚手架 基本层		m2	TPTYMJ	TPTYMJ〈天棚投影面积〉	☑	建筑

图 2.208

(5)吊顶的做法套用

①吊顶1的做法套用,如图 2.209 所示。

	编码	类别	项目名称	项目特征	单位	工程量表达式	表达式说明	措施项目	专业
1	011302001001	项	吊顶天棚	1.吊顶形式、吊杆规格、高度:6钢筋吊杆 中距纵向1200以内 横向1500以内 2.龙骨材料种类、规格、中距:U形轻钢龙骨LB45×48中距1500以内 次龙骨LB38×12中距1500以内 3.面层材料品种、规格:铝合金条板8-10厚	m2	DDMJ	DDMJ〈吊顶面积〉	☐	建筑工程
2	3-42	借	不上人型轻钢天棚龙骨 龙骨间距 600×600mm以上 平面		m2	DDMJ	DDMJ〈吊顶面积〉	☐	装饰
3	3-162	借	铝合金条板面层 闭缝		m2	DDMJ	DDMJ〈吊顶面积〉	☐	装饰

图 2.209

②吊顶2的做法套用,如图 2.210 所示。

	编码	类别	项目名称	项目特征	单位	工程量表达式	表达式说明	措施项目	专业
1	011302001002	项	吊顶天棚	1.龙骨材料种类、规格、中距:T型轻钢主龙骨TB24×38 中距600 次	m2	DDMJ	DDMJ〈吊顶面积〉	☐	建筑工程
2	3-40	借	不上人型轻钢天棚龙骨 龙骨间距 600×600mm以内 平面		m2	DDMJ	DDMJ〈吊顶面积〉	☐	装饰
3	3-182	借	吸音板面层 矿棉 吸音板		m2	DDMJ	DDMJ〈吊顶面积〉	☐	装饰

图 2.210

(6)独立柱装修做法套用

①矩形柱的做法套用,如图 2.211 所示。

	编码	类别	项目名称	项目特征	单位	工程量表达式	表达式说明	措施项目	专业
1	011202001002	项	柱、梁面一般抹灰	1.柱(梁)体类型:方柱 2.底层厚度、砂浆配合比:9mm厚1:0.5:3水泥石灰砂浆 3.面层厚度、砂浆配合比:5mm厚1:0.5:2.5水泥石灰砂浆	m2	DLZMHMJ	DLZMHMJ〈独立柱抹灰面积〉	☐	建筑工程
2	2-110	借	独立柱面抹混合砂浆 混凝土柱 矩形 预拌砂浆		m2	DLZMHMJ	DLZMHMJ〈独立柱抹灰面积〉	☐	装饰
3	011407001001	项	墙面喷刷涂料	1.基层类型:抹灰面 2.喷刷涂料部位:墙面 3.涂料品种、喷刷遍数:封底漆一道 乳胶漆二遍	m2	DLZKLMJ	DLZKLMJ〈独立柱块料面积〉	☐	建筑工程
4	5-126	借	内墙涂料 三遍		m2	DLZKLMJ	DLZKLMJ〈独立柱块料面积〉	☐	装饰
5	5-180	借	室内刮大白 二遍 抹灰面		m2	DLZKLMJ	DLZKLMJ〈独立柱块料面积〉	☐	装饰

图 2.211

②圆形柱的做法套用,如图 2.212 所示。

	编码	类别	项目名称	项目特征	单位	工程量表达式	表达式说明	措施项目	专业
1	011202001001	项	柱、梁面一般抹灰	1.柱（梁）体类型：圆柱 2.底层厚度、砂浆配合比：9mm厚1:0.5:3混合砂浆	m2	DLZMHMJ	DLZMHMJ<独立柱抹灰面积>	☑	建筑工程
2	2-108	借	独立柱面抹混合砂浆 混凝土柱 多边形、圆形 预拌砂浆		m2	DLZMHMJ	DLZMHMJ<独立柱抹灰面积>	☑	装饰
3	011407001001	项	墙面喷刷涂料	1.基层类型：抹灰面 2.喷刷涂料部位：墙面 3.涂料品种、喷刷遍数：封底漆一道 乳胶漆二道	m2	DLZKLMJ	DLZKLMJ<独立柱块料面积>	☑	建筑工程
4	5-126	借	内墙涂料 三遍		m2	DLZKLMJ	DLZKLMJ<独立柱块料面积>	☑	装饰
5	5-180	借	室内刮大白 二遍 抹灰面		m2	DLZKLMJ	DLZKLMJ<独立柱块料面积>	☑	装饰

图 2.212

5）房间的绘制

（1）点画

按照建施-3 中房间的名称，选择软件中建立好的房间，在要布置装修的房间单击一下，房间中的装修即自动布置上去。绘制好的房间用三维查看一下效果，如图 2.213 所示。不同墙的材质其内墙面图元的颜色不一样，混凝土墙的内墙面装修默认为黄色。

图 2.213

（2）独立柱的装修图元的绘制

在模块导航栏中选择"独立柱装修"→"矩形柱"，单击"智能布置"→"柱"，选中独立柱，单击右键，独立柱装修绘制完毕，如图 2.214、图 2.215 所示。

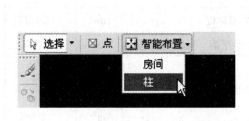

图 2.214

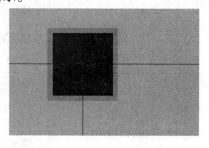

图 2.215

（3）定义立面防水高度

切换到楼地面的构件，单击"定义立面防水高度"，单击卫生间的四面，选中要设置的立面防水的边变成蓝色，单击右键确认后弹出"请输入立面防水高度"对话框，输入 300mm，如图

2.216 所示,单击"确定"按钮,立面防水图元绘制完毕,绘制后的结果如图 2.217 所示。

图 2.216

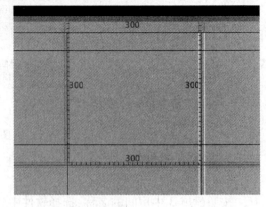

图 2.217

四、任务结果

点画绘制首层所有的房间,保存并汇总计算工程量,如表 2.75 所示。

表 2.75　首层装修清单定额量

序 号	项目编码	项目名称及特征	单 位	工程量
1	010904001001	楼(地)面卷材防水 1. 卷材品种、规格、厚度:SBS 防水卷材 4mm 厚 2. 防水层数:一层 3. 防水层做法:热熔 4. 反边高度:300mm	m²	62.24
	7-152	SBS 卷材 热熔 平面	100m²	0.6224
2	011001005001	保温隔热楼地面 1. 保温隔热部位:地面 2. 保温隔热材料品种、规格、厚度:聚苯乙烯泡沫板 20mm 厚 3. 隔汽层材料品种、厚度:SBC120 复合卷材 4. 粘结材料种类、做法:冷贴	m²	731.1338
	8-248	楼地面隔热 聚苯乙烯泡沫塑料板	10m³	1.4617
	7-146	SBC120 复合卷材 冷贴满铺 平面	100m²	7.7273
3	011101001001	水泥砂浆楼地面 1. 找平层厚度、砂浆配合比:10mm 厚 1:3 水泥砂浆 2. 素水泥浆遍数:一道内掺建筑胶 3. 面层厚度、砂浆配合比:1:2.5 水泥砂浆 4. 面层做法要求:随打随抹	m²	6.945
	[1347]1-2	水泥砂浆楼地面 预拌砂浆	100m²	0.0695

续表

序号	项目编码	项目名称及特征	单 位	工程量
3	[1347]1-324	水泥砂浆找平层 混凝土或硬基层上 20mm 预拌砂浆	100m²	0.0695
	[1347]1-328＊-2	水泥砂浆找平层 每增减 5mm 预拌砂浆 子目乘以系数 -2	100m²	0.0695
4	011101006001	地面水泥砂浆找平层 1. 找平层厚度、砂浆配合比 20mm 厚 1:3 水泥砂浆	m²	773.0263
	[1347]1-324	水泥砂浆找平层 混凝土或硬基层上 20mm 预拌砂浆	100m²	7.7273
5	011101006004	细石混凝土找平层 1. 找平层厚度、砂浆配合比:60mm 厚细石混凝土 C15 中间配 φ3@50mm×50mm 钢丝网和散热器	m²	731.1338
	[1347]1-340	地热细石混凝土 厚60mm 塑料管间距300mm 公称直径(mm 以内)20	100m²	7.3084
	B-11	φ3@50mm×50mm 钢丝网	m²	730.8363
6	011102001001	石材楼地面 1. 找平层厚度、砂浆配合比:10mm 厚水泥砂浆找平 2. 结合层厚度、砂浆配合比:30mm 厚预拌干硬性水泥砂浆 3. 面层材料品种、规格、颜色:800mm×800mm 花岗岩 4. 酸洗、打蜡要求:两遍	m²	502.1986
	[1347]1-23	大理石楼地面 周长 3200mm 以内 单色 干硬性砂浆	100m²	5.0487
	[1347]1-324	水泥砂浆找平层 混凝土或硬基层上 20mm 预拌砂浆	100m²	5.0798
	[1347]1-328＊-2	水泥砂浆找平层 每增减 5mm 预拌砂浆 子目乘以系数 -2	100m²	5.0798
	[1347]1-367	酸洗打蜡 楼地面	100m²	5.0487
7	011102001001	石材楼地面 1. 找平层厚度、砂浆配合比:10mm 厚水泥砂浆找平 2. 结合层厚度、砂浆配合比:30mm 厚干硬性水泥砂浆 3. 面层材料品种、规格、颜色:800mm×800mm 理石 4. 酸洗、打蜡要求:两遍	m²	14.4844

续表

序号	项目编码	项目名称及特征	单位	工程量
7	［1347］1-23	大理石楼地面 周长 3200mm 以内 单色 干硬性砂浆	100m²	0.1461
	［1347］1-324	水泥砂浆找平层 混凝土或硬基层上 20mm 预拌砂浆	100m²	0.1475
	［1347］1-328＊-2	水泥砂浆找平层 每增减 5mm 预拌砂浆 子目乘以系数 -2	100m²	0.1475
	［1347］1-367	酸洗打蜡 楼地面	100m²	0.1461
8	011102003001	块料楼地面 1.找平层厚度、砂浆配合比:10mm 厚 1:3 水泥砂浆找平 2.结合层厚度、砂浆配合比:30mm 厚干硬性水泥砂浆	m²	221.636
	［1347］1-61	陶瓷地砖楼地面 周长（mm）2000 以内 干硬性砂浆	100m²	2.2245
	［1347］1-324	水泥砂浆找平层 混凝土或硬基层上 20mm 预拌砂浆	100m²	2.2286
	［1347］1-328＊-2	水泥砂浆找平层 每增减 5mm 预拌砂浆 子目乘以系数 -2	100m²	2.2286
9	011105002001	石材踢脚线 1.踢脚线高度:100mm 2.粘贴层厚度、材料种类:15mm 厚2:1:8水泥石灰砂浆 5mm 厚1:1水泥砂浆加20%建筑胶粘贴 3.面层材料品种、规格、颜色:10mm 厚石板水泥浆擦缝	m²	31.3945
	［1347］1-152	大理石踢脚线 直线形	100m²	0.3261
10	011105003001	块料踢脚线 1.踢脚线高度:100mm 2.粘贴层厚度、材料	m²	5.167
	［1347］1-156	陶瓷地砖踢脚线	100m²	0.0572
11	011201001001	墙面一般抹灰-混合砂浆 1 1.墙体类型:砖墙面 2.底层厚度、砂浆配合比:9mm 厚 1:0.5:3 混合砂浆 3.面层厚度、砂浆配合比:5mm 厚 1:0.5:2.5 混合砂浆	m²	131.2314

序号	项目编码	项目名称及特征	单 位	工程量
11	[1347]2-42	墙面、墙裙抹混合砂浆 砖墙(14+6)mm 预拌砂浆	100m²	1.3123
12	011201001002	墙面一般抹灰-混合砂浆2 1.墙体类型:混凝土墙面 2.底层厚度、砂浆配合比:9mm 厚1:0.5:3混合砂浆 3.面层厚度、砂浆配合比:5mm 厚1:0.5:2.5混合砂浆	m²	179.32
	[1347]2-44	墙面、墙裙抹混合砂浆 混凝土墙(12+8)mm 预拌砂浆	100m²	1.7932
13	011201001003	墙面一般抹灰-混合砂浆3 1.墙体类型:陶粒混凝土砌块 2.底层厚度、砂浆配合比:9mm 厚1:0.5:3混合砂浆 3.面层厚度、砂浆配合比:5mm 厚1:0.5:2.5混合砂浆	m²	695.4188
	[1347]2-52	墙面、墙裙抹混合砂浆 陶粒混凝土墙 20mm 预拌砂浆	100m²	6.9446
14	011202001001	柱、梁面一般抹灰 1.柱(梁)体类型:圆柱 2.底层厚度、砂浆配合比:9mm 厚1:0.5:3混合砂浆	m²	34.2075
	[1347]2-108	独立柱面抹混合砂浆 混凝土柱 多边形、圆形 预拌砂浆	100m²	0.3421
15	011202001002	柱、梁面一般抹灰 1.柱(梁)体类型:方柱 2.底层厚度、砂浆配合比:9mm 厚1:0.5:3混合砂浆 3.面层厚度、砂浆配合比:5mm 厚1:0.5:2.5混合砂浆	m²	14.88
	[1347]2-110	独立柱面抹混合砂浆 混凝土柱 矩形 预拌砂浆	100m²	0.1488
16	011202001003	柱、梁面一般抹灰-外柱 1.柱(梁)体类型:圆柱 2.底层厚度、砂浆配合比:15mm 厚1:3水泥砂浆 3.面层厚度、砂浆配合比:5mm 厚1:2.5水泥砂浆	m²	58.5892

续表

序号	项目编码	项目名称及特征	单 位	工程量
16	[1347]2-100	独立柱面抹水泥砂浆 混凝土柱 多边形、圆形 预拌砂浆	100m²	0.5859
17	011204003001	块料墙面-内墙面 1.安装方式:水泥砂浆粘贴 2.面层材料品种、规格、颜色:内墙面砖 200mm×300mm	m²	278.6617
	[1347]2-160	粘贴内墙砖 周长 2400mm 以内	100m²	2.6769
18	011204003002	块料墙面-外墙面 1.安装方式:水泥砂浆粘帖 2.面层材料品种、规格、颜色:外墙面砖 600mm×300mm 3.缝宽、嵌缝材料种类:密缝	m²	390.4175
	[1347]2-181	粘贴外墙砖 周长 800mm 以外 面砖灰缝(mm)5 预拌砂浆	100m²	3.8881
19	011301001001	天棚抹灰-内 1.基层类型:现浇混凝土楼板 2.抹灰厚度、材料种类:20mm 厚混合砂浆	m²	13.9536
	[1347]3-8	混凝土面天棚抹混合砂浆 一次抹灰 预拌砂浆	100m²	0.1395
20	011301001002	天棚抹灰-外 1.基层类型:现浇混凝土楼板 2.抹灰厚度、材料种类:20mm 厚1:2.5 水泥砂浆	m²	221.4643
	[1347]3-10	混凝土面天棚抹水泥砂浆 现浇板 预拌砂浆	100m²	2.2125
21	011302001001	吊顶天棚 1.吊顶形式、吊杆规格、高度:φ6 钢筋吊杆 中距 纵向 1200mm 以内 横向 1500mm 以内 2.龙骨材料种类、规格、中距:U 形轻钢龙骨 主龙骨 LB45×48 中距 1500mm 以内 次龙骨LB38×12 中距1500mm 以内 3.面层材料品种、规格:铝合金条板 8~10mm 厚	m²	588.2781
	[1347]3-42	不上人型轻钢天棚龙骨龙骨间距 600mm×600mm 以上平面	100m²	5.8828
	[1347]3-162	铝合金条板面层 闭缝	100m²	5.8828

续表

序 号	项目编码	项目名称及特征	单 位	工程量
22	011302001002	吊顶天棚 1.龙骨材料种类、规格、中距:T形轻钢主龙骨 TB24×38 中距600mm	m²	163.8669
	[1347]3-40	不上人型轻钢天棚龙骨 龙骨间距 600mm × 600mm 以内 平面	100m²	1.6387
	[1347]3-182	吸音板面层 矿棉 吸音板	100m²	1.6387
23	011407001001	墙面喷刷涂料 1.基层类型:抹灰面 2.喷刷涂料部位:墙面 3.涂料品种、喷刷遍数:刮大白两遍 封底漆一道 乳胶漆二道	m²	1022.3555
	[1347]5-126	内墙涂料 三遍	100m²	10.2236
	[1347]5-180	室内刮大白 两遍 抹灰面	100m²	10.2236
24	011407002002	墙面喷刷涂料 1.基层类型:抹灰面 2.喷刷涂料部位:墙面 3.涂料品种、喷刷遍数:外墙涂料两道	m²	58.5892
	[1347]5-127	内墙涂料 三遍	100m²	0.5859
	[1347]5-182	室内刮大白 两遍 抹灰面	100m²	0.5859
25	011407002001	天棚喷刷涂料 1.基层类型:抹灰面 2.喷刷涂料部位:天棚 3.涂料品种、喷刷遍数:外墙涂料两道	m²	221.2517
	[1347]5-127	外墙涂料 两遍	100m²	2.2125
26	011407002002	天棚喷刷涂料 1.基层类型:抹灰面 2.喷刷涂料部位:天棚 3.涂料品种、喷刷遍数:刮大白两遍 封底漆一道 乳胶漆两道	m²	13.9536
	[1347]5-126	内墙涂料 三遍	100m²	0.1395
	[1347]5-180	室内刮大白 两遍 抹灰面	100m²	0.1395

五、总结拓展

装修的房间必为封闭

在绘制房间图元时,必须要保证房间是封闭的,否则会弹出如图2.218所示"确认"对话框,在MQ1的位置绘制一道虚墙。

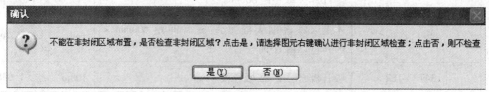

图2.218

思考与练习

(1)虚墙是否计算内墙面工程量?
(2)虚墙是否影响楼面的面积?

2.8.2 其他层装修工程量的计算

通过本小节的学习,你将能够:
(1)分析软件在计算装修时的计算思路;
(2)计算各层装修工程量。

一、任务说明

完成其他层装修工程的工程量的计算。

二、任务分析

①首层做法与其他楼层有何不同?
②装修工程量的计算与主体构件的工程量计算有何不同?

三、任务实施

1)分析图纸

由建施-0中室内装修做法表可知,地下一层所用的装修做法和首层装修做法基本相同,地面做法为地面1、地面2、地面3。二层至机房层的装修做法基本和首层的装修做法相同,可以把首层构件复制到其他楼层,然后重新组合房间即可。

由建施-2可知,地下一层地面为-3.6m;由结施-3可知,地下室底板顶标高为-4.4m,回填标高范围为4.4m-3.6m-地面做法厚度。

2)清单、定额计算规则学习

(1)清单计算规则(见表2.76)

表2.76 其他层装修清单计算规则

编 号	项目名称	单 位	计算规则
011101003	细石混凝土楼地面	m²	按设计图示尺寸以面积计算。扣除凸出地面构筑物、设备基础、室内铁道、地沟等所占面积,不扣除间壁墙及≤0.3m²柱、垛、附墙烟囱及孔洞所占面积。门洞、空圈、暖气包槽、壁龛的开口部分不增加面积
010501001	地面混凝土垫层	m²	按设计图示尺寸以面积计算。扣除凸出地面构筑物、设备基础、室内铁道、地沟等所占面积,不扣除间壁墙及≤0.3m²柱、垛、附墙烟囱及孔洞所占面积。门洞、空圈、暖气包槽、壁龛的开口部分不增加面积
010103001	回填方	m³	按设计图示尺寸以体积计算。 1. 场地回填:回填面积乘平均回填厚度; 2. 室内回填:主墙间面积乘回填厚度,不扣除间隔墙; 3. 基础回填:按挖方清单项目工程量减去自然地坪以下埋设的基础体积(包括基础垫层及其他构筑物)
011105001	水泥砂浆踢脚线	m²(m)	1. 按设计图示长度乘以高度以面积计算; 2. 按设计图示长度计算

(2)定额计算规则(以地面1为例,见表2.77)

表2.77 其他层装修定额计算规则

编 号	项目名称	单 位	计算规则
1-333	细石混凝土找平层 30mm 预拌混凝土	m²	按设计图示尺寸以主墙间净空面积计算。扣除凸出地面构筑物、设备基础、室内铁道、地沟等所占面积,不扣除间壁墙和0.3m²以内的柱、垛、附墙烟囱及孔洞所占面积。门洞、空圈、暖气包槽、壁龛的开口部分不增加面积
1-335 * 2	细石混凝土找平层 每增减5mm 预拌混凝土 子目乘以系数2	m³	
1-188	基础回填 房心回填土	m³	按主墙间净面积乘回填土厚度以体积计算
1-151	水泥砂浆踢脚线 底12mm 面8mm 预拌砂浆	m²	按面积计算,门洞、空圈不扣除,洞口、空圈、垛、附墙烟囱等的侧壁不增加面积

3)房心回填属性定义

在模块导航栏中单击"土方"→"房心回填",在构件列表中单击"新建"→"新建房心回填",其属性定义如图 2.219 所示。

属性名称	属性值	附加
名称	FXHT-1	
厚度(mm)	700	☐
顶标高(m)	层底标高+	☐
回填方式	夯填	☐
备注		☐

图 2.219

4)房心回填的画法讲解

房心回填采用点画法绘制。

四、任务结果

汇总计算,统计其他层的装修工程量,如表 2.78 所示。

表 2.78　其他层装修清单定额量

序号	项目编码	项目名称及特征	单位	工程量
1	010103001003	回填方-房心土回填 1.密实度要求:按图纸设计及规范要求 2.填方材料品种:普通土 3.填方来源、运距:自行考虑	m^3	92.3298
	1-188	回填土 夯填	$100m^3$	0.9233
	1-205	单(双)轮车运土方 运距50m以内	$100m^3$	0.9233
	1-206	单(双)轮车运土方 500m以内 每增加50m	$100m^3$	0.9233
2	010501001002	地面混凝土垫层 1.混凝土种类:60mm厚商品混凝土 2.混凝土强度等级:C15	m^3	51.5359
	B-6	商品混凝土 C15	m^3	52.2703
	4-122	捣固养护 基础(基础梁)	$10m^3$	5.1498
3	010904001001	楼(地)面卷材防水 1.卷材品种、规格、厚度:SBS防水卷材4mm厚 2.防水层数:一层 3.防水层做法:热熔 4.反边高度:300mm	m^2	1166.0944
	7-152	SBS卷材 热熔 平面	$100m^2$	11.6546

续表

序号	项目编码	项目名称及特征	单位	工程量
4	011001005001	保温隔热楼地面 1.保温隔热部位:地面 2.保温隔热材料品种、规格、厚度:聚苯乙烯泡沫板 20mm 厚 3.隔汽层材料品种、厚度:SBC120 复合卷材 4.粘结材料种类、做法:冷贴	m²	2132.3364
	8-248	楼地面隔热 聚苯乙烯泡沫塑料板	10m³	4.2628
	7-146	SBC120 复合卷材 冷贴满铺 平面	100m²	22.65
5	011101001001	水泥砂浆楼地面 1.找平层厚度、砂浆配合比:10mm 厚 1:3 水泥砂浆 2.素水泥浆遍数:一道内掺建筑胶 3.面层厚度、砂浆配合比:1:2.5 水泥砂浆 4.面层做法要求:随打随抹	m²	362.3888
	[1347]1-2	水泥砂浆楼地面 预拌砂浆	100m²	3.6175
	[1347]1-324	水泥砂浆找平层 混凝土或硬基层上 20mm 预拌砂浆	100m²	3.6175
	[1347]1-328*-2	水泥砂浆找平层 每增减 5mm 预拌砂浆 子目乘以系数 -2	100m²	3.6175
6	011101003001	细石混凝土楼地面 1.面层厚度、混凝土强度等级:40mm 厚 C20 商品细石混凝土 表面撒 1:1 水泥砂浆随打随抹	m²	489.2194
	[1347]1-333	细石混凝土找平层 30mm 预拌混凝土	100m²	4.8922
	[1347]1-335*2	细石混凝土找平层 每增减 5mm 预拌混凝土 子目乘以系数 2	100m²	4.8922
7	011101006001	地面水泥砂浆找平层 1.找平层厚度、砂浆配合比:20mm 厚 1:3 水泥砂浆	m²	3124.8437
	[1347]1-324	水泥砂浆找平层 混凝土或硬基层上 20mm 预拌砂浆	100m²	31.233
8	011101006004	细石混凝土找平层 1.找平层厚度、砂浆配合比:60mm 厚细石混凝土 C15 中间配 φ3@50mm×50mm 钢丝网和散热器	m²	2132.3364
	[1347]1-340	地热细石混凝土厚 60mm 塑料管间距 300mm 公称直径(mm 以内)20	100m²	21.3142
	B-11	φ3@50mm×50mm 钢丝网	m²	2131.4239

续表

序号	项目编码	项目名称及特征	单位	工程量
9	011102001001	石材楼地面 1.找平层厚度、砂浆配合比:10mm 厚水泥砂浆找平 2.结合层厚度、砂浆配合比:30mm 厚干硬性水泥砂浆 3.面层材料品种、规格、颜色:800mm × 800mm 理石 4.酸洗、打蜡要求:两遍	m²	1829.961
	〔1347〕1-23	大理石楼地面 周长3200mm 以内 单色 干硬性砂浆	100m²	18.366
	〔1347〕1-324	水泥砂浆找平层混凝土或硬基层上 20mm 预拌砂浆	100m²	18.4737
	〔1347〕1-328 * -2	水泥砂浆找平层 每增减5mm 预拌砂浆子目乘以系数 -2	100m²	18.4737
	〔1347〕1-367	酸洗打蜡 楼地面	100m²	18.366
10	011102003001	块料楼地面 1.找平层厚度、砂浆配合比:10mm 厚1:3水泥砂浆找平 2.结合层厚度、砂浆配合比:30mm 厚干硬性水泥砂浆	m²	301.2056
	〔1347〕1-61	陶瓷地砖楼地面 周长(mm) 2000 以内 干硬性砂浆	100m²	3.0371
	〔1347〕1-324	水泥砂浆找平层 混凝土或硬基层上 20mm 预拌砂浆	100m²	3.0253
	〔1347〕1-328 * -2	水泥砂浆找平层 每增减5mm 预拌砂浆 子目乘以系数 -2	100m²	3.0253
11	011105001001	水泥砂浆踢脚线 1.踢脚线高度:100mm 2.底层厚度、砂浆配合比:12mm 厚1:3水泥砂浆 3.面层厚度、砂浆配合比:8mm 厚1:2水泥砂浆抹面压光	m²	58.3426
	〔1347〕1-151	水泥砂浆踢脚线 底12mm 面8mm 预拌砂浆	100m²	0.5616
12	011105002001	石材踢脚线 1.踢脚线高度:100mm 2.粘贴层厚度、材料种类:15mm 厚2:1:8水泥石灰砂浆 5mm 厚1:1水泥砂浆加20% 建筑胶粘贴 3.面层材料品种、规格、颜色:10mm 厚理石、石板水泥浆擦缝	m²	100.2961

序 号	项目编码	项目名称及特征	单 位	工程量
12	[1347]1-152	大理石踢脚线 直线形	100m²	1.0397
13	011105003001	块料踢脚线 1. 踢脚线高度:100mm 2. 粘贴层厚度、材料	m²	14.843
	[1347]1-156	陶瓷地砖踢脚线	100m²	0.157
14	011201001001	墙面一般抹灰-混合砂浆 1 1. 墙体类型:砖墙面 2. 底层厚度、砂浆配合比:9mm 厚1:0.5:3混合砂浆 3. 面层厚度、砂浆配合比:5mm 厚1:0.5:2.5 混合砂浆	m²	502.5308
	[1347]2-42	墙面、墙裙抹混合砂浆 砖墙(14+6)mm 预拌砂浆	100m²	5.0253
15	011201001002	墙面一般抹灰-混合砂浆 2 1. 墙体类型:混凝土墙面 2. 底层厚度、砂浆配合比:9mm 厚1:0.5:3混合砂浆 3. 面层厚度、砂浆配合比:5mm 厚1:0.5:2.5 混合砂浆	m²	1338.6805
	[1347]2-44	墙面、墙裙抹混合砂浆 混凝土墙(12+8)mm 预拌砂浆	100m²	13.3515
16	011201001003	墙面一般抹灰-混合砂浆 3 1. 墙体类型:陶粒混凝土砌块 2. 底层厚度、砂浆配合比:9mm 厚1:0.5:3混合砂浆 3. 面层厚度、砂浆配合比:5mm 厚1:0.5:2.5 混合砂浆	m²	2734.1044
	[1347]2-52	墙面、墙裙抹混合砂浆 陶粒混凝土墙 20mm 预拌砂浆	100m²	27.3029
17	011201001004	墙面一般抹灰-外墙面 1. 底层厚度、砂浆配合比:14mm 厚1:3水泥砂浆 2. 面层厚度、砂浆配合比:6mm 厚1:2.5 水泥砂浆	m²	1453.4006
	[1347]2-38	墙面、墙裙抹水泥砂浆 轻质墙(14+6)mm 预拌砂浆	100m²	14.5051

续表

序 号	项目编码	项目名称及特征	单 位	工程量
18	011202001001	柱、梁面一般抹灰 1.柱(梁)体类型:圆柱 2.底层厚度、砂浆配合比:9mm 厚1:0.5:3混合砂浆	m²	83.8029
	[1347]2-108	独立柱面抹混合砂浆 混凝土柱 多边形、圆形 预拌砂浆	100m²	0.838
19	011202001002	柱、梁面一般抹灰 1.柱(梁)体类型:方柱 2.底层厚度、砂浆配合比:9mm 厚1:0.5:3混合砂浆 3.面层厚度、砂浆配合比:5mm 厚1:0.5:2.5混合砂浆	m²	98.1678
	[1347]2-110	独立柱面抹混合砂浆 混凝土柱 矩形 预拌砂浆	100m²	0.9817
20	011204003001	块料墙面-内墙面 1.安装方式:水泥砂浆粘帖 2.面层材料品种、规格、颜色:内墙面砖 200mm ×300mm	m²	1102.9934
	[1347]2-160	粘贴内墙砖 周长 2400mm 以内	100m²	10.4379
21	011301001001	天棚抹灰-内 1.基层类型:现浇混凝土楼板 2.抹灰厚度、材料种类:20mm 厚混合砂浆	m²	1118.362
	[1347]3-8	混凝土面天棚抹混合砂浆 一次抹灰 预拌砂浆	100m²	11.1741
22	011302001001	吊顶天棚 1.吊顶形式、吊杆规格、高度:φ6 钢筋吊杆 中距纵向 1200mm 以内 横向 1500mm 以内 2.龙骨材料种类、规格、中距:U 形轻钢龙骨 主龙骨 LB45 ×48 中距 1500mm 以内 次龙骨 LB38 ×12 中距 1500mm 以内 3.面层材料品种、规格:铝合金条板 8～10mm 厚	m²	1361.0632
	[1347]3-42	不上人型轻钢天棚龙骨 龙骨间距 600mm ×600mm 以上 平面	100m²	13.6106
	[1347]3-162	铝合金条板面层 闭缝	100m²	13.6106
23	011302001002	吊顶天棚 1.龙骨材料种类、规格、中距:T 形轻钢主龙骨 TB24 ×38 中距 600mm	m²	922.1056

续表

序 号	项目编码	项目名称及特征	单 位	工程量
23	[1347]3-40	不上人型轻钢天棚龙骨 龙骨间距 600mm×600mm 以内 平面	100m²	9.2211
	[1347]3-182	吸音板面层 矿棉 吸音板	100m²	9.2211
24	011407001001	墙面喷刷涂料 1. 基层类型:抹灰面 2. 喷刷涂料部位:墙面 3. 涂料品种、喷刷遍数:刮大白两遍 封底漆一道 乳胶漆二道	m²	4655.6125
	[1347]5-126	内墙涂料 三遍	100m²	46.5211
	[1347]5-180	室内刮 大白两遍 抹灰面	100m²	46.5211
25	011407001002	墙面喷刷涂料 1. 基层类型:抹灰面 2. 喷刷涂料部位:墙面 3. 涂料品种、喷刷遍数:外墙涂料二道	m²	1588.3386
	[1347]5-127	外墙涂料 两遍	100m²	15.8587
	[1347]5-182	墙面批腻子	100m²	15.8587
26	011407002002	天棚喷刷涂料 1. 基层类型:抹灰面 2. 喷刷涂料部位:天棚 3. 涂料品种、喷刷遍数:刮大白两遍 封底漆一道 乳胶漆二道	m²	1117.4053
	[1347]5-126	内墙涂料 三遍	100m²	11.1741
	[1347]5-180	室内刮大白 两遍 抹灰面	100m²	11.1741

思考与练习

(1)一层的门厅位置在二层绘制装修图元时应注意些什么?

(2)粘结层是否套用定额?

2.8.3 外墙保温工程量计算

通过本小节的学习,你将能够:

(1)定义外墙保温层;

(2)统计外墙保温工程量。

一、任务说明

完成各楼层外墙保温的工程量。

二、任务分析

①地上外墙与地下部分保温层做法有何不同？

②保温层增加后是否会影响外墙装修的工程量计算？

三、任务实施

1)分析图纸

分析建施-0 中"三、节能设计"可知，外墙外侧做 80mm 厚的保温；从"(四)防水设计"中可得知，地下室外墙有 100mm 厚的保护层。

2)清单、定额计算规则学习

(1)清单计算规则(见表 2.79)

表 2.79　外墙保温清单计算规则

编　号	项目名称	单　位	计算规则
011001003	保温隔热墙面	m²	按设计图示尺寸以面积计算。扣除门窗洞口以及面积 >0.3m² 梁、孔洞所占面积；门窗洞口侧壁以及与墙相连的柱，并入保温墙体工程量内
011201004	立面水泥砂浆找平层	m²	同墙面抹灰
010903001	墙面卷材防水	m²	按设计图示尺寸以面积计算
010903003	墙面砂浆防水(防潮)	m²	

(2)定额计算规则(见表 2.80)

表 2.80　外墙保温定额计算规则

编　号	项目名称	单　位	计算规则
8-227	墙体保温板 干铺		按厚度以实铺体积计算，外墙保温材料中心线长度计算，内墙保温层净长计算，扣除门窗洞和 0.3m² 以上的孔洞。门窗贴脸并入保温墙体工程量内
8-231	外墙保温贴聚苯乙烯泡沫塑料板 标准网	m²	按设计图示尺寸以面积计算。扣除门窗洞口以及面积 >0.3m² 梁、孔洞所占面积；与墙相连的柱，并入保温墙体工程量内
8-232	外墙保温贴聚苯乙烯泡沫塑料板 加强网一层	m²	门窗洞口侧壁以面积单独计算
7-206	防水砂浆 立面	m²	按实铺面积计算

3)保温层属性定义

保温层的属性定义,如图 2.220 所示。

属性编辑框		
属性名称	属性值	附加
名称	外墙保温	
材质	苯板	☐
厚度(mm)	80	☐
空气层厚度	10	☐
铺贴方式	外墙贴苯	☐
备注		☐
⊞ 计算属性		
⊞ 显示样式		

图 2.220

4)做法套用

地上外墙保温层的做法套用,如图 2.221 所示。

	编码	类别	项目名称	项目特征	单位	工程量表达式	表达式说明	措施项目	专业
1	⊟ 011001003001	项	保温隔热墙面	1.保温隔热部位:外墙面; 2.保温隔热面层材料品种、规格、性能;抗裂聚合物水泥砂浆5~8mm厚; 3.保温隔热材料品种、规格及厚度:挤塑聚苯乙烯泡沫板80mm厚; 4.增强网及抗裂防护砂浆种类:标准网抗裂聚合物水泥砂浆2.5~8mm厚	m2	MJ	MJ〈面积〉	☐	建筑工程
2	8-231	借	外墙保温贴聚苯乙烯泡沫塑料板 标准网		m2	MJ	MJ〈面积〉	☐	建筑
3	8-232	借	外墙保温贴聚苯乙烯泡沫塑料板 加强网一层		m2	MCDKCBBWCMJ	MCDKCBBWCMJ〈门窗洞口侧壁保温层面积〉	☐	建筑

图 2.221

5)画法讲解

切换到基础层,单击"其他"→"保温层",选择"智能布置"→"外墙外边线",把外墙局部放大,如图 2.222 所示,在混凝土外墙的外侧有保温层。

图 2.222

四、任务结果

①按照以上保温层的绘制方式,完成其他层外墙保温层的绘制。

②汇总计算,统计各层保温的工程量,如表 2.81 所示。

表 2.81　外墙保温清单定额量

序号	项目编码	项目名称及特征	单　位	工程量
1	010903001001	墙面卷材防水 1.卷材品种、规格、厚度:SBS 卷材 4mm 厚 2.防水层数:一道 3.防水层做法:冷贴	m²	621.8481
	7-151	SBS 卷材 冷贴 立面	100m²	6.2185
2	010903003001	墙面砂浆防水(防潮) 1.防水层做法:抹防水砂浆 2.砂浆厚度、配合比:20mm 厚 1:3 水泥砂浆掺 5% 防水粉	m²	621.8481
	7-206	防水砂浆立面	100m²	6.2185
3	011001003001	保温隔热墙面 1.保温隔热部位:外墙面 2.保温隔热面层材料品种、规格、性能:抗裂聚合物水泥砂浆 5~8mm 厚 3.保温隔热材料品种、规格及厚度:挤塑聚苯乙烯泡沫板 80mm 厚 4.增强网及抗裂防水砂浆种类:标准网抗裂聚合物水泥砂浆 2.5~6mm 厚	m²	2034.6184
	[1543]8-231	外墙保温贴聚苯乙烯泡沫塑料板标准网	100m²	20.115
	[1543]8-232	外墙保温贴聚苯乙烯泡沫塑料板加强网一层	100m²	2.6979
4	011001003002	保温隔热墙面-地下 1.保温隔热部位:外墙面 2.保温隔热材料品种、规格及厚度:聚苯乙烯泡沫板 100mm 厚	m²	621.8481
	8-227	墙体保温板 干铺	10m³	6.2185
5	011201004001	立面水泥砂浆找平层 1.基层类型:砌块 2.找平层砂浆厚度、配合比:20mm 厚 1:3 水泥砂浆	m²	621.8481
	[1347]2-32	墙面、墙裙抹水泥砂浆 混凝土墙(12+8)mm 预拌砂浆	100m²	6.2185

（1）自行车坡道墙是否需要保温？

（2）基础外墙保护层的厚度是多少？

2.9　楼梯工程量计算

通过本节的学习，你将能够：

（1）分析整体楼梯包含的内容；

（2）定义参数化楼梯；

（3）绘制楼梯；

（4）统计各层楼梯工程量。

一、任务说明

①使用参数化楼梯来完成楼梯尺寸的定义、做法套用。

②汇总计算，统计楼梯的工程量。

二、任务分析

①楼梯都有哪些构件组成？每一构件都对应有哪些工作内容？做法如何套用？

②如何正确地编辑楼梯各构件的工程量表达式？

三、任务实施

1）分析图纸

分析建施-13、建施-14、结施-15、结施-16及各层平面图可知，本工程有两部楼梯，位于④—⑤轴间的为1号楼梯，位于⑨—⑪轴间的为2号楼梯。1号楼梯从地下室开始到机房层，2号楼梯从首层开始到四层。

依据定额计算规则可知，楼梯按照水平投影面积计算混凝土和模板面积。通过分析图纸可知，TZ1和TZ2的工程量不包含在整体楼梯中，需要单独计算。楼梯底面抹灰要按照天棚抹灰计算。

从建施-13中剖面图可以看出，楼梯的休息平台处有不锈钢护窗栏杆，高1000mm，其长度为休息平台的宽度（即楼梯的宽度）。

2）清单、定额计算规则学习

（1）清单计算规则（见表2.82）

表 2.82　楼梯清单计算规则

编　号	项目名称	单　位	计算规则
010506001	直形楼梯	m²	1.以平方米计量,按设计图示尺寸以水平投影面积计算。不扣除宽度≤500mm 的楼梯井,伸入墙内部分不计算; 2.以立方米计量,按设计图示尺寸以体积计算
011702024	直形楼梯	m²	按楼梯(包括休息平台、平台梁、斜梁和楼层板的连接梁)的水平投影面积计算,不扣除宽度≤500mm 的楼梯井所占面积,楼梯踏步、踏步板、平台梁等侧面模板不另计算,伸入墙内部分亦不增加
011106001	石材楼梯面层		按设计图示尺寸以楼梯(包括踏步、休息平台及500mm 以内梯井)的水平投影面积计算,楼梯与楼地面相连时算至梯口梁内侧;无梯口梁,算至最上一层踏步边沿加 300mm
011108004	水泥砂浆零星项目		按设计图示以面积计算
011503001	金属扶手、栏杆、栏板	m	按设计图示以扶手中心线长度(包括弯头长度)计算

（2）定额计算规则（见表 2.83）

表 2.83　楼梯定额计算规则

编　号	项目名称	单　位	计算规则
12-136	楼梯 直形	m²	楼梯(包括休息平台、平台梁、斜梁及楼梯的连接梁),按设计图示尺寸以水平投影面积计算。不扣除宽度≤500mm 的楼梯井所占面积,楼梯踏步、踏步板、平台梁等侧面模板面积不另计算,伸入墙内部分不增加
1-201	不锈钢管栏杆 直线形 竖条式	m	按设计图示以扶手中心线长度(包括弯头长度)计算
1-231	楼梯扶手 不锈钢 直形不锈钢扶手 弧形 φ60mm	m	
1-234	不锈钢弯头 φ60mm	个	按个以数量计算
1-169	大理石楼梯 水泥砂浆	m²	按设计图示尺寸以楼梯(包括踏步、休息平台及500mm 以内梯井)的水平投影面积计算,楼梯与楼地面相连时算至梯口梁内侧;无梯口梁,算至最上一层踏步边沿加 300mm
1-352	楼梯、台阶踏步防滑条 铜条 4×10mm	m	按踏步两边距离减 300mm 计算
1-299	水泥砂浆零星项目 20mm		按设计图示尺寸以展开面积计算

3)楼梯定义

楼梯可以按照水平投影面积布置,也可以绘制参数化楼梯,本工程按照参数化布置是为了方便计算楼梯底面抹灰等装修工程的工程量。

1号楼梯和2号楼梯都为直行双跑楼梯,以1号楼梯为例讲解。在模块导航栏中单击"楼梯"→"楼梯"→"参数化楼梯",弹出如图2.223所示"选择参数化图形"对话框,选择"直行双跑楼梯",单击"确定"按钮进入"编辑图形参数"对话框,按照结施-15中的数据更改绿色的字体,编辑完参数后单击"保存退出"按钮,如图2.224所示。

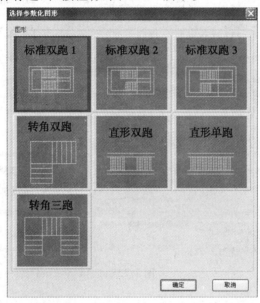

图2.223

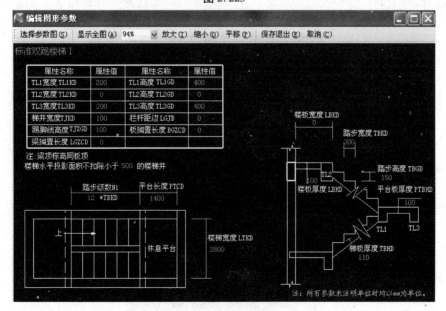

图2.224

4)做法套用

1号楼梯的做法套用,如图2.225所示。

编码	类别	项目名称	项目特征	单位	工程量表达式	表达式说明	措施项目	专业
1	010506001001	项	直形楼梯	1.混凝土种类:商品混凝土 2.混凝土强度等级:C25	m2	TYMJ	TYMJ〈水平投影面积〉		建筑工程
2	B-2	补	商品混凝土C25		m3	TTJ*1.015	TTJ〈轮体积〉*1.015		
3	4-127	定	捣固养护 其他		m3	TTJ	TTJ〈轮体积〉		建筑
4	011702024001	项	楼梯	1.模板类型:木模板 木支撑 2.类型:直型	m2	TYMJ	TYMJ〈水平投影面积〉		建筑工程
5	12-136	定	整体楼梯 直形 木模板、木支撑		m2水	TYMJ	TYMJ〈水平投影面积〉		建筑
6	011106001001	项	石材楼梯面层	1.找平层厚度、砂浆配合比:10mm厚1: 3水泥砂浆找平 2.粘结层厚度、材料种类:20mm厚水泥砂浆 3.面层材料品种、规格、颜色:理石60 0*600 4.防滑条材料种类、规格:铜条4*10mm	m2	TYMJ	TYMJ〈水平投影面积〉		建筑工程
7	1-169	借	大理石楼梯 水泥砂浆		m2	TYMJ	TYMJ〈水平投影面积〉		装饰
8	1-352	借	楼梯、台阶踏步防滑条 铜条 4×10mm		m	FHTCD	FHTCD〈防滑条长度〉		装饰
9	011105002002	项	石材踢脚线-楼梯	1.踢脚线高度:100mm 2.粘结层厚度、材料种类:15mm厚2 :1 0.8水石灰砂浆底8mm厚1:1水泥 砂浆打200#交化素结剂一道 3.面层材料品种、规格、颜色:10mm 厚石板水泥浆擦缝	m2	TJXMMJ	TJXMMJ〈踢脚线面积(斜)〉		建筑工程
10	1-152	借	大理石踢脚线 直线形		m2	TJXMMJ	TJXMMJ〈踢脚线面积(斜)〉		装饰
11	011108004001	项	水泥砂浆零星项目	1.工程部位:楼梯侧边 2.面层厚度、砂浆厚度:20厚水泥砂浆	m2	TDCMMJ	TDCMMJ〈楼段侧面面积〉		建筑工程
12	1-299	借	水泥砂浆零星项目 20mm		m2	TDCMMJ	TDCMMJ〈楼段侧面面积〉		装饰
13	011301001001	项	天棚抹灰-内	1.基层类型:现浇混凝土楼板 2.抹灰厚度、材料种类:8mm厚混合 砂浆 3.砂浆配合比、5mm厚1:0.5:3水泥 、石灰砂浆打底扫毛 3厚水泥石 灰膏浆找平	m2	DBMHMJ	DBMHMJ〈底部抹灰面积〉		建筑工程
14	3-6	借	混凝土面天棚抹混合砂浆 预拌砂浆		m2	DBMHMJ	DBMHMJ〈底部抹灰面积〉		装饰
15	011407002002	项	天棚喷刷涂料	1.基层类型:抹灰面 2.喷刷涂料部位:天棚 3.涂料品种、喷刷遍数:封底漆一道 乳胶漆二道	m2	DBMHMJ+TDCMMJ	DBMHMJ〈底部抹灰面积〉+ TDCMMJ〈楼段侧面面积〉		建筑工程
16	5-125	借	内墙涂料 二遍		m2	DBMHMJ+TDCMMJ	DBMHMJ〈底部抹灰面积〉+ TDCMMJ〈楼段侧面面积〉		装饰
17	011503001001	项	金属扶手、栏杆、栏板	1.扶手材料种类、规格:不锈钢管 Ø60 2.栏杆材料种类、规格:不锈钢杆 直线型 3.固定配件种类:弯头Ø60 含配件	m	LGCD	LGCD〈栏杆扶手长度〉		建筑工程
18	1-201	借	不锈钢管栏杆 直线型 竖条式		m	LGCD	LGCD〈栏杆扶手长度〉		装饰
19	1-234	借	不锈钢弯头 Φ60mm		个	2	2		装饰
20	1-231	借	不锈钢扶手 弧形 Φ60mm		m	LGCD	LGCD〈栏杆扶手长度〉		装饰

图2.225

5)楼梯画法讲解

①首层楼梯绘制。楼梯可以用点绘制,点画绘制时需要注意楼梯的位置。绘制的1号楼梯图元如图2.226所示。

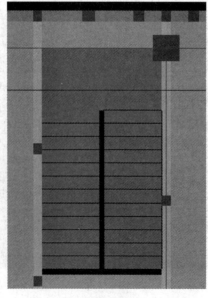

图2.226

②利用层间复制功能复制 1 号楼梯到其他层,完成各层楼梯的绘制。

四、任务结果

汇总计算,统计各层楼梯的工程量,如表 2.84 所示。

表 2.84 楼梯清单定额量

序 号	项目编码	项目名称及特征	单 位	工程量
1	010506001001	直形楼梯 1.混凝土种类:商品混凝土 2.混凝土强度等级:C25	m²	112.6775
	B-2	商品混凝土 C25	m³	22.889
	4-127	捣固养护 其他	10m³	2.2551
2	011105002002	石材踢脚线-楼梯 1.踢脚线高度:100mm 2.粘贴层厚度、材料种类:15mm 厚2∶8水泥石灰砂浆 5mm 厚1∶1水泥砂浆加20% 建筑胶粘帖 3.面层材料品种、规格、颜色:10mm 厚大理石、水泥浆擦缝	m²	17.7899
	[1347]1-152	大理石踢脚线 直线形	100m²	0.1779
3	011106001001	石材楼梯面层 1.找平层厚度、砂浆配合比:10mm 厚1∶3水泥砂浆找平 2.粘结层厚度、材料种类:20mm 厚水泥砂浆 3.面层材料品种、规格、颜色:大理石 600mm×600mm 4.防滑条材料种类、规格:铜条 4×10mm	m²	112.6775
	[1347]1-169	大理石楼梯 水泥砂浆	100m²	1.1268
	[1347]1-352	楼梯、台阶踏步防滑条 铜条 4×10mm	100m	2.8275
4	011108004001	水泥砂浆零星项目 1.工程部位:楼梯侧边 2.面层厚度、砂浆厚度:20mm 厚水泥砂浆	m²	12.1286
	[1347]1-299	水泥砂浆零星项目 20mm	100m²	0.1213
5	011301001001	天棚抹灰-内 1.基层类型:现浇混凝土楼板 2.抹灰厚度、材料种类:20mm 厚混合砂浆	m²	130.8005
	[1347]3-8	混凝土面天棚抹混合砂浆 预拌砂浆	100m²	1.308

续表

序号	项目编码	项目名称及特征	单位	工程量
6	011407002002	天棚喷刷涂料 1.基层类型:抹灰面 2.刷涂料部位:天棚 3.涂料品种、喷刷遍数:刮大白两遍 封底漆一道 乳胶漆二道	m²	142.9291
	[1347]5-126	内墙涂料 三遍	100m²	1.4293
	[1347]5-180	室内刮大白 两遍 抹灰面	100m²	1.4293
7	011503001001	金属扶手、栏杆、栏板 1.扶手材料种类、规格:不锈钢管 φ60 2.栏杆材料种类、规格:不锈钢栏杆 直线形 3.固定配件种类:弯头 φ60 含配件	m	71.3653
	[1347]1-201	不锈钢管栏杆 直线型 竖条式	10m	7.1365
	[1347]1-234	不锈钢弯头 φ60mm	10 个	1.6
	[1347]1-231	不锈钢扶手弧形 φ60mm	10m	7.1365

五、总结拓展

建筑图楼梯给出的标高为建筑标高,绘图时定义的是结构标高,在绘图时将楼梯标高调整为结构标高。

组合楼梯就是楼梯使用单个构件绘制后的楼梯,每个单构件都要单独定义、单独绘制。

(1)组合楼梯构件定义

①直形梯段定义。单击"新建直形梯段",将上述图纸信息输入,如图 2.227 所示。

②休息平台的定义。单击"新建现浇板",将上述图纸信息输入,如图 2.228 所示。

属性名称	属性值	附加
名称	直形梯段1	☐
材质	预拌混凝	☐
砼类型	预拌砼	☐
砼标号	(C25)	☐
踏步总高(	1800	☐
踏步高度(	150	☐
梯板厚度(	100	☐
底标高(m)	-3.6	☐
建筑面积计	不计算	☐
备注		☐

图 2.227

属性名称	属性值	附加
名称	梯板	☐
材质	预拌混凝	☐
类别	有梁板	☐
砼类型	预拌砼	☐
砼标号	C25	☐
厚度(mm)	100	☐
顶标高(m)	-1.8	☐
坡度(°)		☐
是否是楼板	否	☐
是否是空心	否	☐
模板类型	复合模板	☐
备注		☐

图 2.228

（2）做法套用

做法套用与上面楼梯做法套用相同。

（3）直形梯段画法

直形梯段可以直线绘制也可以矩形绘制,绘制后单击"设置踏步起始边"即可。休息平台也一样,绘制方法同现浇板。绘制后如图2.229所示。

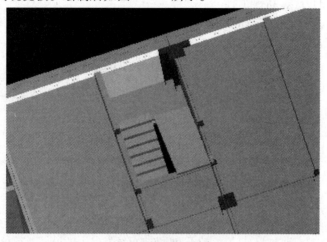

图2.229

（4）可以先绘制好梯梁、梯板、休息平台、梯段等,然后"新建组合构件",软件自动反建一个楼梯构件。该构件可以直接绘制到当前工程的其他位置。

思考与练习

整体楼梯的工程量中是否包含TZ?

2.10 钢筋算量软件与图形算量软件的无缝联接

通过本节的学习,你将能够:

（1）掌握将钢筋算量软件导入到图形算量软件的基本方法;

（2）钢筋导入图形后需要修改哪些图元;

（3）绘制钢筋中无法处理的图元;

（4）绘制未完成的图元。

一、任务说明

将钢筋算量软件导入图形算量软件中并完成钢筋算量模型。

二、任务分析

①图形算量与钢筋算量的接口是什么地方?

②钢筋算量与图形算量软件有什么不同?

三、任务实施

1)新建工程,导入钢筋工程

参照 2.1.1 节的方法,新建工程。

①新建完毕后,进入图形算量的起始界面,单击"文件",选择"导入钢筋(GGJ2009)工程",如图 2.230 所示。

图 2.230

②弹出"打开"对话框,选择钢筋工程文件所在位置,单击打开,如图 2.231 所示。

图 2.231

③弹出如图2.232所示"提示"对话框,单击"确定"按钮,出现"层高对比"对话框,选择"按照钢筋层高导入",如图2.233所示。

图2.232

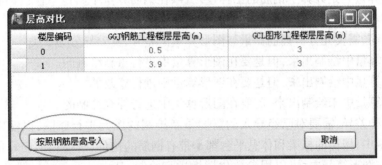

图2.233

④弹出如图2.234所示对话框,在楼层列表下方单击"全选",在构建列表中"轴网"后的方框中打钩选择,然后单击"确定"按钮。

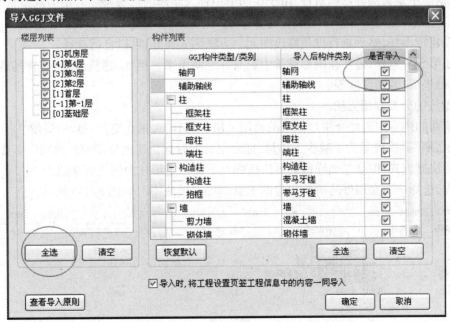

图2.234

⑤导入完成后出现如图2.235所示"提示"对话框,单击"确定"按钮完成导入。

⑥在此之后,软件会提示你是否保存工程,建议立即保存。

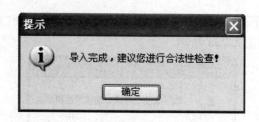

图 2.235

2)分析差异

因为钢筋算量只是计算了钢筋的工程量,所以在钢筋算量中其他不存在钢筋的构件没有进行绘制,所以需要在图形算量中将它们补充完整。

在补充之前,需要先分析钢筋算量与图形算量的差异,其差异分为 3 类:

①在钢筋算量中绘制出来,但是要在图形算量中进行重新绘制的。

②在钢筋算量中绘制出来,但是要在图形算量中进行修改的。

③在钢筋算量中未绘制出来,需要在图形算量中进行补充绘制的。

对于第 1 种差异,需要对已经导入的需要重新绘制的图元进行删除,以便以后绘制。例如,在钢筋算量中,楼梯的梯梁和休息平台都是带有钢筋的构件,需要在钢筋算量中定义并进行绘制,但是在图形算量中,可以用参数化楼梯进行绘制,其中已经包括梯梁和休息平台,所以在图形算量中绘制楼梯之前,需要把原有的梯梁和休息平台进行删除。

对于第 2 种差异,需要修改原有的图元的定义,或者直接新建图元然后替换进行修改。例如,在钢筋中定义的异形构造柱,由于在图形中伸入墙体的部分是要套用墙的定额,那么在图形算量时需要把异形柱修改定义变为矩形柱,而原本伸入墙体的部分要变为墙体;或者可以直接新建矩形柱,然后进行批量修改图元。方法因人而异,可以自己选择。

对于第 3 种差异,需要在图形算量中定义并绘制出来。例如,建筑面积、平整场地、散水、台阶、基础垫层、装饰装修等。

3)做法的分类套用方法

在前面的内容中已经介绍过做法的套用方法,下面给大家作更深一步的讲解。

"做法刷"其实就是为了减少工作量,把套用好的做法快速地复制到其他同样需要套用此种做法的快捷方式,但是怎么样做到更快捷呢?下面以矩形柱为例进行介绍。

首先,选择一个套用好的清单和定额子目,单击"做法刷",如图 2.236 所示。

	编码	类别	项目名称	单位	工程量表达式	表达式说明	措施项目	专业
1	□ 010402001002	项	矩形柱 C30 1.柱高度: 综合考虑 2.柱截面尺寸: 综合考虑 3.混凝土强度等级: C30 4.混凝土种料要求: 符合规范要求 5.混凝土种类: 商品混凝土	m3	TJ	TJ〈体积〉	☐	建筑工程
	AF0002	定	矩形柱 商品砼	m3	TJ	TJ〈体积〉	☐	土建

图 2.236

在"做法刷"界面中有"覆盖"和"追加"两个选项,如图 2.237 所示。"追加"就是在其他构件中已经套用好的做法的基础上,再添加一条做法;而"覆盖"就是把其他构件中已经套用好的做法覆盖掉。选择好之后,单击"过滤",出现如图 2.238 所示下拉菜单。

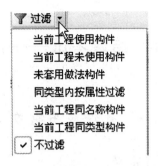

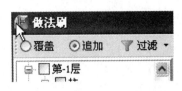

做法刷
覆盖
追加
过滤
第-1层

图 2.237

过滤
当前工程使用构件
当前工程未使用构件
未套用做法构件
同类型内按属性过滤
当前工程同名称构件
当前工程同类型构件
不过滤

图 2.238

在“过滤”的下拉菜单中有很多种选项，现以“同类型内按属性过滤”为例，介绍“过滤”的功能。

首先选择“同类型内按属性过滤”，出现如图 2.239 所示对话框。可以在前面的方框中勾选需要的属性，以“截面周长”属性为例。勾选“截面周长”前的方框，在“属性内容”栏中可以输入需要的数值(格式需要和默认的一致)，然后单击“确定”按钮，此时在对话框左边的楼层信息菜单中显示的构件均为已经过滤并符合条件的构件(见图 2.240)，这样便于我们选择并且不会出现错误。

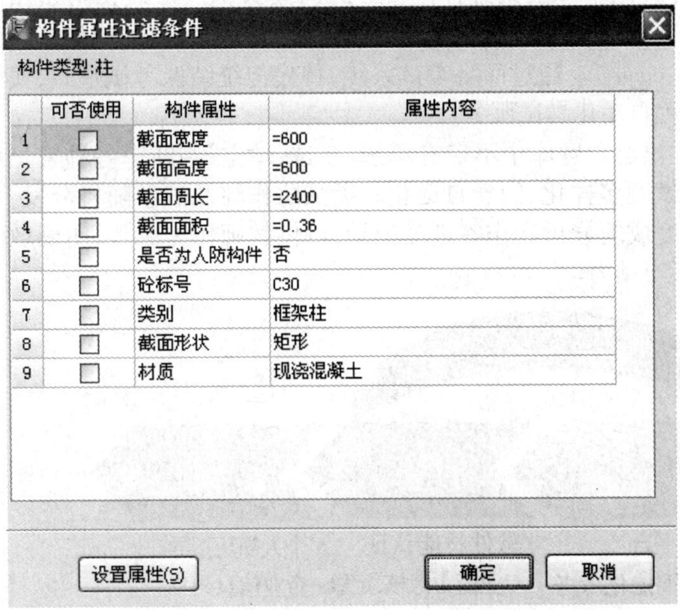

构件属性过滤条件
构件类型:柱
可否使用
构件属性
属性内容
1 截面宽度 =600
2 截面高度 =600
3 截面周长 =2400
4 截面面积 =0.36
5 是否为人防构件 否
6 砼标号 C30
7 类别 框架柱
8 截面形状 矩形
9 材质 现浇混凝土
设置属性(S)
确定
取消

图 2.239

第4层
第3层
第2层
首层
第-1层
柱
柱
GDZ1 -4.4~-0.1
GDZ2 -4.4~-0.1
GDZ3 -4.4~-0.1
GDZ4 -4.4~-0.1
属性名称
属性值
名称
类别
框架柱
材质
现浇混凝
砼类型
(现浇砾石
砼标号
(C30)
截面宽度(mm)
600

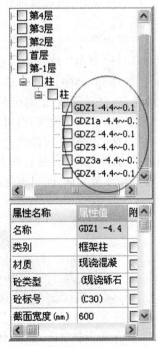

图 2.240

2.11 结课考试——认证平台

2.11.1 软件应用能力测评

1)测评定义

广联达软件应用能力测评(以下简称"广联达测评")是一套专门为学习和应用广联达软件的广大师生开发的考试工具。它基于建设行业电算化的应用要求,结合软件教学的重点、难点,依托广联达智能考试系统,实现全面、准确、真实的考核。

主要有两个目的:一是提供试题资源共享渠道,减少教师出题难度,减轻传统阅卷时的工作量,通过实践检测自身的教学水平,以便对软件课的教学作出相应改进;二是通过实践中的考试,让学生更清晰地了解自身的软件实际应用水平,以便更好地提升软件的学习和应用能力。

2)测评实现方式

广联达测评,通过教师在考试系统中建立考试,在线组卷,组织考试,最后查询成绩等操作来实现。

广联达测评考试是依托广联达智能考试系统(见图2.241)实现的。广联达考试系统(GIAC-ITS)是由广联达软件股份有限公司为建筑相关专业考核过程专门开发的网络考试系统(网址:https://renzheng.glodon.com/)。通过网络考试系统,替代传统结课考试形式,实现在线考试、自动阅卷、成绩分析全程自动化考试服务。

系统具有共享题库,也可自主出题。题库中不仅有单选、多选、填空、判断等各种常见题型,更有首创的软件实操题,实现试题多样化、阅卷自动化。考试防作弊及试卷随机分发,更加公平、公正、公开。独有的多维度成绩分析和作答进度记录,可供教师作为参考,明确教学重难点和改革方向,同时也促进学习动力。

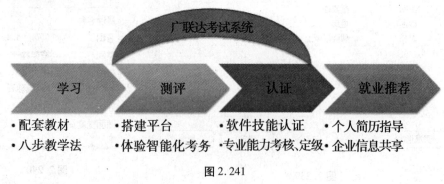

图2.241

(1)考试题型

①填空、选择、判断、主观题等。

②实操题考试:广联达土建算量、广联达钢筋算量、广联达安装算量。

(2)考试模式

①考试前会向考生提供相关的学习考试资料,提前学习系统的使用和熟悉考试模式,系

统中还有模拟考试,可随时进行模拟训练。

②统一通过网络访问"https://renzheng.glodon.com/"进行考试。

2.11.2　图形算量软件考试

使用考试系统进行软件实操题考试,首先需要安装考试系统。考试系统连通网络和算量软件,一键即可安装,可对学生进行考核:广联达钢筋算量 GGJ2013、广联达图形算量 GCL2013、广联达安装算量 GQI2013,以及各种客观题(如单选、多选、填空等)。下面以广联达图形算量 GGJ2013 版软件的考核为例进行说明。

(1)考试

安装了考试系统后,在桌面或者以其他快捷方式启动软件,如图2.242 所示。

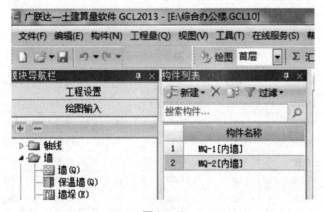

图 2.242

如果你登陆了广联达考试系统,通过网络系统中的按钮启动了广联达软件,软件标题增加"考试版"字样,菜单栏增加"考试提交"功能,如图2.243 所示。

图 2.243

和平时的作答过程一样,新建工程后保存,作答完成后汇总计算(见图2.244),然后单击"考试提交",关闭软件,最后回到考试系统的网页界面交卷即可。

(2)查成绩

考试结束以后,教师可以方便地在考试系统中查阅每位考生的成绩,如图2.245 所示。

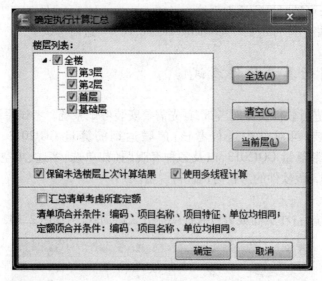

图 2.244

考生姓名	性别	考场	座位	成绩	通过
谭茜茜	女	2-303	4	82.3	通过
梁桂珍	女	2-303	30	76.25	通过
苏千红	女	2-303	1	74.86	通过
叶翔	男	2-303	42	70.42	通过
丁素梅	女	2-303	12	69.83	通过
宋毅	男	2-303	36	67.16	通过
彭丽莹	女	2-303	11	65.73	通过
帅翠合	女	2-303	33	64.65	通过
冀小璇	女	2-303	22	64.51	通过
覃婉婷	女	2-303	23	63.94	通过

图 2.245

(3)成绩分析

考试结束后,教师可以通过成绩分析查看考生的作答情况。具体类型可以针对单个考生、某班级整体情况或考试中心整体情况。

通过查看成绩分析的结果,教师可以轻松地了解学生对软件技能的掌握程度,从而把握教学重点、难点,以便针对性地进行教学,提高教学水平。

2.11.3 广联达工程造价电算化应用技能认证

广联达工程造价电算化应用技能认证(见图 2.246),英文全称为 Glodon Informatization Application Skills Certification for Construction Industry,简称 GIAC(下文简称"广联达认证"),上线于 2012 年 11 月,工程建设类院校在校学生通过培训学习后,可以到指定的授权考试中心参加统一的网络考试。考试通过者可获得相关行业主管部门及广联达软件股份有限公司共同颁发的"建设行业信息化应用技能认证证书",并且进入广联达人才信息库,有优先被广联达录取同时进行企业推荐就业的机会。

图2.246

图2.247

(1)广联达认证的特点

①认证标准的专业性。广联达认证的等级标准得到建设行业的企业和用人单位的广泛认可,值得信赖。

②认证形式的公正性。广联达认证依托先进的在线考试平台和专业的考试方法,无论客观题还是实操题,随机发卷和批量评分都保证了认证考试的便捷与公正。

③认证结果的权威性。每一次认证考试的答卷都由广联达专业的评分软件进行评分,每一次考试成绩都作为该试题分析的数据源,以便于试题的改进和完善。

④人才服务的优质性。广联达和多家名企建立了长期良好的合作关系,并搭建了广联达企业人才库,为企业和求职者提供了很好的交流和展示平台。

(2)广联达认证的整体价值

①帮助学生提升应用技能水平,提高就业竞争力,缩短在企业成长与发展的周期。

②提高院校实践教学水平,提升院校品牌建设。

③为企业提供技能水平评测的标准和方法,有效地减少企业招聘及后期人才培养的成本。

④丰富应聘学生的就业渠道,搭建建设行业人才交流的平台。

(3)广联达认证的加盟

如果你的学校想成为有资格举办广联达认证考试的认证中心,必须先成功开展数次测评考试,保证测评考试的成功率和一定的通过率。也就是说,不管是硬环境(如机房网络条件)还是软环境(相关负责教师和学生积极性),都达到了一定水平,那么才有资格参与广联达认证产品相关负责人的评定,通过评定考核后才可获得授权认证考试中心资格。

届时双方将签署友好合作协议书,由广联达软件股份有限公司授牌"××学校工程造价电算化应用技能认证授权考试中心(GICA)"(见图2.248)。这表示你的学校有权举办广联达认证考试,负责认证考试过程中报名、缴费、组织、实施等,在你的学校通过广联达认证考试的学生也将获得由中国建设教育协会和广联达软件股份有限公司共同颁发的"建设行业信息化应用技能认证证书"。该证书印有考生姓名、照片、身份证号和广联达统一编制的证书编号,具有较高的防伪设计,并且在"广联达考试&认证网"上可以通过身份证号和证书编号查询真伪。证书模板如图2.249所示。

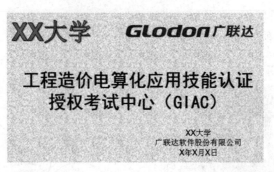

图 2.248

图 2.249

更多、更全的考试资讯,可以登陆"广联达考试 & 认证网"(http://rz.glodon.com/)。网站部分页面展示如图 2.250 至图 2.252 所示。

图 2.250

	序号	姓名	认证中心	级别	成绩
钢筋	1	黄	职业技术学院	高级电算员	86
	2	梁	建设职业技术学院	高级电算员	86
	3	何	技术学院	高级电算员	85
	4	伍	职业技术学院	高级电算员	84
	5	陶	技术学院	高级电算员	82
土建	6	谭	职业技术学院	高级电算员	82
	7	韦	职业技术学院	高级电算员	80
	8	彭	技术学院	高级电算员	80
	9	杜	大学	高级电算员	79

图 2.251

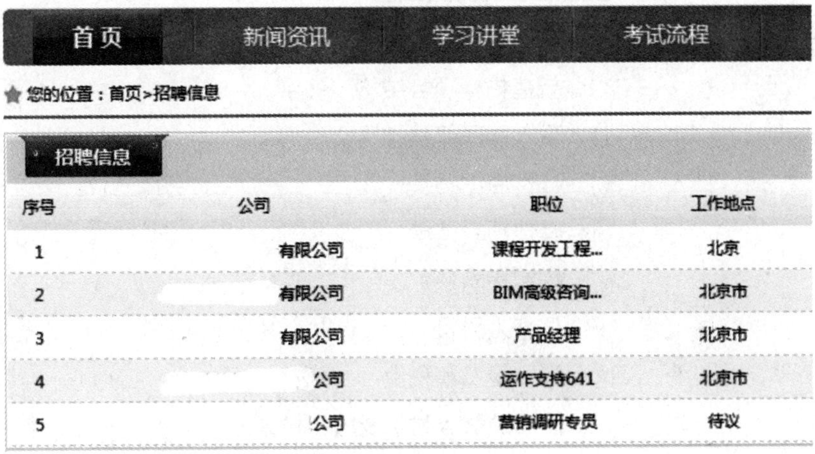

您的位置：首页>招聘信息

招聘信息

序号	公司	职位	工作地点
1	有限公司	课程开发工程…	北京
2	有限公司	BIM高级咨询…	北京市
3	有限公司	产品经理	北京市
4	公司	运作支持641	北京市
5	公司	营销调研专员	待议

图 2.252

下篇 建筑工程计价

本篇内容简介

招标控制价编制要求

新建招标项目结构

导入图形算量工程文件

计价中的换算

其他项目清单

编制措施项目

调整人材机

计取规费和税金

统一调整人材机及输出格式

生成电子招标文件

报表实例

本篇教学目标

具体参看每节教学目标

第3章　招标控制价编制要求

通过本章学习,你将能够:

(1)了解工程概况及招标范围;

(2)了解招标控制价编制依据;

(3)了解造价编制要求;

(4)掌握工程量清单样表。

1)工程概况及招标范围

①工程概况:第一标段为广联达办公大厦1#,总面积为4560m²,地下一层面积为967m²,地上4层建筑面积为3593m²;第二标段为广联达办公大厦2#,总面积为4560m²,地下一层面积为967m²,地上4层建筑面积为3593m²。本项目现场面积为3000m²。本工程采用履带式挖掘机1m³以上。

②工程地点:哈尔滨市区。

③招标范围:第一标段及第二标段建筑施工图内除卫生间内装饰外的全部内容。

④本工程计划工期为180天,经计算定额工期210天,合同约定开工日期为2014年3月1日。(本教材以第一标段为例进行讲解)

2)招标控制价编制依据

编制依据:该工程的招标控制价依据《建设工程工程量清单计价规范》(GB 50500—2013)、《黑龙江省建设工程计价依据(建筑工程计价定额)》(2010)及《黑龙江省建设工程计价依据(装饰装修工程计价定额)》(2010)及配套解释、相关规定,结合工程设计及相关资料、施工现场情况、工程特点及合理的施工方法,以及建设工程项目的相关标准、规范、技术资料编制。

3)造价编制要求

(1)价格约定

①除暂估材料及甲供材料外,材料价格按"哈尔滨市2014年工程造价信息第五期"及市场价计取。

②人工费按85元/工日。

③税金按3.48%计取。

④安全文明施工费、规费足额计取。

⑤暂列金额为80万元。

⑥幕墙工程(钢架及埋件)为暂估专业工程60万元。

(2)其他要求

①不考虑土方外运,不考虑买土。

②全部采用商品混凝土,运距10km。

③不考虑总承包服务费及施工配合费。

4)甲供材料一览表(见表3.1)

表3.1　甲供材料一览表

序号	名　　称	规格型号	单位	单价(元)
1	C15 商品混凝土	最大粒径 20mm	m^3	340
2	C20 商品混凝土	最大粒径 20mm	m^3	360
3	C25 商品混凝土	最大粒径 20mm	m^3	370
4	C30 商品混凝土,P8 抗渗	最大粒径 20mm	m^3	430
5	C30 商品混凝土	最大粒径 20mm	m^3	380
6	C35 商品混凝土,P8 抗渗	最大粒径 20mm	m^3	450
7	C35 商品混凝土	最大粒径 20mm	m^3	400

5)材料暂估单价表(见表3.2)

表3.2　材料暂估价单价表

序号	名　　称	规格型号	单位	单价(元)
1	地面砖	0.16m² 以内	m^2	60
2	大理石地面	0.25m² 以外	m^2	200
3	釉面砖(墙面)		m^2	80
4	铝合金条板		m^2	100
5	木质防火门		m^2	550
6	钢质防火门			650
7	塑钢窗		m^2	396.5
8	塑钢门		m^2	450
9	木夹板门		m^2	750
10	全玻璃推拉门		樘	5500

6)计日工表(见表3.3)

表3.3　计日工表

序号	名　　称	工程量	单位	单价(元)	备注
1	人工				
	木工	10	工日	85	
	瓦工	10	工日	85	

续表

序号	名称	工程量	单位	单价(元)	备注
	钢筋工	10	工日	85	
2	材料				
	砂子(中粗)	5	m³	67	
	水泥	5	t	490	
3	施工机械				
	载重汽车	1	台班	800	

7)评分办法(见表3.4)

表3.4　评分办法表

序号	评标内容	分值范围	说　明
1	工程造价	70	不可竞争费单列(样表参考见《报价单》)
2	工程工期	5	按招标文件要求工期进行评定
3	工程质量	5	按招标文件要求质量进行评定
4	施工组织设计	20	按招标工程的施工要求、性质等进行评审

8)报价单(见表3.5)

表3.5　报价单

工程名称：	第____标段_____(项目名称)	
工程控制价(万元)		
其中	安全文明施工措施费(万元)	
	税金(万元)	
	规费(万元)	
除不可竞争费外工程造价(万元)		
措施项目费用合计(不含安全文明施工措施费)(万元)		

9)工程量清单样表

工程量清单样表参见《建设工程工程量清单计价规范》(GB 50500—2013)。

①封面:封-2。

②总说明:表-01。

③单项工程招标控制价汇总表:表-03。

④单位工程招标控制价汇总表:表-04。

⑤分部分项工程和单价措施项目清单与计价表:表-08。

⑥综合单价分析表:表-09。

⑦总价措施项目清单与计价表:表-11。

⑧其他项目清单与计价汇总表:表-12。

⑨暂列金额明细表:表-12-1。

⑩材料(工程设备)暂估单价及调整表:表-12-2。

⑪专业工程暂估价及结算价表:表-12-3。

⑫计日工表:表-12-4。

⑬总承包服务费计价表:表-12-5。

⑭规费、税金项目计价表:表-13。

⑮主要材料价格表。

第4章 编制招标控制价

通过本章学习,你将能够:
(1)了解算量软件导入计价软件的基本流程;
(2)掌握计价软件的常用功能;
(3)运用计价软件完成预算工作。

4.1 新建招标项目结构

通过本节的学习,你将能够:
(1)建立建设项目;
(2)建立单项工程;
(3)建立单位工程;
(4)按标段多级管理工程项目;
(5)修改工程属性。

一、任务说明

在计价软件中完成招标项目的建立。

二、任务分析

①招标项目的单项工程和单位工程分别是什么?
②单位工程的造价构成是什么? 各构成所含内容分别又是什么?

三、任务实施

①新建项目。鼠标左键单击"新建项目",如图4.1所示。

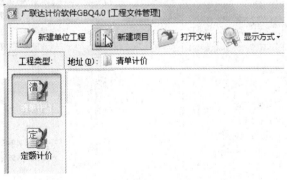

图4.1

②进入新建标段工程,如图4.2所示。

本项目的计价方式:清单计价。

项目名称:广联达办公大厦项目。

项目编号:20140101。

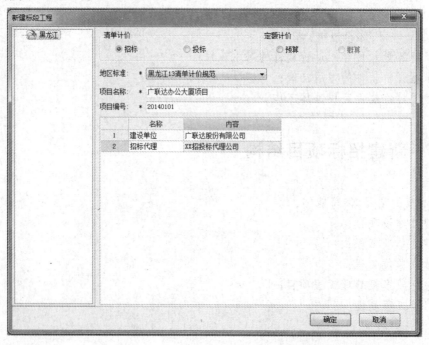

图4.2

③新建单项工程。在"广联达办公大厦项目"单击鼠标右键,选择"新建单项工程",如图4.3所示。注:在建设项目下,可以新建单项工程;在单项工程下,可以新建单位工程。

④新建单位工程。在"广联达办公大厦1#"单击鼠标右键,选择"新建单位工程",如图4.4所示。

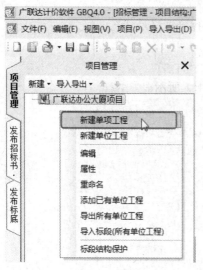

图4.3

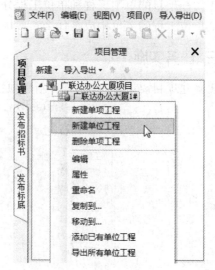

图4.4

四、任务结果

结果参考图4.5所示。

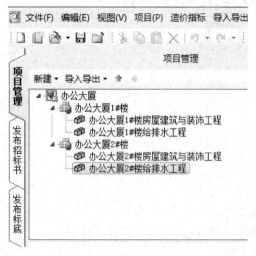

图4.5

五、总结拓展

(1)标段结构保护

项目结构建立完成之后,为防止失误操作而更改项目结构内容,可右键单击项目名称,选择"标段结构保护"对项目结构进行保护,如图4.6所示。

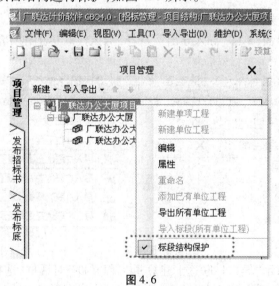

图4.6

(2)编辑

①在项目结构中进入单位工程进行编辑时,可直接双击项目结构中的单位工程名称或者选中需要编辑的单位工程,单击常用功能中的"编辑"。

②也可以直接鼠标左键双击"广联达办公大厦1#"及单位工程进入。

4.2　导入图形算量工程文件

通过本节的学习,你将能够:
(1)导入图形算量文件;
(2)整理清单项;
(3)项目特征描述;
(4)增加、补充清单项。

一、任务说明

①导入图形算量工程文件。
②添加钢筋工程清单和定额,以及相应的钢筋工程量。
③补充其他清单项和定额。

二、任务分析

①图形算量与计价软件的接口在哪里?
②分部分项工程中如何增加钢筋工程量?

三、任务实施

(1)导入图形算量文件
①进入单位工程界面,单击"导入导出",选择"导入广联达土建算量工程文件",如图4.7
所示。

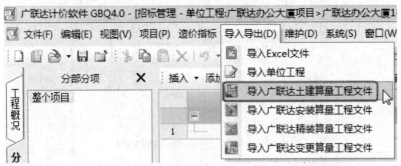

图4.7

②弹出如图4.8所示"导入广联达土建算量工程文件"对话框,选择算量文件所在位置,
然后再检查列是否对应,无误后单击"导入"按钮即可完成图形算量文件的导入。
(2)整理清单项
在分部分项界面进行分部分项整理清单项。
①单击"整理清单",选择"分部整理",如图4.9所示。
②弹出"分部整理"对话框,选择按专业、章、节整理后,单击"确定"按钮,如图4.10所示。

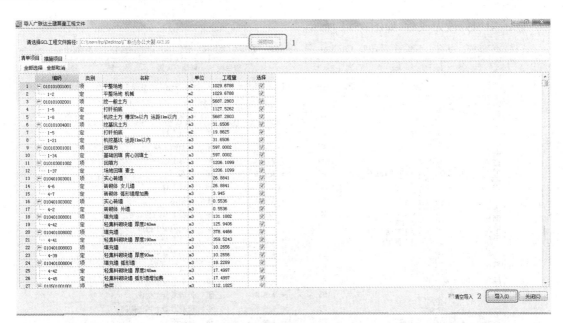

图 4.8

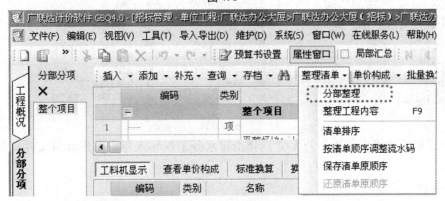

图 4.9

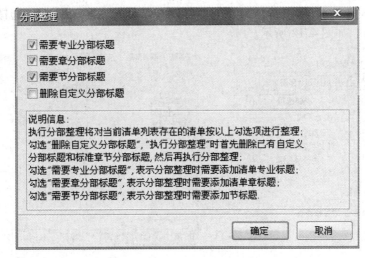

图 4.10

③清单项整理完成后,如图 4.11 所示。

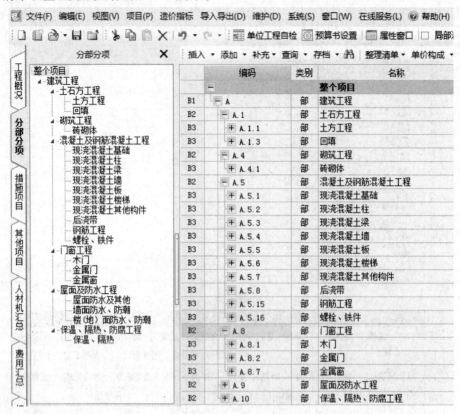

图 4.11

用同样的方法将广联达办公大厦 1#楼给排水等工程导入相应图形算量文件到各自的单位工程。

(3)项目特征描述

项目特征主要有 3 种方法。

①图形算量中已包含项目特征描述的,可以在"特征及内容"界面下,选择"应用规则到全部清单项"即可,如图 4.12 所示。

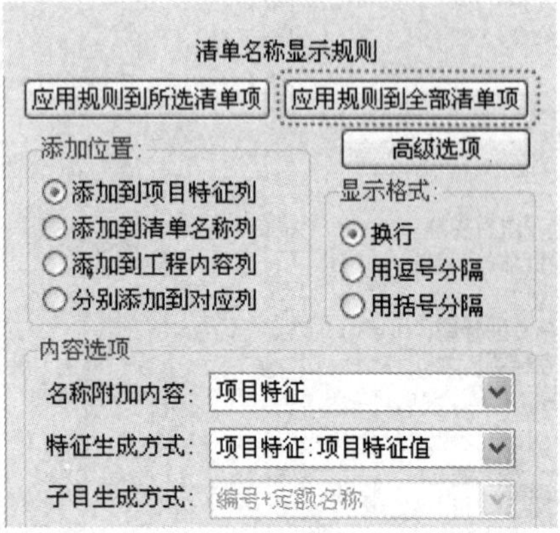

图 4.12

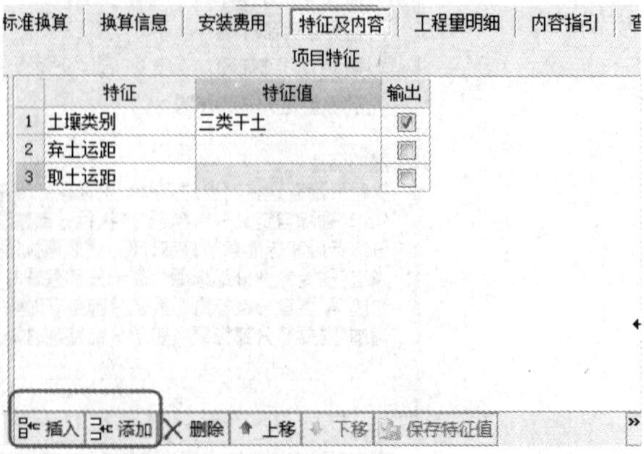

图 4.13

②选择清单项,在"特征及内容"界面可以进行添加或修改来完善项目特征,如图4.13所示。

③直接单击清单项中的"项目特征"对话框,进行修改或添加,如图4.14所示。

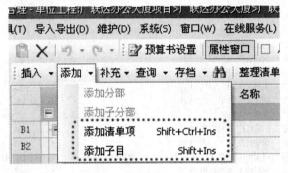

类别	名称	项目特征
部	土石方工程	
项	平整场地	1.土壤类别:一般土 2.工作内容:标高在±300mm以内的填找平
定	平整场地	

图4.14

(4)补充清单项

完善分部分项清单,将项目特征补充完整,方法如下:

方法一:单击"添加",选择"添加清单项"和"添加子目",如图4.15所示。

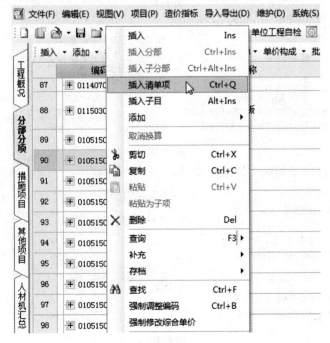

图4.15

方法二:单击右键选择"插入清单项"和"插入子目",如图4.16所示。

图4.16

该工程需补充的清单子目如下(仅供参考)：

①增加钢筋清单项，如图4.17所示。

编码	类别	名称	项目特征	单位	工程量表达式	含量	工程量
⊟ 010515001001	项	现浇构件钢筋	1.钢筋种类、规格:Φ6	t	6.856		6.856
5-112	定	钢筋制作 φ10以内 Φ6		t	QDL	1	6.856
5-115	定	钢筋安装 φ10以内 Φ6		t	QDL	1	6.856
⊟ 010515001002	项	现浇构件钢筋	1.钢筋种类、规格:Φ8	t	26.265		26.265
5-112	定	钢筋制作 φ10以内 Φ8		t	QDL	1	26.265
5-115	定	钢筋安装 φ10以内 Φ8		t	QDL	1	26.265
⊟ 010515001003	项	现浇构件钢筋	1.钢筋种类、规格:Φ10	t	56.832		56.832
5-112	定	钢筋制作 φ10以内 Φ10		t	QDL	1	56.832
5-115	定	钢筋安装 φ10以内 Φ10		t	QDL	1	56.832
⊟ 010515001004	项	现浇构件钢筋	1.钢筋种类、规格:Φ12	t	81.767		81.767
5-112	定	钢筋制作 φ10以内 Φ12		t	QDL	1	81.767
5-115	定	钢筋安装 φ10以内 Φ12		t	QDL	1	81.767
⊟ 010515001005	项	现浇构件钢筋	1.钢筋种类、规格:Φ14	t	17.825		17.825
5-112	定	钢筋制作 φ10以内 Φ14		t	QDL	1	17.825
5-115	定	钢筋安装 φ10以内 Φ14		t	QDL	1	17.825
⊟ 010515001006	项	现浇构件钢筋	1.钢筋种类、规格:Φ16	t	8.887		8.887
5-112	定	钢筋制作 φ10以内 Φ16		t	QDL	1	8.887
5-115	定	钢筋安装 φ10以内 Φ16		t	QDL	1	8.887
⊟ 010515001007	项	现浇构件钢筋	1.钢筋种类、规格:Φ18	t	6.471		6.471
5-112	定	钢筋制作 φ10以内 Φ18		t	QDL	1	6.471
5-115	定	钢筋安装 φ10以内 Φ18		t	QDL	1	6.471
⊟ 010515001008	项	现浇构件钢筋	1.钢筋种类、规格:Φ20	t	48.968		48.968
5-112	定	钢筋制作 φ10以内 Φ20		t	QDL	1	48.968
5-115	定	钢筋安装 φ10以内 Φ20		t	QDL	1	48.968
⊟ 010515001009	项	现浇构件钢筋	1.钢筋种类、规格:Φ22	t	20.143		20.143
5-112	定	钢筋制作 φ10以内 Φ22		t	QDL	1	20.143
5-115	定	钢筋安装 φ10以内 Φ22		t	QDL	1	20.143

图4.17

②补充雨水配件等清单项，如图4.18所示。

⊟ 010902004001	项	屋面排水管	1.排水管品种、规格:直径100UPVC雨落管 2.雨水斗、山墙出水口品种、规格:塑料雨水斗、铸铁弯头出水口	m	130.7		130.7
9-106	定	屋面防水及其他 塑料(含方形管)排水管 直径(Φ100mm)		m	QDL	1	130.7
9-113	定	屋面防水及其他 铸铁弯头出水口		套	8	0.0612	8
9-114	定	屋面防水及其他 塑料雨水斗		套	8	0.0612	8

图4.18

③补充二层栏杆以及相应的装修清单，如图4.19所示。

⊟ 011503001002	项	金属扶手、栏杆、栏板	1.部位:二层大厅处 2.扶手材料种类、规格:不锈钢扶手 3.栏杆材料种类、规格:不锈钢栏杆	m	19.3		19.3
15-186	定	通廊栏杆(板) 不锈钢栏杆		m2	21.23	1.1	21.23
15-204	定	通廊扶手 不锈钢		m	QDL	1	19.3
⊟ 011108001001	项	石材零星项目	1.工程部位:二层大厅栏杆处 2.面层材料品种、规格、颜色:花岗岩	m2	5.79		5.79
11-115	定	零星装饰项目 石材 不拼花		m2	QDL	1	5.79
5-152	定	楼地面垫层 细石混凝土		m3	0.579	0.1001	0.58

图4.19

④补充油漆清单,如图4.20所示。

	011401001001	项	木门油漆	1.门类型:木门 2.油漆品种、刷漆遍数:底油一遍,调和漆二遍	m2	168.85			168.85
	14-3	定	门、窗油漆 单层木门窗 底油 一遍		m2	QDL		1	168.85
	14-33	定	门、窗油漆 单层木门窗 醇酸调和漆面漆 二遍		m2	QDL		1	168.85

图4.20

四、检查与整理

(1)整体检查

①对分部分项的清单与定额的套用做法进行检查,看是否有误。

②查看整个的分部分项中是否有空格,如有要进行删除。

③按清单项目特征描述校核套用定额的一致性,并进行修改。

④查看清单工程量与定额工程量的数据的差别是否正确。

(2)整体进行分部整理

对于分部整理完成后出现的"补充分部"清单项,可以调整专业章节位置至应归类的分部。操作如下:

①右键单击清单项编辑界面,在"页面显示列设置"对话框下选择"指定专业章节位置",如图4.21所示。

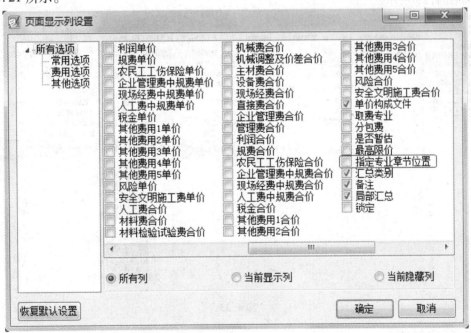

图4.21

②单击清单项的"指定专业章节位置",弹出"指定专业章节"对话框,选择相应的分部,调整完后再进行分部整理。

五、单价构成

在对清单项进行相应的补充、调整之后,需要对清单的单价构成进行费率调整。具体操作如下:

①在工具栏中单击"单价构成",如图4.22所示。

编码	类别	名称		特征	单位	工程量表达式	含量	工程量	单价
		整个项目	单价构成						
B1	A	部	建筑工程	按专业匹配单价构成					
B2	A.1	部	土石方工程	费率切换					
B3	A.1.1	部	土方工程						
1	0101010010	项	平整场地	1.土壤类别:三类干土	m2	1029.6788		1029.68	
	1-2	定	平整场地 机械		m2	1029.6788	1	1029.68	1.21
2	0101010020 01	项	挖一般土方	1.土壤类别:三类干土 2.挖土深度:5m以内	m3	5687.2803		5687.28	
	1-5	定	打钎拍底		m2	1127.5262	0.1982	1127.53	3.39
	1-8	定	机挖土方 槽深5m以内 运距1km以内		m3	5687.2803	1	5687.28	12.12
3	0101010040	项	挖基坑土方	1.土壤类别:三类干土	m3	31.6506		31.65	
	1-5	定	打钎拍底		m2	19.8625	0.6274	19.86	3.39
	1-21	定	机挖基坑 运距1km以内		m3	31.6506	1	31.65	13.27
B3	A.1.3	部	回填						

图4.22

②根据专业选择对应取费文件下的对应费率,企业管理费费率为20%,利润费率为15%,如图4.23所示。

序号	费用代号	名称	计算基数	基数说明	费率(%)	费用类别	备注	是否输出
1	1	A	计费人工费	RGYSJ	预算价人工费		人工费	Σ工日消耗量×人	✓
2	2	B	人工费价差	RGJC	人工费价差		人工费差	Σ工日消耗量×(合	✓
3	3	C	材料费	CLF+ZCF+SBF	材料费+主材费+设备费		材料费	Σ(材料消耗量× 材料单价)	✓
4	4	D	机械费	JXF	机械费		机械费	Σ(机械消耗量×	✓
5	5	G	风险费			0	风险费用	Σ	✓
6	6	H	企业管理费	A	计费人工费	20	管理费	预算价人工费×费	✓
7	7	I	利润	A	计费人工费	15	利润	预算价人工费×费	✓
8	8	J	综合单价	A+B+C+D+G +H+I	计费人工费+人工费价差+材料费+机械费+风险费+企业管理费+利润				

图4.23

六、任务结果

详见报表实例。

4.3 计价中的换算

通过本节的学习,你将能够:
(1)清单与定额的套定一致性;
(2)调整人材机系数;
(3)换算混凝土、砂浆等级标号;
(4)补充或修改材料名称。

一、任务说明

根据招标文件所述换算内容,完成对应换算。

二、任务分析

①图形算量软件与计价软件的接口在哪里?
②分部分项工程中如何换算混凝土、砂浆?
③清单描述与定额子目材料名称不同时该如何修改?

三、任务实施

(1)替换子目

根据清单项目特征描述校核套用定额的一致性,如果套用子目不合适,可单击"查询",选择相应子目进行"替换",如图4.24所示。

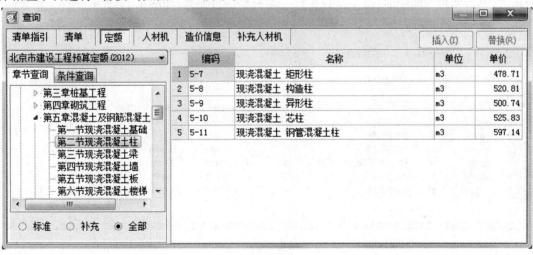

图4.24

(2)子目换算

按清单描述进行子目换算时,主要包括3个方面的换算。

①调整人材机系数。以斜板为例,介绍调整人材机系数的操作方法。若工程中斜板的坡度在15°~25°,定额中说明现浇混凝土结构板的坡度在15°~25°,综合工日乘以系数1.05,如图4.25所示。

	010505001005	项	有梁板		1.混凝土强度等级:c25	m3	16.5
	5-34 R*1.05	换	现浇混凝土 斜板 人工乘以系数1.05			m3	QDL

图4.25

②换算混凝土、砂浆等级标号时,有两种方法:

a.标准换算。选择需要换算混凝土标号的定额子目,在标准换算界面下选择相应的混凝土标号,本项目选用的全部为商品混凝土,如图4.26所示。

图4.26

b.批量系数换算。若清单中的材料进行换算的系数相同时,可选中所有换算内容相同的清单项,单击常用功能中的"批量系数换算",对材料进行换算,如图4.27所示。

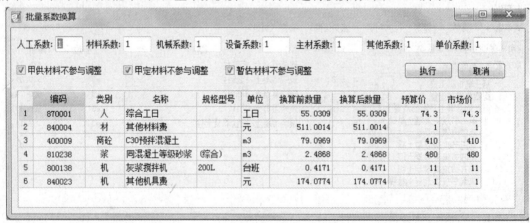

图4.27

③修改材料名称。当项目特征中要求材料与子目相对应人材机材料不相符时,需要对材料名称进行修改。下面以钢筋工程按直径划分列为例,介绍人材机中材料名称的修改。

选择需要修改的定额子目,在"工料机"操作界面下,在"规格及型号"一栏备注上直径,如图 4.28 所示。

	编码	类别	名称	项目特征
B3	⊟ A.5.15	部	钢筋工程	
1	⊟ 010515001001	项	现浇构件钢筋	1.钢筋种类、规格:Φ6
	5-112	定	钢筋制作 Φ10以内 Φ6	
	5-115	定	钢筋安装 Φ10以内 Φ6	
2	⊟ 010515001002	项	现浇构件钢筋	1.钢筋种类、规格:Φ8
	5-112	定	钢筋制作 Φ10以内 Φ8	
	5-115	定	钢筋安装 Φ10以内 Φ8	
3	⊟ 010515001003	项	现浇构件钢筋	1.钢筋种类、规格:Φ10
	5-112	定	钢筋制作 Φ10以内 Φ10	
	5-115	定	钢筋安装 Φ10以内 Φ10	

| 工料机显示 | 查看单价构成 | 标准换算 | 换算信息 | 特征及内容 | 工程量明细 | 内容指引 |

	编码	类别	名称	规格及型号	单位	损耗率	含量	数量	
1	87000020@1	人	综合工日		工日		2.956	20.2663	
2	010001@1	材	钢筋	一级6	kg		1025	7027.4	
3	100321@1	材	柴油		kg		2.5454	17.4513	
4	840004	材	其他材料费		元		58.31	399.773	
5	800226	机	汽车起重机	16t	台班		0.071	0.4868	
6	840023	机	其他机具费		元		14.88	102.017	

图 4.28

四、任务结果

详见报表实例。

五、总结拓展

锁定清单

在所有清单补充完整之后,可运用"锁定清单"对所有清单项进行锁定,锁定之后的清单项将不能再进行添加和删除等操作;若要进行修改,需先对清单项进行解锁(见图 4.29)。

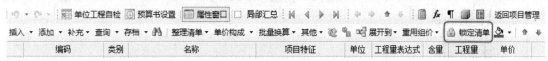

图 4.29

4.4 其他项目清单

通过本节的学习,你将能够:

(1)编制暂列金额;
(2)编制专业工程暂估价;
(3)编制计日工表。

一、任务说明

①根据招标文件所述编制其他项目清单；

②按本工程控制价编制要求，本工程暂列金额为 80 万元（列入建筑工程专业）；

③本工程幕墙为专业暂估工程，暂列金额为 60 万元（列入装饰工程专业）。

二、任务分析

①其他项目清单中哪几项内容不能变动？

②暂估材料价如何调整？计日工是不是综合单价？应如何计算？

三、任务实施

（1）添加暂列金额

单击"其他项目"→"暂列金额"，按招标文件要求暂列金额为 800000 元，在名称中输入"暂估工程价"，在金额中输入"800000"，如图 4.30 所示。

序号		名称	计量单位	暂定金额
1	1	暂估工程价	元	800000

新建独立费
- 其他项目
  - 暂列金额
  - 专业工程暂估价
  - 计日工费用
  - 总承包服务费
  - 签证及索赔计价

图 4.30

（2）添加专业工程暂估价

单击"其他项目"→"专业工程暂估价"，按招标文件内容玻璃幕墙（含预埋件）为暂估工程价，在工程名称中输入"玻璃幕墙工程"，在金额中输入"600000"，如图 4.31 所示。

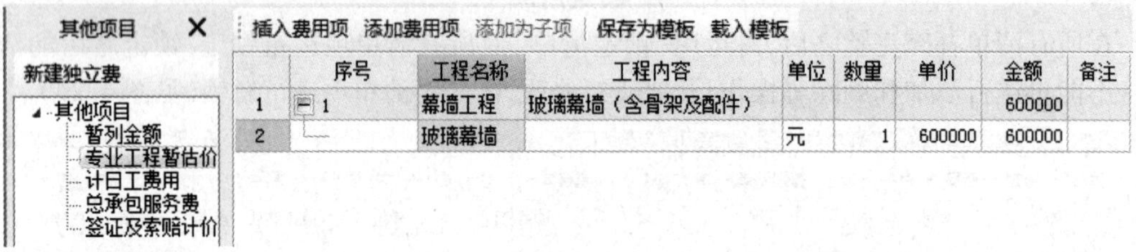

其他项目 ✕　插入费用项　添加费用项　添加为子项　保存为模板　载入模板

新建独立费
- 其他项目
  - 暂列金额
  - 专业工程暂估价
  - 计日工费用
  - 总承包服务费
  - 签证及索赔计价

	序号	工程名称	工程内容	单位	数量	单价	金额	备注
1	1	幕墙工程	玻璃幕墙（含骨架及配件）				600000	
2		玻璃幕墙		元	1	600000	600000	

图 4.31

（3）添加计日工

单击"其他项目"→"计日工费用"，按招标文件要求，本项目有计日工费用，需要添加计日工，人工为 85 元/日，如图 4.32 所示。

	序号	名称	单位	数量	单价
1		计日工			
2	1	人工			
3	1.1	木工	工日	10	85
4	1.2	瓦工	工日	10	85
5	1.3	钢筋工	工日	10	85

图 4.32

添加材料时,如需增加费用行,可右键单击操作界面,选择"插入费用行"进行添加,如图4.33 所示。

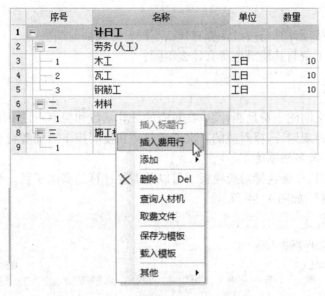

图 4.33

四、任务结果

详见报表实例。

五、总结拓展

总承包服务费

在工程建设施工阶段实行施工总承包时,当招标人在法律、法规允许的范围内对工程进行分包和自行采购供应部分设备、材料时,要求总承包人提供相关服务(如分包人使用总包人脚手架、水电接剥等)和施工现场管理等所需的费用。

4.5 编制措施项目

通过本节的学习,你将能够:
(1)编制安全文明施工费;
(2)编制脚手架、模板、大型机械等技术措施项目。

一、任务说明

根据招标文件所述编制措施项目:
①参照定额及造价文件计取安全文明施工费;
②编制垂直运输、脚手架、大型机械进出场费用;

③提取分部分项模板子目,完成模板费用的编制。

二、任务分析

①措施项目中按项计算与按量计算有什么不同? 分别如何调整?
②安全文明施工费与其他措施费有什么不同?

三、任务实施

①本工程安全文明施工费足额计取,在对应的计算基数和费率一栏中填写即可。

②依据定额计算规则,选择对应的二次搬运费率和夜间施工增加费费率。本项目不考虑二次搬运、夜间施工及冬雨季施工。

③提取模板子目,正确选择对应模板子目以及需要计算超高的子目。在措施项目界面下选择"提取模板子目",如图 4.34 所示。

图 4.34

如果是从图形软件导入结果,就可以省略上面的操作。

④完成垂直运输和脚手架的编制,如图 4.35 所示。

	序号	编码	类别	名称	单位	项目特征	组价方式	计算基数	费率(%)	工程量
	▣ 4			脚手架费						
11	▣ 011701001002			综合脚手架	m2	1.建筑结构形式:一字型 2.檐口高度:15.6m	可计量清单			4482.5
	└ 11-1		定	多(高)层及单层6m以内	100m2					44.825
12	▣ 011701006003			满堂脚手架	m2	1.搭设方式:满铺 2.搭设高度:3.78m 3.脚手架材质:钢管脚手	可计量清单			1080.79
	└ 11-41		定	满堂脚手架 基本层	100m2					10.8079
13	▣ 011701002001			防护与封闭	m2	1.搭设方式:垂直防护与封闭 2.搭设高度:18m 3.脚手架材质:钢管	可计量清单			3100.22
	└ 11-16		定	垂直防护架	100m2					31.0022
	└ 11-17		定	建筑物垂直封闭	100m2					31.0022

图 4.35

四、任务结果

详见报表实例。

4.6 调整人材机

通过本节的学习,你将能够:
(1)调整定额工日;
(2)调整材料价格;
(3)增加甲供材料;
(4)添加暂估材料。

一、任务说明

根据招标文件所述导入信息价,按招标要求修正人材机价格:

①按照招标文件规定,计取相应的人工费;

②材料价格按"哈尔滨市2014年工程造价信息第五期"及市场价调整;

③根据招标文件,编制甲供材料及暂估材料。

二、任务分析

①有效信息价是如何导入的? 哪些类型价格需要进行调整?

②甲供材料价格如何调整?

③暂估材料价格如何调整?

三、任务实施

①在"人材机汇总"界面下,参照招标文件要求的"哈尔滨市2014年工程造价信息第五期"对材料"市场价"进行调整,如图4.36所示。

	编码	类别	名称	规格型号	单位	数量	预算价	市场价	价格来源	市场价合计	价差	价差合计
1	ZHGR-JZ	人	综合工日		工日	9367.5906	53	85		796245.2	32	299762.9
2	ZHGR-JZ@1	人	综合工日		工日	4075.6292	53	85		346428.48	32	130420.13
3	ZHGR-ZS	人	综合工日		工日	6591.5974	53	85		560285.78	32	210931.12
4	1843000	材	其它材料费(占材料费)		元	7539.6345	1	1		7539.63	0	0
5	4000000001	材	聚苯乙烯泡沫塑料板		m3	302.1872	296.41	296.41		89571.31	0	0
6	4000000012	材	石灰膏		kg	806.8676	0.07	0.07		56.48	0	0
7	4001010013	材	水泥	32.5MPa	kg	238337.866	0.39	0.49		116785.55	0.1	23833.79
8	4001010013@1	材	水泥	32.5MPa	kg	133	0.49	0.49		65.17	0	0
9	4001110006	材	白水泥		kg	483.6165	0.59	0.59		285.33	0	0
10	4001110008	材	预拌砂浆		m3	481.1947	340	340		163606.2	0	0
11	4003010198	材	预拌混凝土	C20	m3	137.2682	360	360		49416.55	0	0
12	4003010216	材	干粉式苯板胶		kg	15004.2102	3	1.5		22506.32	-1.5	-22506.32
13	4003010236	材	陶粒混凝土块	390×90×290mm	m3	10.7389	214.54	360.37		3869.98	145.83	1566.05
14	4003010239	材	陶粒混凝土块	390×190×290mm	m3	384.5591	214.54	360.37		138583.56	145.83	56080.25
15	4003050006	材	防水粉		kg	389.973	1.52	1.52		592.76	0	0
16	4003050007	材	复合硅质密实剂	JJ91	kg	678.222	16.19	16.19		10980.41	0	0
17	4005010017	材	普通粘土砖	240×115×53mm	千块	13.8303	253	440.95		6098.47	187.95	2599.4
18	4005010023	材	碎砖			3.498	35.42	35.42		123.9	0	0
19	4005010045	材	空心砖	240×115×90mm	千块	51.3662	285	1340		68830.71	1055	54191.34
20	4005050016	材	砂(净中砂)		m3	138.7499	64.12	70		9712.49	5.88	815.85
21	4005050017	材	砂(中砂)		m3	44.221	53.74	65.46		2894.71	11.72	518.27
22	4005050001701	材	砂(中砂)		m3	0.2	53.74	65.46		13.09	11.72	2.34
23	4005070049	材	碎石	5~10mm	m3	134.6527	54.65	70.1		9439.15	15.45	2080.38
24	4005070051	材	碎石	20mm	m3	6.3872	54.65	78.1		498.84	23.45	149.78
25	4005070058	材	碎(砾)石	40mm	m3	21.3771	56.67	75.1		1605.42	18.43	393.98

图4.36

②按照招标文件的要求,对于甲供材料可以在供货方式处选择"完全甲供",如图 4.37 所示。

	编码	类别	名称	规格型号	单位	数量	预算价	市场价	价格来源	市场价合	价差	价差合计	供货方式
7	4001010013	材	水泥	32.5MPa	kg	238337.866	0.39	0.49		116785.55	0.1	23833.79	
8	4001010013@1	材	水泥	32.5MPa	kg		133	0.49	0.49		65.17	0	0	自行采购 完全甲供
9	4001110000	材	白水泥				483.6165	0.59	0.59		285.33	0	0	

图 4.37

③按照招标文件要求,对于暂估材料表中要求的暂估材料,可以在"人材机汇总"中将暂估材料选中,如图 4.38 所示。

四、任务结果

详见报表实例。

市场价合计:7575326.08　　价差合计:700698.04

	编码	类别	名称	规格型号	单位	数量	预算价	市场价	价格来源	市场价合	价差	价差合计	供货方式	输	三	厂	是否暂估
31	4005090042	材	大白粉		kg	13223.164	0.28	0.28		3702.49	0	0	自行采购	0	☑	0	☐
32	4007010007	材	石棉垫		kg	112.752	10.31	10.31		1162.47	0	0	自行采购	0	☑	0	☐
33	4009010031	材	钢制防火门	(单扇)	m2	5.88	650	650		3822	0	0	自行采购	☑	☑	0	☑
34	4009010032	材	钢制防火门	(双扇)	m2	27.72	650	650		18018	0	0	自行采购	☑	☑	0	☑
35	4009050001	材	塑钢门	(带亮)	m2	6.3	450	450		2835	0	0	自行采购	☑	☑	0	☑
36	4009050003	材	塑钢窗	(单层)	m2	543.78	396.5	396.5		215608.77	0	0	自行采购	☑	☑	0	☑
37	4009080004	材	木质防火门		m2	29.5	550	550		16225	0	0	自行采购	☑	☑	0	☑
38	4011010001	材	轻钢主龙骨连接件		个	1944.8244	0.4	0.4		777.93	0	0	自行采购	0	☐	0	☐
39	4011010006	材	轻钢主龙骨吊件		个	10874.7096	0.4	0.4		4349.88	0	0	自行采购	0	☐	0	☐
40	4011010016	材	轻钢主龙骨	D45	m	3920.8756	3.08	3.08		12076.3	0	0	自行采购	0	☐	0	☐

图 4.38

五、总结拓展

(1)市场价锁定

对于招标文件要求的,如甲供材料表、暂估材料表中涉及的材料价格是不能进行调整的,为了避免在调整其他材料价格时出现操作失误,可使用"市场价锁定"对修改后的材料价格进行锁定,如图 4.39 所示。

市场价合计:7575326.08　　价差合计:700711.34

	编码	类别	名称	规格型号	单位	数量	预算价	市场价	价格来源	市场价合	价差	价差合计	供货方式		市场价锁定
7	4001010013	材	水泥	32.5MPa	kg	238337.866	0.39	0.49		116785.55	0.1	23833.79	完全甲供	2	☑
8	4001010013@1	材	水泥	32.5MPa	kg	133	0.39	0.49		65.17	0.1	13.3	自行采购	0	☑
9	4001110006	材	白水泥		kg	483.6165	0.59	0.59		285.33	0	0	自行采购	0	☑
10	4001110008	材	预拌砂浆		m3	481.1947	340	340		163606.2	0	0	自行采购	0	☑
11	4003010198	材	预拌混凝土	C20	m3	137.2682	360	360		49416.55	0	0	自行采购	0	☑
12	4003010216	材	干粉式苯板胶		kg	15004.2102	3	1.5		22506.32	-1.5	-22506.32	自行采购	0	☐
13	4003010236	材	陶粒混凝土块	390×90×290mm	m3	10.7389	214.54	360.37		3869.98	145.83	1566.05	自行采购	0	☐

图 4.39

(2)显示对应子目

对于"人材机汇总"中出现材料名称异常或数量异常的情况,可直接右键单击相应材料,选择"显示相应子目",在分部分项中对材料进行修改,如图 4.40 所示。

市场价合计：7575326.08　　　价差合计：700711.34

	编码	类别	名称	规格型号	单位
15	4003050006	材	防水粉		kg
16	4003050007	材	复合硅质密实剂	JJ91	kg
17	4005010017	材	普通粘土砖		
18	4005010023	材	碎砖		
19	4005010045	材	空心砖		
20	4005050016	材	砂(净中砂)		
21	4005050017	材	砂(中砂)		
22	4005050017@1	材	砂(中砂)		
23	4005070049	材	碎石		
24	4005070051	材	碎石		
25	4005070058	材	碎(砾)石		
26	4005070064	材	粗砂		
27	4005070070	材	滑石粉		
28	4005090034	材	生石灰		
29	4005090038	材	石膏粉		
30	4005090041	材	炉渣		

右键菜单：显示对应子目 / 市场价存档 / 载入市场价 / 人材机无价差 / 部分甲供 / 批量修改 / 替换材料　Ctrl+B / 页面显示列设置 / 其他 / 强制修改预算价

图 4.40

(3)市场价存档

对于同一个项目的多个标段,发包方会要求所有标段的材料价保持一致,在调整好一个标段的材料价后,可利用"市场价存档"将此材料价运用到其他标段,如图 4.41 所示。

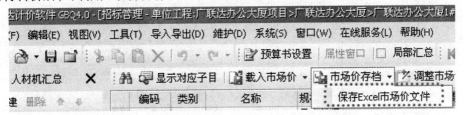

图 4.41

在其他标段的"人材机汇总"中使用该市场价文件时,可利用"载入市场价",如图 4.42 所示。

图 4.42

在导入 Excel 市场价文件时,按图 4.43 所示顺序进行操作。

导入 Excel 市场价文件之后,需要先识别材料号、名称、规格、单位、单价等信息,如图4.44 所示。

识别完所需要的信息之后,需要选择"匹配选项",然后单击"导入"按钮即可,如图 4.45 所示。

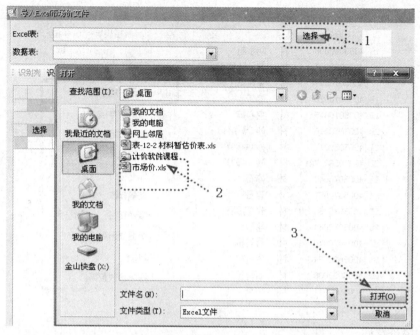

图 4.43

图 4.44

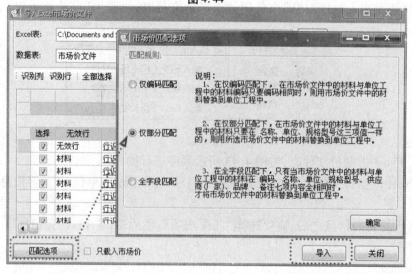

图 4.45

(4)批量修改人材机属性

在修改材料供货方式、市场价锁定、主要材料类别等材料属性时,可同时选中多个,单击鼠标右键,选择“批量修改”,如图4.46所示。在弹出的“批量设置人材机属性”对话框中,选择需要修改的人材机属性内容进行修改,如图4.47所示。

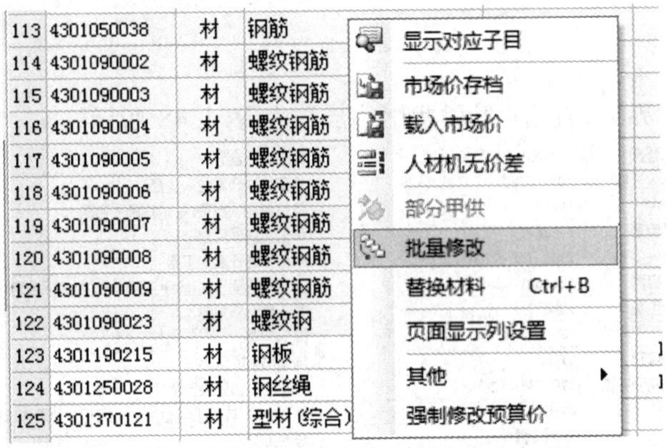
113 4301050038 材 钢筋
114 4301090002 材 螺纹钢筋
115 4301090003 材 螺纹钢筋
116 4301090004 材 螺纹钢筋
117 4301090005 材 螺纹钢筋
118 4301090006 材 螺纹钢筋
119 4301090007 材 螺纹钢筋
120 4301090008 材 螺纹钢筋
121 4301090009 材 螺纹钢筋
122 4301090023 材 螺纹钢
123 4301190215 材 钢板
124 4301250028 材 钢丝绳
125 4301370121 材 型材(综合)
显示对应子目
市场价存档
载入市场价
人材机无价差
部分甲供
批量修改
替换材料 Ctrl+B
页面显示列设置
其他
强制修改预算价

图4.46

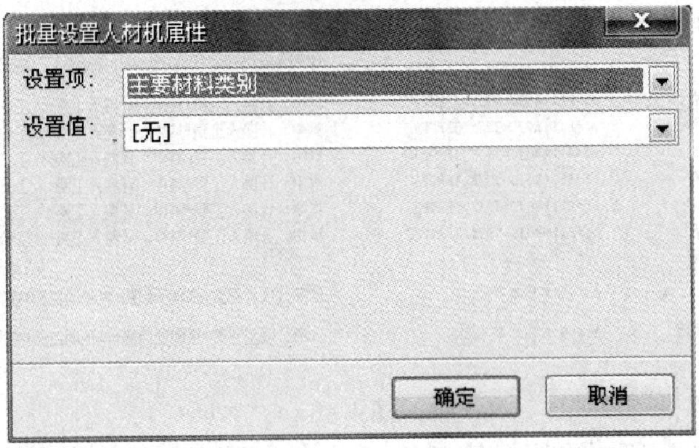
批量设置人材机属性
设置项:
主要材料类别
设置值:
[无]
确定
取消

图4.47

4.7 计取规费和税金

通过本节的学习,你将能够:

(1)载入模板;

(2)修改报表样式;

(3)调整规费。

一、任务说明

在预览报表状态下对报表格式及相关内容进行调整和修改,根据招标文件所述内容和定额规定计取规费、税金。

二、任务分析

①规费都包含什么项目?
②税金如何确定?

三、任务实施

①在"费用汇总"界面,查看"工程费用构成",如图4.48所示。

1	(一)	A	分部分项工程费	FBFXHJ	分部分项合计	
2	(A)	A1	其中:计费人工费	FBFXRGYSJ	分部分项预算价人工费	
3	(二)	B	措施项目费	B1+B2	单价措施项目费+总价措施项目费	
4	(1)	B1	单价措施项目费	DJCSF	单价措施项目费	
5	(B)	B11	其中:计费人工费	DJCS_JFRGF	单价措施计费人工费	
6	(2)	B2	总价措施项目费	B21+B22+B23+B24	安全文明施工费+脚手架费+其他措施项目费+专业工程措施项目费	
7	①	B21	安全文明施工费	AQWMSGF	安全文明施工费	
8	②	B22	脚手架费	JSJF	脚手架费	
9	③	B23	其他措施项目费	QTCSF	其他措施项目费	
10	④	B24	专业工程措施项目费	ZYGCCSF	专业工程措施项目费	
11	(三)	C	其他项目费	C1+C2+C3+C4	暂列金额+专业工程暂估价+计日工+总承包服务费	
12	(3)	C1	暂列金额	暂列金额	暂列金额	
13	(4)	C2	专业工程暂估价	专业工程暂估价	专业工程暂估价	
14	(5)	C3	计日工	计日工	计日工	
15	(6)	C4	总承包服务费	总承包服务费	总承包服务费	
16	(四)	D	规费	D1+D2+D3+D4+D5+D6+D7	养老保险费+医疗保险费+失业保险费+工伤保险费+生育保险费+住房公积金+工程排污费	
17		D1	养老保险费	A1+B11+RGJC-JSJF_JFRGFJC	其中:计费人工费+其中:计费人工费+人工价差-脚手架费人工费价差	20
18		D2	医疗保险费	A1+B11+RGJC-JSJF_JFRGFJC	其中:计费人工费+其中:计费人工费+人工价差-脚手架费人工费价差	7.5
19		D3	失业保险费	A1+B11+RGJC-JSJF_JFRGFJC	其中:计费人工费+其中:计费人工费+人工价差-脚手架费人工费价差	2
20		D4	工伤保险费	A1+B11+RGJC-JSJF_JFRGFJC	其中:计费人工费+其中:计费人工费+人工价差-脚手架费人工费价差	1
21		D5	生育保险费	A1+B11+RGJC-JSJF_JFRGFJC	其中:计费人工费+其中:计费人工费+人工价差-脚手架费人工费价差	0.6
22		D6	住房公积金	A1+B11+RGJC-JSJF_JFRGFJC	其中:计费人工费+其中:计费人工费+人工价差-脚手架费人工费价差	8
23		D7	工程排污费			
24	(五)	E	税金	A+B+C+D	分部分项工程费+措施项目费+其他项目费+规费	3.48
25	(六)	F	单位工程费用	A+B+C+D+E	分部分项工程费+措施项目费+其他项目费+规费+税金	

图4.48

②进入"报表"界面,选择"招标控制价",单击需要输出的报表,单击右键选择"报表设计",或直接单击"报表设计器",如图4.49所示。

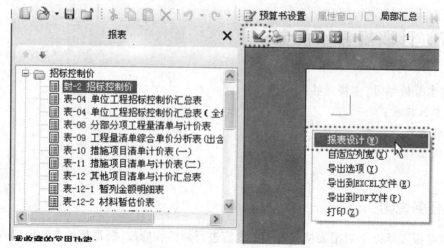

图4.49

③进入报表设计器后,调整列宽及行距,如图4.50所示。

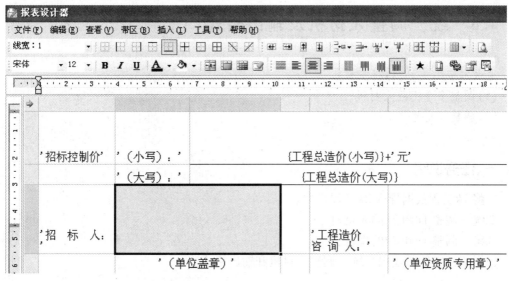

图4.50

④单击文件,选择"报表预览",如需修改,关闭预览,重新调整。

四、任务结果

详见报表实例。

五、总结拓展

调整规费

如果招标文件对规费有特别要求的,可在规费的费率一栏中进行调整,如图4.51所示。本项目没有特别要求,按软件默认设置即可。

图4.51

4.8　统一调整人材机及输出格式

通过本节的学习,你将能够:
(1)调整多个工程人材机;
(2)调整输出格式。

一、任务说明

①将1#工程数据导入2#工程。
②统一调整1#和2#的人材机。
③统一调整1#和2#的规费。
根据招标文件所述内容统一调整人材机和输出格式。

二、任务分析

①统一调整人材机与调整人材机有什么不同?
②输出格式一定符合招标文件要求吗? 各种模板如何载入?
③输出之前检查工作如何进行? 综合单价与项目编码如何检查?

三、任务实施

①在项目管理界面,在2#项目导入1#楼数据。假设在甲方要求下需调整混凝土及钢筋市场价格,可运用常用功能中的"统一调整人材机"进行调整,如图4.52所示。其中人材机的调整方法及功能可参照4.5节的操作方法,此处不再做重复讲解。

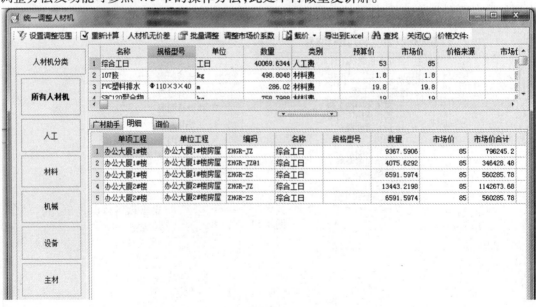

图 4.52

②统一调整取费。根据招标文件要求,可同时调整两个标段的取费,在"项目管理"界面下运用常用功能中的"统一调整费率"进行调整,如图4.53所示。

图4.53

四、任务结果

详见报表实例。

五、总结拓展

(1)检查项目编码

所有标段的数据整理完毕之后,可运用"检查项目编码"对项目编码进行校核,如图4.54所示。如果检查结果中提示有重复的项目编码,可"统一调整项目清单编码"。

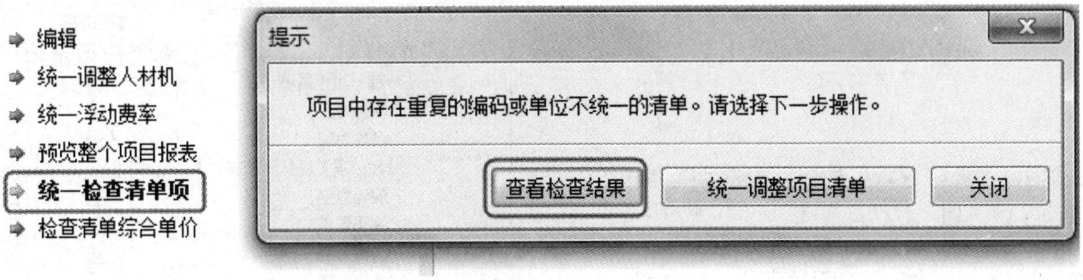

图4.54

(2)检查清单综合单价

调整好所有的人材机信息之后,可运用常用功能中的"检查清单综合单价",对清单综合单价进行检查,如图4.55所示。

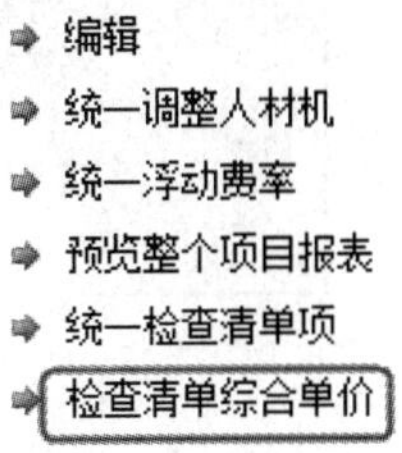

图4.55

4.9　生成电子招标文件

通过本节的学习,你将能够:
(1)运用"招标书自检"并修改;
(2)运用软件生成招标书。

一、任务说明

根据招标文件所述内容生成招标书。

二、任务分析

①输出招标文件之前有检查要求吗?
②输出的文件是什么类型? 如何使用?

三、任务实施

①在"项目管理"界面进入"发布招标书",选择"招标书自检",如图 4.56 所示。
②在"设置检查项"界面选择需要检查的项目名称,如图 4.57 所示。

图 4.56

图 4.57

③根据生成的"标书检查报告"对单位工程中的内容进行修改。标书检查报告如图4.58所示。

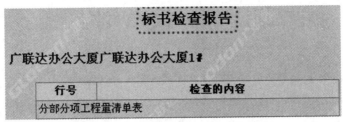

图4.58

四、任务结果

详见报表实例。

五、总结拓展

在生成招标书之后,若需要单独备份此份标书,可运用"导出招标书"对标书进行单独备份;有时会需要电子版标书,可导出后运用"刻录招标书"生成电子版进行备份,如图4.59所示。

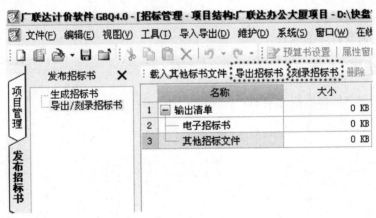

图4.59

第 5 章 报表实例

通过本章学习,你将能够:
熟悉编制招标控制价时需要打印的表格。

一、任务说明

按照招标文件的要求,打印相应的报表,并装订成册。

二、任务分析

①招标文件的内容和格式是如何规定的?
②如何检查打印前的报表是否符合打印要求?

三、任务实施

①检查报表样式。
②设定需要打印的报表。

四、任务结果

工程量清单招标控制价实例。

办公大厦1#楼房屋建筑与装饰工程   工程

招标控制价

招标控制价(小写)： _____10786372.61 元_____

　　　　(大写)： ____壹仟零柒拾捌万陆仟叁佰柒拾贰元陆角壹分____

招 标 人： _____　　造价咨询人： _____

　　　　　(单位盖章)　　　　　　　　　　　　　　(单位资质专用章)

法定代表人
或其授权人： _____　　法定代表人
或其授权人： _____

　　　　　(签字或盖章)　　　　　　　　　　　　　(签字或盖章)

编 制 人： _____　　复 核 人： _____

　　　(造价人员签字盖专用章)　　　　　　　(造价工程师签字盖专用章)

编制时间：　　年　月　日　　　　复核时间：　　年　月　日

扉-2

单位工程招标控制价汇总表

工程名称:办公大厦1#楼房屋建筑与装饰工程　　　　标段:办公大厦　　　　第1页 共1页

序号	汇总内容	金额(元)	其中:暂估价(元)
（一）	分部分项工程费	7220636.14	256508.77
1.1	A 建筑工程	7220636.14	256508.77
（二）	措施项目费	1165270.23	
（1）	单价措施项目费	796675.43	
（2）	总价措施项目费	368594.8	
①	安全文明施工费	197225.86	
②	脚手架费	164520.1	
③	其他措施项目费	6848.84	
④	专业工程措施项目费		
（三）	其他项目费	1406135	—
（3）	暂列金额	800000	
（4）	专业工程暂估价	600000	
（5）	计日工	6135	
（6）	总承包服务费		
（四）	规费	631588.91	—
	养老保险费	323063.38	—
	医疗保险费	121148.77	—
	失业保险费	32306.34	—
	工伤保险费	16153.17	—
	生育保险费	9691.9	—
	住房公积金	129225.35	—
	工程排污费		
（五）	税金	362742.33	—
招标控制价合计＝一＋二＋三＋四＋五＋六		10786372.61	256508.77

注:本表适用于单位工程招标控制价或投标报价的汇总,如无单位工程划分,单项工程也使用本表汇总。

表-04

分部分项工程和单价措施项目清单与计价表

工程名称:办公大厦1#楼房屋建筑与装饰工程　　　　　　标段:办公大厦　　　　第1页 共19页

序号	项目编码	项目名称	项目特征描述	计量单位	工程量	金额(元)		
						综合单价	合价	其中暂估价
1	010101001001	平整场地	1. 土壤类别:普通土 2. 弃土运距:50m	m²	1085.72	4.34	4712.02	
2	010101002001	挖一般土方	1. 土壤类别:见地质报告 2. 挖土深度:详见施工图 3. 弃土运距:自行考虑	m³	5226.99	24.75	129368	
3	010101003001	挖沟槽土方	1. 土壤类别:见地质报告 2. 挖土深度:详见施工图 3. 弃土运距:自行考虑	m³	78.48	189.06	14837.43	
4	010101004001	挖基坑土方	1. 土壤类别:见地质报告 2. 挖土深度:详见施工图 3. 弃土运距:自行考虑	m³	31.65	30.47	964.38	
5	010103001001	回填方-基础梁	1. 密实度要求:按图纸设计及规范要求 2. 填方材料品种:普通土 3. 填方来源、运距:自行考虑	m³	28.25	66.84	1888.23	
6	010103001002	回填方-大开挖回填	1. 密实度要求:按图纸设计及规范要求 2. 填方材料品种:普通土 3. 填方来源、运距:自行考虑	m³	104.68	98.31	10291.09	
7	010103001003	回填方-基坑回填	1. 密实度要求:按图纸设计及规范要求 2. 填方材料品种:普通土 3. 填方来源、运距:自行考虑	m³	25.6	50.24	1286.14	
8	010103001004	回填方-房心土回填	1. 密实度要求:按图纸设计及规范要求 2. 填方材料品种:普通土 3. 填方来源、运距:自行考虑	m³	92.33	44.55	4113.3	
9	010401003001	实心砖墙	1. 砖品种规格强度等级:实心砖 MU10 2. 墙体类型:实心砖墙 3. 墙厚:240mm 4. 砂浆强度等级、配合比:M5 预拌混合砂浆	m³	22.17	461.1	10222.59	
			本页小计				177683.18	

注:为计取规费等的使用,可在表中增设其中:"定额人工费"。

表-08

243

分部分项工程和单价措施项目清单与计价表

工程名称:办公大厦1#楼房屋建筑与装饰工程　　　　标段:办公大厦　　　第2页 共19页

序号	项目编码	项目名称	项目特征描述	计量单位	工程量	综合单价	合价	其中 暂估价
						金额(元)		
10	010401003002	实心砖墙-弧形	1.砖品种、规格、强度等级:实心砖 MU10 2.墙体类型:实心砖墙 3.墙厚:240mm 4.砂浆强度等级、配合比:M5预拌混合砂浆	m³	3.78	498.38	1883.88	
11	010401005001	空心砖墙	1.砖品种、规格、强度等级:多孔砖 2.墙体类型:多孔砖墙 3.墙厚:250mm 4.砂浆强度等级、配合比:M5预拌混合砂浆	m³	132.85	643.95	85548.76	
12	010401005002	空心砖墙-弧形	1.砖品种、规格、强度等级:多孔砖 2.墙体类型:240多孔砖墙 3.砂浆强度等级、配合比:M5预拌混合砂浆	m³	18.23	656.09	11960.52	
13	010402001001	砌块墙200mm 厚	1.砌块品种、规格、强度等级:陶粒混凝土砌块 390mm × 190mm ×290mm MU10 2.墙体类型:砌块墙 3.墙厚:200mm 4.砂浆强度等级:M5 预拌混合砂浆	m³	384.71	507.23	195136.45	
14	010402001002	砌块墙100mm 厚	1.砌块品种、规格、强度等级:陶粒混凝土砌块 390mm × 90mm ×290mm MU10 2.墙体类型:砌块墙 3.墙厚:100mm 4.砂浆强度等级:M5 混合砂浆	m³	10.76	508.42	5470.6	
15	010404001001	碎砖垫层	1.垫层材料种类、配合比、厚度:碎砖灌浆	m³	3	188.23	564.69	
16	010404001002	砂垫层	1.垫层材料种类、配合比、厚度:砂垫层	m³	8.58	117.64	1009.35	
			本页小计				301574.25	

注:为计取规费等的使用,可在表中增设其中:"定额人工费"。

表-08

分部分项工程和单价措施项目清单与计价表

工程名称:办公大厦1#楼房屋建筑与装饰工程　　　　标段:办公大厦　　　　第 3 页 共 19 页

序号	项目编码	项目名称	项目特征描述	计量单位	工程量	综合单价	合价	其中暂估价
17	010501001001	基础垫层	1.混凝土种类:商品混凝土 2.混凝土强度等级:C15	m³	114.75	391.18	44887.91	
18	010501001002	地面混凝土垫层	1.混凝土种类:60mm 厚商品混凝土 2.混凝土强度等级:C15	m³	51.54	390.85	20144.41	
19	010501004001	满堂基础	1.混凝土种类:商品混凝土 2.混凝土强度等级:C30 3.抗渗等级:P8	m³	651.17	472.29	307541.08	
20	010502001001	矩形柱	1.柱形状:矩形 2.混凝土种类:商品混凝土 3.混凝土强度等级:C30	m3	82.59	469.72	38794.17	
21	010502001002	矩形柱	1.柱形状:矩形 2.混凝土种类:商品混凝土 3.混凝土强度等级:C25	m³	78.79	459.55	36207.94	
22	010502002001	构造柱	1.混凝土种类:商品混凝土 2.混凝土强度等级:C25	m³	59.75	461.96	27602.11	
23	010502003001	异形柱	1.柱形状:圆形 2.混凝土种类:商品混凝土 3.混凝土强度等级:C30	m³	21.39	469.69	10046.67	
24	010503002001	矩形梁	1.混凝土种类:商品混凝土 2.混凝土强度等级:C25	m³	0.89	412.34	366.98	
25	010503004001	圈梁	1.混凝土种类:商品混凝土 2.混凝土强度等级:C25	m³	18.89	412.15	7785.51	
26	010503004002	圈梁-弧形	1.混凝土种类:商品混凝土 2.混凝土强度等级:C25	m³	1.88	36.71	69.01	
27	010503005001	过梁	1.混凝土种类:商品混凝土 2.混凝土强度等级:C25	m³	3.55	411.81	1461.93	
28	010504001001	直形墙	1.混凝土种类:商品混凝土 2.混凝土强度等级:C30	m³	190.16	432.86	82312.66	
29	010504001002	直形墙	1.混凝土种类:商品混凝土 2.混凝土强度等级:C25	m³	163.48	422.68	69099.73	
30	010504001003	直形墙	1.混凝土种类:商品混凝土 2.混凝土强度等级:C30 3.抗渗等级:P8	m³	194.67	485.73	94557.06	
			本页小计				740877.17	

注:为计取规费等的使用,可在表中增设其中:"定额人工费"。

表-08

245

分部分项工程和单价措施项目清单与计价表

工程名称:办公大厦1#楼房屋建筑与装饰工程　　　　标段:办公大厦　　　　第4页 共19页

序号	项目编码	项目名称	项目特征描述	计量单位	工程量	综合单价	合价	其中暂估价
31	010505001001	有梁板	1.混凝土种类:商品混凝土 2.混凝土强度等级:C30	m³	472.53	413.22	195258.85	
32	010505001002	有梁板	1.混凝土种类:商品混凝土 2.混凝土强度等级:C25	m³	286.56	403.8	115712.93	
33	010505001003	有梁板-斜	1.混凝土种类:商品混凝土 2.混凝土强度等级:C25	m³	7.64	404.98	3094.05	
34	010505001004	有梁板-斜	1.混凝土种类:商品混凝土 2.混凝土强度等级:C25	m³	2.16	405.87	876.68	
35	010505003001	平板	1.混凝土种类:商品混凝土 2.混凝土强度等级:C25	m³	1.69	402.78	680.7	
36	010505007001	挑檐板	1.混凝土种类:商品混凝土 2.混凝土强度等级:C25	m³	2.97	403.88	1199.52	
37	010505008001	悬挑板-雨篷、飘窗	1.混凝土种类:商品混凝土 2.混凝土强度等级:C25	m³	1.99	403.81	803.58	
38	010506001001	直形楼梯	1.混凝土种类:商品混凝土 2.混凝土强度等级:C25	m²	112.68	94.2	10614.46	
39	010507001001	散水	1.垫层材料种类、厚度:碎石灌浆200mm厚、砂300mm厚 2.面层厚度:80mm 3.混凝土种类:商品混凝土 4.混凝土强度等级:C20 5.变形缝填塞材料种类:沥青混凝土 6.底层:素土夯实	m²	96.12	152.46	14654.46	
40	010507003001	地沟	1.土壤类别:见地质报告 2.沟截面净空尺寸:400mm×600mm 3.混凝土种类:商品混凝土 4.混凝土强度等级:C25 5.防护材料种类:内抹1:3水泥砂浆 6.盖板:500mm×50mm铸铁	m	6.95	302.6	2103.07	
		本页小计					344998.3	

注:为计取规费等的使用,可在表中增设其中:"定额人工费"。

表-08

分部分项工程和单价措施项目清单与计价表

工程名称:办公大厦1#楼房屋建筑与装饰工程　　　　标段:办公大厦　　　　第5页 共19页

序号	项目编码	项目名称	项目特征描述	计量单位	工程量	金额(元)		
						综合单价	合价	其中 暂估价
41	010507004001	台阶	1. 踏步高、宽:150mm 高、300mm 宽 2. 混凝土种类:商品混凝土 3. 混凝土强度等级:C25	m³	71.78	471.13	33817.71	
42	010507005001	压顶	1. 断面尺寸:见图 2. 混凝土种类:商品混凝土 3. 混凝土强度等级:C25	m³	8.77	470.98	4130.49	
43	010508001001	后浇带-基础	1. 混凝土种类:商品混凝土 2. 混凝土强度等级:C35 P8	m³	9.44	492.67	4650.8	
44	010508001002	后浇带	1. 混凝土种类:商品混凝土 2. 混凝土强度等级:C35 P8	m³	1.72	504.23	867.28	
45	010508001003	后浇带	1. 混凝土种类:商品混凝土 2. 混凝土强度等级:C35	m³	7.57	434	3285.38	
46	010508001004	后浇带	1. 混凝土种类:商品混凝土 2. 混凝土强度等级:C30	m³	4.48	414.21	1855.66	
47	010515001001	现浇构件钢筋	1. 钢筋种类、规格:φ6.5 圆钢	t	5.176	6292.7	32571.02	
48	010515001002	现浇构件钢筋	1. 钢筋种类、规格:φ8 圆钢	t	6.165	5450.1	33599.87	
49	010515001003	现浇构件钢筋	1. 钢筋种类、规格:φ10 圆钢	t	39.232	4968.79	194935.57	
50	010515001004	现浇构件钢筋	1. 钢筋种类、规格:Φ12 螺纹钢	t	81.767	4678.91	382580.43	
51	010515001005	现浇构件钢筋	1. 钢筋种类、规格:Φ14 螺纹钢	t	17.825	4601.46	82021.02	
52	010515001006	现浇构件钢筋	1. 钢筋种类、规格:Φ16 螺纹钢	t	8.887	6043.48	53708.41	
53	010515001007	现浇构件钢筋	1. 钢筋种类、规格:Φ18 螺纹钢	t	6.471	4706.27	30454.27	
54	010515001008	现浇构件钢筋	1. 钢筋种类、规格:Φ20 螺纹钢	t	48.968	5306.59	259853.1	
55	010515001009	现浇构件钢筋	1. 钢筋种类、规格:Φ22 螺纹钢	t	20.143	4959.85	99906.26	
56	010515001010	现浇构件钢筋	1. 钢筋种类、规格:Φ25 螺纹钢	t	91.979	4406.45	405300.86	
			本页小计				1623538.13	

注:为计取规费等的使用,可在表中增设其中:"定额人工费"。

表-08

分部分项工程和单价措施项目清单与计价表

工程名称:办公大厦1#楼房屋建筑与装饰工程　　　　标段:办公大厦　　　第 6 页 共 19 页

序号	项目编码	项目名称	项目特征描述	计量单位	工程量	金额(元)		
						综合单价	合价	其中暂估价
57	010515001011	现浇构件钢筋	1.钢筋种类、规格:Φ28 螺纹钢	t	20.442	4372.69	89386.53	
58	010515001012	现浇构件钢筋	1.钢筋种类、规格:Φ28 螺纹 三级钢	t	0.666	4840.71	3223.91	
59	010515001013	现浇构件钢筋	1.钢筋种类、规格:箍筋φ6.5 圆钢	t	1.68	6789.81	11406.88	
60	010515001014	现浇构件钢筋	1.钢筋种类、规格:箍筋φ8 圆钢	t	20.1	5749.01	115555.1	
61	010515001015	现浇构件钢筋	1.钢筋种类、规格:箍筋φ10 圆钢	t	17.6	5107.29	89888.3	
62	010515001016	现浇构件钢筋	1.钢筋种类、规格:砌体拉结筋φ6.5 圆钢	t	4.8	5213.92	25026.82	
63	010516002001	预埋铁件	1.钢材种类:钢板 钢筋	t	0.475	13609.09	6464.32	
64	010801001001	木质门	1.门代号及洞口尺寸:夹板门、M-1（1000mm×2100mm）、M-2(1500mm×2100mm)具体尺寸见图纸设计	m²	135.45	750	101587.5	
65	010801004001	木质防火门	1.门代号及洞口尺寸:丙级防火门,JXM1（550mm×2000mm）、JXM2（1200mm×2000mm） 2.门框、扇材质:木质	m²	29.5	673.23	19860.29	16225
66	010802001001	塑钢门	1.门代号及洞口尺寸:LM-1（2100mm×3000mm） 2.门框、扇材质:塑钢	m²	6.3	574.53	3619.54	2835
67	010802003001	钢质防火门-甲级	1.门代号及洞口尺寸:甲级防火门,JFM1（1000mm×2000mm）、JFM2（1800mm×2100mm） 2.门框或扇外围尺寸:见图纸设计 3.门框、扇材质:钢质	m²	5.88	710.14	4175.62	3822
			本页小计				470194.81	22882

注:为计取规费等的使用,可在表中增设其中:"定额人工费"。

表-08

分部分项工程和单价措施项目清单与计价表

工程名称:办公大厦1#楼房屋建筑与装饰工程　　　　　　标段:办公大厦　　　　第7页 共19页

序号	项目编码	项目名称	项目特征描述	计量单位	工程量	金额(元)		
						综合单价	合价	其中 暂估价
68	010802003002	钢质防火门-乙级	1. 门代号及洞口尺寸:乙级防火门,YFM1(1200mm×2100mm) 2. 门框或扇外围尺寸:见图纸设计 3. 门框、扇材质:钢质	m²	27.72	720.45	19970.87	18018
69	010804007001	全玻璃推拉门	1. 门代号及洞口尺寸:TLM13000mm×2100mm 2. 门框、扇材质:全玻璃推拉门	樘	1	5500	5500	
70	010807001001	塑钢窗	1. 窗代号及洞口尺寸:LC1(900mm×2700mm)、LC2(1200mm×2700mm)、LC3(1500mm×2700mm)、LC4(900mm×1800mm)、LC5(1200mm×1800mm) 2. 框、扇材质:塑钢	m²	500.04	519.01	259525.76	198265.86
71	010807001002	塑钢飘窗	1. 窗代号及洞口尺寸:TLC1(1500mm×2700mm) 2. 框、扇材质:塑钢(平开)	m²	43.74	519.01	22701.5	17342.91
72	010902001001	屋面卷材防水	1. 卷材品种、规格、厚度:SBS防水4mm厚 2. 防水层数:一道 3. 防水层做法:热熔	m²	1770.49	43.8	77547.46	
73	010902003001	屋面刚性层	1. 刚性层厚度:40mm厚 2. 混凝土种类:商品细石混凝土 3. 混凝土强度等级:C20 4. 嵌缝材料种类:建筑油膏 5. 钢筋规格、型号:φ6.5@200mm×200mm钢筋网	m²	1507.16	41.75	62923.93	
			本页小计				448169.52	233626.77

注:为计取规费等的使用,可在表中增设其中:"定额人工费"。

表-08

分部分项工程和单价措施项目清单与计价表

工程名称:办公大厦1#楼房屋建筑与装饰工程　　　　标段:办公大厦　　　　第 8 页 共 19 页

| 序号 | 项目编码 | 项目名称 | 项目特征描述 | 计量单位 | 工程量 | 金额(元) | | 其中 |
						综合单价	合价	暂估价
74	010902004001	屋面排水管	1. 排水管品种、规格:PVC管 φ110 2. 雨水斗、山墙出水口品种、规格:PVC 塑料水斗 钢板 雨水口(含箅子板)	m	136.2	79.53	10831.99	
75	010903001001	墙面卷材防水	1. 卷材品种、规格、厚度:SBS 卷材 4mm 厚 2. 防水层数:一道 3. 防水层做法:冷贴	m²	621.85	39.68	24675.01	
76	010903003001	墙面砂浆防水(防潮)	1. 防水层做法:抹防水砂浆 2. 砂浆厚度、配合比:20mm 厚1:3水泥砂浆掺5%防水粉	m²	621.85	23.38	14538.85	
77	010904001001	楼(地)面卷材防水	1. 卷材品种、规格、厚度:SBS 防水卷材 4mm 厚 2. 防水层数:一层 3. 防水层做法:热熔 4. 反边高度:300mm	m²	1228.33	40.3	49501.7	
78	010905001001	基础卷材防水	1. 卷材品种、规格、厚度:SBS 防水卷材 4mm 厚 2. 防水层数:一道 3. 防水层做法:热熔	m²	1594.05	39.6	63124.38	
79	011001001001	保温隔热屋面	1. 保温隔热材料品种、规格、厚度:炉渣混凝土 30mm 厚找坡,100mm 厚聚苯乙烯泡沫板 2. 隔汽层材料品种、厚度:SBC 防水卷材 3. 粘结材料种类、做法:冷贴	m²	1700.73	90.6	154086.14	
			本页小计				316758.07	

注:为计取规费等的使用,可在表中增设其中:"定额人工费"。

表-08

分部分项工程和单价措施项目清单与计价表

工程名称:办公大厦1#楼房屋建筑与装饰工程　　　　标段:办公大厦　　　　第9页 共19页

序号	项目编码	项目名称	项目特征描述	计量单位	工程量	金额(元)		其中
						综合单价	合价	暂估价
80	011001001002	保温隔热屋面	1. 保温隔热材料品种、规格、厚度:炉渣混凝土30mm厚找坡,100mm厚聚苯乙烯泡沫板 2. 隔汽层材料品种、厚度:SBC防水卷材 3. 粘结材料种类、做法:冷贴	m²	69.76	60.99	4254.66	
81	011001003001	保温隔热墙面	1. 保温隔热部位:外墙面 2. 保温隔热面层材料品种、规格、性能:抗裂聚合物水泥砂浆5~8mm厚 3. 保温隔热材料品种、规格及厚度:挤塑聚苯乙烯泡沫板80mm厚 4. 增强网及抗裂防水砂浆种类:标准网抗裂聚合物水泥砂浆2.5~6mm厚	m²	2034.62	76.49	155628.08	
82	011001003002	保温隔热墙面-地下	1. 保温隔热部位:外墙面 2. 保温隔热材料品种、规格及厚度:聚苯乙烯泡沫板100mm厚	m²	621.85	35.89	22318.2	
83	011001005001	保温隔热楼地面	1. 保温隔热部位:地面 2. 保温隔热材料品种、规格、厚度:聚苯乙烯泡沫板20mm厚 3. 隔汽层材料品种、厚度:SBC120复合卷材 4. 粘结材料种类、做法:冷贴	m²	2854.01	60.97	174008.99	
84	011101001001	水泥砂浆楼地面	1. 找平层厚度、砂浆配合比:10mm厚1:3水泥砂浆 2. 素水泥浆遍数:一道内掺建筑胶 3. 面层厚度、砂浆配合比:1:2.5水泥砂浆 4. 面层做法要求:随打随抹	m²	369.33	24.91	9200.01	
			本页小计				365409.94	

注:为计取规费等的使用,可在表中增设其中:"定额人工费"。

表-08

251

分部分项工程和单价措施项目清单与计价表

工程名称:办公大厦1#楼房屋建筑与装饰工程　　　　标段:办公大厦　　　　第10页 共19页

| 序号 | 项目编码 | 项目名称 | 项目特征描述 | 计量单位 | 工程量 | 金额(元) | | 其中 |
						综合单价	合价	暂估价
85	011101003001	细石混凝土楼地面	1.面层厚度、混凝土强度等级:40mm厚C20商品细石混凝土表面撒1:1水泥砂浆随打随抹	m²	489.22	24.89	12176.69	
86	011101006001	基础平面砂浆找平层	1.找平层厚度、砂浆配合比:20mm厚1:3水泥砂浆	m²	121.77	14.01	1706	
87	011101006002	地面水泥砂浆找平层	1.找平层厚度、砂浆配合比:20mm厚1:3水泥砂浆	m²	3887.17	14	54420.38	
88	011101006003	屋面防水下水泥砂浆找平层	1.找平层厚度、砂浆配合比:20mm厚1:3水泥砂浆在楼板上,20mm厚1:3水泥砂浆在保温层上	m²	1770.49	14.87	26327.19	
89	011101006004	屋面隔汽下水泥砂浆找平层	1.找平层厚度、砂浆配合比:20mm厚1:3水泥砂浆	m²	1798.62	14.01	25198.67	
90	011101006005	细石混凝土找平层-基础	1.找平层厚度、砂浆配合比:40mm厚细石混凝土C20	m²	1396.68	24.89	34763.37	
91	011101006006	细石混凝土找平层	1.找平层厚度、砂浆配合比:60mm厚细石混凝土C15中间配φ3@50mm×50mm钢丝网和散热器	m²	2854.01	38.52	109936.47	
92	011102001001	石材楼地面	1.找平层厚度、砂浆配合比:10mm厚水泥砂浆找平 2.结合层厚度、砂浆配合比:30mm厚干硬性水泥砂浆 3.面层材料品种、规格、颜色:800mm×800mm大理石 4.酸洗、打蜡要求:两遍	m²	2362.53	257.9	609296.49	
			本页小计				873825.26	

注:为计取规费等的使用,可在表中增设其中:"定额人工费"。

表-08

分部分项工程和单价措施项目清单与计价表

工程名称:办公大厦1#楼房屋建筑与装饰工程　　　　标段:办公大厦　　　　第11页 共19页

序号	项目编码	项目名称	项目特征描述	计量单位	工程量	金额(元)		其中
						综合单价	合价	暂估价
93	011102001002	石材楼地面-台阶地面	1.找平层厚度、砂浆配合比:10mm厚水泥砂浆找平 2.结合层厚度、砂浆配合比:20mm厚水泥砂浆 3.面层材料品种规格、颜色:800mm×800mm花岗岩 4.酸洗、打蜡要求:两遍	m²	151.68	190.46	28888.97	
94	011102003001	块料楼地面	1.找平层厚度、砂浆配合比:10mm厚1:3水泥砂浆找平 2.结合层厚度、砂浆配合比:30mm厚干硬性水泥砂浆	m²	513.48	108.09	55502.05	
95	011105001001	水泥砂浆踢脚线	1.踢脚线高度:100mm 2.底层厚度、砂浆配合比:12mm厚1:3水泥砂浆 3.面层厚度、砂浆配合比:8mm厚1:2水泥砂浆抹面压光	m²	58.34	35.37	2063.49	
96	011105002001	石材踢脚线	1.踢脚线高度:100mm 2.粘贴层厚度、材料种类:15mm厚2:1:8水泥石灰砂浆 5mm厚1:1水泥砂浆加20%建筑胶粘贴 3.面层材料品种、规格、颜色:10mm厚石板水泥浆擦缝	m²	131.69	270.09	35568.15	
97	011105002002	石材踢脚线-楼梯	1.踢脚线高度:100mm 2.粘贴层厚度、材料种类:15mm厚2:1:8水泥石灰砂浆 5mm厚1:1水泥砂浆加20%建筑胶粘贴 3.面层材料品种、规格、颜色:10mm厚石板水泥浆擦缝	m²	17.79	260.42	4632.87	
98	011105003001	块料踢脚线	1.踢脚线高度:100mm	m²	20.44	121.9	2491.64	
			本页小计				129147.17	

注:为计取规费等的使用,可在表中增设其中:"定额人工费"。

表-08

253

分部分项工程和单价措施项目清单与计价表

工程名称:办公大厦1#楼房屋建筑与装饰工程　　　　　标段:办公大厦　　　　第12页 共19页

序号	项目编码	项目名称	项目特征描述	计量单位	工程量	金额(元)		其中
						综合单价	合价	暂估价
99	011106001001	石材楼梯面层	1. 找平层厚度、砂浆配合比:10mm 厚 1:3 水泥砂浆找平 2. 粘结层厚度、材料种类:20mm 厚水泥砂浆 3. 面层材料品种、规格、颜色:大理石 600mm × 600mm 4. 防滑条材料种类、规格:铜条 4×10mm	m²	112.68	437.23	49267.08	
100	011107001001	石材台阶面	1. 找平层厚度、砂浆配合比:10mm 厚 1:3 水泥砂浆找平 2. 粘结材料种类:20mm 厚水泥砂浆 3. 面层材料品种、规格、颜色:花岗岩 800mm × 800mm	m²	23.26	441.86	10277.66	
101	011108004001	水泥砂浆零星项目	1. 工程部位:楼梯侧边 2. 面层厚度、砂浆厚度:20mm 厚水泥砂浆	m²	12.13	17.4	211.06	
102	011201001001	墙面一般抹灰-混合砂浆1	1.墙体类型:砖墙面 2.底层厚度、砂浆配合比:9mm 厚1:0.5:3混合砂浆 3.面层厚度、砂浆配合比:5mm 厚1:0.5:2.5 混合砂浆	m²	633.76	6.73	4265.2	
103	011201001002	墙面一般抹灰-混合砂浆2	1.墙体类型:混凝土墙面 2.底层厚度、砂浆配合比:9mm 厚1:0.5:3混合砂浆 3.面层厚度、砂浆配合比:5mm 厚1:0.5:2.5 混合砂浆	m²	1528.8	11.05	16893.24	
			本页小计				80914.24	

注:为计取规费等的使用,可在表中增设其中:"定额人工费"。

表-08

分部分项工程和单价措施项目清单与计价表

工程名称:办公大厦1#楼房屋建筑与装饰工程　　　　标段:办公大厦　　　　第 13 页 共 19 页

序号	项目编码	项目名称	项目特征描述	计量单位	工程量	金额(元)		其中
						综合单价	合价	暂估价
104	011201001003	墙面一般抹灰-混合砂浆3	1. 墙体类型:陶粒混凝土砌块 2. 底层厚度、砂浆配合比:9mm 厚 1:0.5:3混合砂浆 3. 面层厚度、砂浆配合比:5mm 厚 1:0.5:2.5 混合砂浆	m²	3429.83	15.16	51996.22	
105	011201001004	墙面一般抹灰-外墙面	1. 底层厚度、砂浆配合比:14mm 厚 1:3水泥砂浆 2. 面层厚度、砂浆配合比:6mm 厚 1:2.5 水泥砂浆	m²	1453.44	20.59	29926.33	
106	011201004001	基础立面砂浆找平层	1. 基层类型:混凝土墙 2. 找平层砂浆厚度、配合比:20mm 厚 1:3水泥砂浆	m²	75.6	23.04	1741.82	
107	011201004002	立面水泥砂浆找平层	1. 基层类型:砌块 2. 找平层砂浆厚度、配合比:20mm 厚 1:3水泥砂浆	m²	621.85	22.79	14171.96	
108	011202001001	柱、梁面一般抹灰	1. 柱(梁)体类型:圆柱 2. 底层厚度、砂浆配合比:9mm 厚 1:0.5:3混合砂浆 3. 面层厚度、砂浆配合比:5mm 厚 1:0.5:2.5 混合砂浆	m²	118.01	33.48	3950.97	
109	011202001002	柱、梁面一般抹灰	1. 柱(梁)体类型:方柱 2. 底层厚度、砂浆配合比:9mm 厚 1:0.5:3混合砂浆 3. 面层厚度、砂浆配合比:5mm 厚 1:0.5:2.5 混合砂浆	m²	113.05	26.97	3048.96	
110	011202001003	柱、梁面一般抹灰-外柱	1. 柱(梁)体类型:圆柱 2. 底层厚度、砂浆配合比:15mm 厚 1:3水泥砂浆 3. 面层厚度、砂浆配合比:5mm 厚 1:2.5 水泥砂浆	m²	58.59	35.12	2057.68	
			本页小计				106893.94	

注:为计取规费等的使用,可在表中增设其:"定额人工费"。

表-08

分部分项工程和单价措施项目清单与计价表

工程名称:办公大厦1#楼房屋建筑与装饰工程　　　　　　标段:办公大厦　　　　　　第 14 页 共 19 页

序号	项目编码	项目名称	项目特征描述	计量单位	工程量	综合单价	合价	其中暂估价
111	011203001001	零星项目一般抹灰	1. 基层类型、部位:雨篷侧面 2. 面层厚度、砂浆配合比:20mm 厚1:2.5 水泥砂浆	m²	0.92	114.51	105.35	
112	011203001002	零星项目一般抹灰-飘窗	1. 基层类型、部位:混凝土板、飘窗 2. 面层厚度、砂浆配合比:20mm 厚1:2.5 水泥砂浆	m²	4.19	66.56	278.89	
113	011203001003	零星项目一般抹灰	1. 基层类型、部位:混凝土压顶 2. 面层厚度、砂浆配合比:20mm 厚1:2.5 水泥砂浆	m²	117.9	66.56	7847.42	
114	011204003001	块料墙面-内墙面	1. 安装方式:水泥砂浆粘贴 2. 面层材料品种、规格、颜色:内墙面砖 200mm × 300mm	m²	1293.9	130.97	169462.08	
115	011204003002	块料墙面-外墙面	1. 安装方式:水泥砂浆粘贴 2. 面层材料品种、规格、颜色:外墙面砖 600mm × 300mm 3. 缝宽、嵌缝材料种类:密缝	m²	390.42	134.61	52554.44	
116	011209002001	全玻(无框玻璃)幕墙	1. 玻璃品种、规格、颜色:10mm 1950mm × 1950mm 白色 2. 固定方式:全玻璃幕墙点拨式固定	m²	477.4	667.72	318769.53	
117	011301001001	天棚抹灰-内	1. 基层类型:现浇混凝土楼板 2. 抹灰厚度、材料种类:20mm 厚混合砂浆	m²	1263.12	14.53	18353.13	
118	011301001002	天棚抹灰-外	1. 基层类型:现浇混凝土楼板 2. 抹灰厚度、材料种类:20mm 厚1:2.5 水泥砂浆	m²	241.94	21.95	5310.58	
			本页小计				572681.42	

注:为计取规费等的使用,可在表中增设其中:"定额人工费"。

表-08

分部分项工程和单价措施项目清单与计价表

工程名称:办公大厦1#楼房屋建筑与装饰工程　　　　标段:办公大厦　　　　第15页 共19页

序号	项目编码	项目名称	项目特征描述	计量单位	工程量	综合单价	合价	其中 暂估价
119	011302001001	吊顶天棚	1. 吊顶形式、吊杆规格、高度:φ6 钢筋吊杆 中距纵向 1200mm 以内 横向 1500mm 以内 2. 龙骨材料种类、规格、中距:U 形轻钢龙骨 主龙骨 LB45×48 中距 1500mm 以内 次龙骨 LB38×12 中距 1500mm 以内 3. 面层材料品种、规格:铝合金条板 8～10mm 厚	m²	1949.34	192.66	375559.84	
120	011302001002	吊顶天棚	1. 龙骨材料种类、规格、中距:T 形轻钢主龙骨 TB24×38 中距 600mm 次	m²	1085.97	92.02	99930.96	
121	011407001001	墙面喷刷涂料	1. 基层类型:抹灰面 2. 喷刷涂料部位:墙面 3. 涂料品种、喷刷遍数:刮大白两遍 封底漆一道 乳胶漆二道	m²	5688.77	13.22	75205.54	
122	011407001002	墙面喷刷涂料	1. 基层类型:抹灰面 2. 喷刷涂料部位:墙面 3. 涂料品种、喷刷遍数:外墙涂料二道	m²	1588.34	22.76	36150.62	
123	011407001003	墙面喷刷涂料	1. 基层类型:抹灰面 2. 喷刷涂料部位:压顶 3. 涂料品种、喷刷遍数:外墙涂料二道	m²	117.9	22.79	2686.94	
124	011407001004	墙面喷刷涂料	1. 基层类型:抹灰面 2. 喷刷涂料部位:柱面 3. 涂料品种、喷刷遍数:外墙涂料二道	m²	58.59	22.79	1335.27	
125	011407002001	天棚喷刷涂料	1. 基层类型:抹灰面 2. 喷刷涂料部位:天棚 3. 涂料品种、喷刷遍数:外墙涂料二道	m²	246.84	22.79	5625.48	
			本页小计				596494.65	

注:为计取规费等的使用,可在表中增设其中:"定额人工费"。

表-08

分部分项工程和单价措施项目清单与计价表

序号	项目编码	项目名称	项目特征描述	计量单位	工程量	综合单价	合价	其中暂估价
126	011407002002	天棚喷刷涂料	1.基层类型:抹灰面 2.喷刷涂料部位:天棚 3.涂料品种、喷刷遍数:封底漆一道 乳胶漆二道	m²	1274.29	13.23	16858.86	
127	011401001001	木门油漆	1.油漆种类、遍数:底漆1遍,调和漆2遍	m²	164.99	40.03	6604.55	
128	011503001001	金属扶手、栏杆、栏板	1.扶手材料种类、规格:不锈钢管φ60 2.栏杆材料种类、规格:不锈钢栏杆 直线形 3.固定配件种类:弯头φ60 含配件	m	71.37	525.26	37487.81	
129	011503001002	金属扶手、栏杆、栏板	1.扶手材料种类、规格:不锈钢管φ60 2.栏杆材料种类、规格:不锈钢栏杆 直线形 3.固定配件种类:弯头φ60 含配件	m	19.3	545.33	10524.87	
130	011702001001	满堂基础	1.基础类型:梁板式满堂基础	m²	504.61	45.65	23035.45	
131	011702002001	矩形柱	1.模板类型:胶合板模板 钢支撑 2.支撑高度:3.9m	m²	1038.03	46.6	48372.2	
132	011702002002	矩形柱	1.模板类型:胶合板模板 钢支撑 2.支撑高度:2.6m	m²	36.63	46.24	1693.77	
133	011702003001	构造柱	1.模板类型:胶合板模板 木支撑	m²	472.8	67.7	32008.56	
134	011702004001	异形柱	1.柱截面形状:圆形 2.模板类型:木模板 木支撑 3.支撑高度:3.9m	m²	125.88	80.66	10153.48	
135	011702006001	矩形梁	1.模板类型:胶合板模板 钢支撑 2.支撑高度:3.6m 以内	m²	9.97	58.97	587.93	
			本页小计				187327.48	

注:为计取规费等的使用,可在表中增设其中:"定额人工费"。

分部分项工程和单价措施项目清单与计价表

工程名称:办公大厦1#楼房屋建筑与装饰工程　　　　标段:办公大厦　　　　

序号	项目编码	项目名称	项目特征描述	计量单位	工程量	金额(元)		
						综合单价	合价	其中暂估价
136	011702008001	圈梁	1.模板类型:胶合板模板 木支撑	m²	181.49	45.86	8323.13	
137	011702009001	过梁	1.模板类型:胶合板模板 木支撑	m²	54.62	70.52	3851.8	
138	011702011001	直形墙	1.模板类型:胶合板模板 钢支撑 2.支撑高度:3.9m	m²	1900.72	36.01	68444.93	
139	011702011002	直形墙	1.模板类型:组合钢模板 钢支撑 2.支撑高度:4.3m	m²	1624.31	36.44	59189.86	
140	011702011003	直形墙-电梯间	1.模板类型:组合钢模板 钢支撑 2.支撑高度:3.9m	m²	532.46	47.26	25164.06	
141	011702011004	直形墙-电梯间	1.模板类型:组合钢模板 钢支撑 2.支撑高度:4.3m	m²	129.39	47.59	6157.67	
142	011702014001	有梁板-梁	1.模板类型:胶合板模板 钢支撑 2.支撑高度:3.65m	m²	69.17	56.43	3903.26	
143	011702014002	有梁板-板	1.模板类型:胶合板模板 钢支撑 2.支撑高度:3.78m	m²	3288.8	56.93	187231.38	
144	011702014003	有梁板-斜	1.模板类型:胶合板模板 钢支撑 2.支撑高度:3.85m	m²	50.7	52.2	2646.54	
145	011702014004	有梁板-梁	1.模板类型:胶合板模板 钢支撑 2.支撑高度:3.6m 以内	m²	1462.77	49.84	72904.46	
146	011702014005	有梁板-斜梁	1.模板类型:胶合板模板 钢支撑 2.支撑高度:3.6m 以内	m²	16.64	52.2	868.61	
147	011702014006	有梁板-板	1.模板类型:胶合板模板 钢支撑 2.支撑高度:4.12m	m²	832.04	58.03	48283.28	
			本页小计				486968.98	

注:为计取规费等的使用,可在表中增设其中:"定额人工费"。

表-08

分部分项工程和单价措施项目清单与计价表

工程名称:办公大厦1#楼房屋建筑与装饰工程　　　　　标段:办公大厦　　　第18页 共19页

序号	项目编码	项目名称	项目特征描述	计量单位	工程量	金额(元)		
						综合单价	合价	其中 暂估价
148	011702014007	有梁板-梁	1.模板类型:胶合板模板 钢支撑 2.支撑高度:3.7m	m²	24.34	55.44	1349.41	
149	011702014008	有梁板-梁	1.模板类型:胶合板模板 钢支撑 2.支撑高度:3.8m	m²	205.45	56.72	11653.12	
150	011702014009	有梁板-梁	1.模板类型:胶合板模板 钢支撑 2.支撑高度:3.9m	m²	12.03	53.34	641.68	
151	011702014010	有梁板-板	1.模板类型:胶合板模板 钢支撑 2.支撑高度:3.85m	m²	9.66	50.44	487.25	
152	011702014011	有梁板-板	1.模板类型:胶合板模板 钢支撑 2.支撑高度:3.85m	m²	34.49	58.03	2001.45	
153	011702014012	有梁板-梁	1.模板类型:胶合板模板 钢支撑 2.支撑高度:4m	m²	42.59	57.08	2431.04	
154	011702016001	平板	1.模板类型:胶合板模板 钢支撑	m²	14.07	46.03	647.64	
155	011702022001	天沟、檐沟	1.构件类型:胶合板模板 木支撑 2.模板高度:3.85m	m²	24.63	66.21	1630.75	
156	011702023001	悬挑板-飘窗	1.模板类型:胶合板模板 钢支撑	m²	14.99	102.99	1543.82	
157	011702023002	悬挑板-雨篷	1.构件类型:胶合板模板 钢支撑	m²	7.11	81.35	578.4	
158	011702024001	楼梯	1.模板类型:木模板 木支撑 2.类型:直形	m²	112.68	149.04	16793.83	
159	011702025001	压顶	1.模板类型:木模板 木支撑	m²	107.01	62.33	6669.93	
160	011702026001	电缆沟、地沟	1.模板类型:木模板 木支撑 2.沟截面:400mm×600mm	m²	14.63	45.78	669.76	
161	011702027001	台阶	1.模板类型:木模板 木支撑 2.台阶踏步宽:300mm	m²	174.93	35.26	6168.03	
			本页小计				53266.11	

注:为计取规费等的使用,可在表中增设其中:"定额人工费"。

表-08

分部分项工程和单价措施项目清单与计价表

工程名称:办公大厦1#楼房屋建筑与装饰工程　　　　标段:办公大厦　　　　第19页 共19页

序号	项目编码	项目名称	项目特征描述	计量单位	工程量	金额(元)		
						综合单价	合价	其中暂估价
162	011702030001	后浇带-基础	1.模板类型:木模板 木支撑 2.后浇带部位:满堂基础	m²	0.8	95.23	76.18	
163	011702030002	后浇带	1.后浇带部位:墙 2.模板类型:木模板木支撑	m²	13.33	69.36	924.57	
164	011702030003	后浇带	1.模板类型:木模板 木支撑 2.后浇带部位:梁	m²	24.36	123.66	3012.36	
165	011702030004	后浇带	1.模板类型:木模板 木支撑 2.后浇带部位:板	m²	72.51	115.78	8395.21	
166	011703001001	垂直运输	1.建筑物建筑类型及结构形式:一字形建筑框架结构 2.地下室建筑面积:1014.99m² 3.建筑物檐口高度、层数:15.6m 4层	m²	1014.99	15.13	15356.8	
167	011703001002	垂直运输	1.建筑物建筑类型及结构形式:一字形建筑框架结构 2.地下室建筑面积:1014.99m² 3.建筑物檐口高度、层数:15.6m 4层	m²	4482.5	20.16	90367.2	
168	011705001001	大型机械设备进出场及安拆	1.机械设备名称:塔吊	台次	1	17950.76	17950.76	
169	011705001002	大型机械设备进出场及安拆	1.机械设备名称:反铲挖掘机 2.机械设备规格型号:斗容量3m³	台次	1	4505.87	4505.87	
			本页小计				140588.95	
			本页小计				8017311.57	256508.77

注:为计取规费等的使用,可在表中增设其中:"定额人工费"。

表-08

261

综合单价分析表（节选）

工程名称：办公大厦1#楼房屋建筑与装饰工程　　标段：办公大厦　　　　第 1 页　共 172 页

项目编码	01010100101	项目名称	平整场地	计量单位	m²	工程量	1085.72

清单综合单价组成明细

定额编号	定额项目名称	定额单位	数量	单价				合价			
				人工费	材料费	机械费	管理费和利润	人工费	材料费	机械费	管理费和利润
1-1	平整场地人工	100m²	0.0133	267.75	0	0	58.43	3.56	0	0	0.78
人工单价	小计							3.56	0	0	0.78
综合工日:85元/工日	未计价材料费					0					
清单项目综合单价								4.34			

材料费明细	主要材料名称、规格、型号	数量	单价（元）	合价（元）	暂估单价（元）	暂估合价（元）

注：①如不使用省级或行业建设主管部门发布的计价依据，可不填定额编码、名称等；
②招标文件提供了暂估单价的材料，按暂估的单价填入表内"暂估单价"栏及"暂估合价"栏。

表-09

总价措施项目清单与计价表

工程名称:办公大厦1#楼房屋建筑与装饰工程　　　　标段:办公大厦　　　　第1页 共1页

序号	项目编码	项目名称	计算基础	费率(%)	金额(元)	调整费率(%)	调整后金额(元)	备注
1	011707001001	安全文明施工费	分部分项合计+单价措施项目费-分部分项设备费-技术措施项目设备费	2.46	197225.86			
2	011707002001	夜间施工费	分部分项预算价人工费+单价措施计费人工费	0.18	1812.93			
3	011707004001	二次搬运费	分部分项预算价人工费+单价措施计费人工费	0.18	1812.93			
4	011707005001	雨季施工费	分部分项预算价人工费+单价措施计费人工费	0.14	1410.05			
5	011707005002	冬季施工费	分部分项预算价人工费+单价措施计费人工费	0				
6	011707007001	已完工程及设备保护费	分部分项预算价人工费+单价措施计费人工费	0				
7	01B001	工程定位复测费	分部分项预算价人工费+单价措施计费人工费	0.08	805.75			
8	011707003001	非夜间施工照明费	分部分项预算价人工费+单价措施计费人工费	0.1	1007.18			
9	011707006001	地上、地下设施,建筑物的临时保护设施费						
10	01B002	专业工程措施项目费						
11	011701001001	综合脚手架			108431.68			
12	011701006001	满堂脚手架			13088.37			
13	011701002001	防护与封闭			43000.05			
		合　计			368594.8			

编制人(造价人员):　　　　　　　　　　　　　　　　　复核人(造价工程师):

注:①"计算基础"中安全文明施工费可为"定额基价""定额人工费"或"定额人工费+定额机械费",其他项目可为"定额人工费"或"定额人工费+定额机械费"。

②按施工方案计算的措施费,若无"计算基础"和"费率"的数值,也可只填"金额"数值,但应在备注栏说明施工方案出处或计算方法。

表-11

其他项目清单与计价汇总表

工程名称:办公大厦1#楼房屋建筑与装饰工程　　　　标段:办公大厦　　　　第1页 共1页

序　号	项目名称	金额(元)	结算金额(元)	备　注
1	暂列金额	800000		明细详见表-12-1
2	暂估价	600000		
2.1	材料暂估价	—		明细详见表-12-2
2.2	专业工程暂估价	600000		明细详见表-12-3
3	计日工	6135		明细详见表-12-4
4	总承包服务费			明细详见表-12-5
	合　计	1406135		—

注:材料(工程设备)暂估单价进入清单项目综合单价,此处不汇总。　　　　表-12

暂列金额明细表

工程名称:办公大厦1#楼房屋建筑与装饰工程　　　　　标段:办公大厦　　　　第1页 共1页

序　号	项目名称	计量单位	暂定金额(元)	备　注
1	暂估工程价	元	800000	
	合　计		800000	一

注:此表由招标人填写,如不能详列,也可只列暂列金额总额,投标人应将上述暂列金额计入投标总价中。　　表-12-1

材料(工程设备)暂估单价及调整表

工程名称:办公大厦1#楼房屋建筑与装饰工程　　　　标段:办公大厦　　　第1页 共1页

序号	材料(工程设备)名称、规格、型号	计量单位	数量		暂估(元)		确认(元)		差额±(元)		备注
			暂估	确认	单价	合价	单价	合价	单价	合价	
1	钢制防火门(单扇)	m²	5.88		650	3822					
2	钢制防火门(双扇)	m²	27.72		650	18018					
3	塑钢门(带亮)	m²	6.3		450	2835					
4	塑钢窗(单层)	m²	543.78		396.5	215609					
5	木质防火门	m²	29.5		550	16225					
	合计					256509					

注:此表由招标人填写"暂估单价",并在备注栏说明暂估价的材料、工程设备拟用在那些清单项目上,投标人应将上述材料、工程设备暂估单价计入工程量清单综合单价报价中。

表-12-2

专业工程暂估价及结算价表

工程名称:办公大厦1#楼房屋建筑与装饰工程　　　　　　标段:办公大厦　　　　第1页 共1页

序 号	工程名称	工程内容	暂估金额(元)	结算金额(元)	差额±(元)	备 注
1	幕墙工程	玻璃幕墙(含骨架及配件)	600000			
	玻璃幕墙		600000			
	合 计		600000			—

注:此表"暂估金额"由招标人填写,投标人应将"暂估金额"计入投标总价中。结算时,按合同约定结算金额填写。

表-12-3

计日工表

工程名称:办公大厦1#楼房屋建筑与装饰工程　　　　标段:办公大厦　　　　第1页 共1页

编　号	项目名称	单位	暂定数量	实际数量	综合单价(元)	合价	
						暂定	实际
1	人工						
1.1	木工	工日	10		85	850	
1.2	瓦工	工日	10		85	850	
1.3	钢筋工	工日	10		85	850	
	人工小计					2550	
2	材料						
2.1	砂子(中粗)	m³	5		67	335	
2.2	水泥	t	5		490	2450	
	材料小计					2785	
3	施工机械						
3.1	载重汽车	台班	1		800	800	
	施工机械小计					800	
4.企业管理费和利润							
	总　　计					6135	

注:此表项目名称、暂定数量由招标人填写,编制招标控制价时,单价由招标人按有关计价规定确定;投标时,单价由投标人自主报价,按暂定数量计算合价计入投标总价中。结算时,按发承包双方确认的实际数量计算合价。

表-12-4

规费、税金项目计价表

工程名称:办公大厦1#楼房屋建筑与装饰工程　　　　标段:办公大厦　　　　

序 号	项目名称	计算基础	计算基数	计算费率(%)	金额(元)
1	规费	养老保险费＋医疗保险费＋失业保险费＋工伤保险费＋生育保险费＋住房公积金＋工程排污费	631588.91		631588.91
1.1	养老保险费	其中:计费人工费＋其中:计费人工费＋人工价差－脚手架费人工费价差	1615316.9	20	323063.38
1.2	医疗保险费	其中:计费人工费＋其中:计费人工费＋人工价差－脚手架费人工费价差	1615316.9	7.5	121148.77
1.3	失业保险费	其中:计费人工费＋其中:计费人工费＋人工价差－脚手架费人工费价差	1615316.9	2	32306.34
1.4	工伤保险费	其中:计费人工费＋其中:计费人工费＋人工价差－脚手架费人工费价差	1615316.9	1	16153.17
1.5	生育保险费	其中:计费人工费＋其中:计费人工费＋人工价差－脚手架费人工费价差	1615316.9	0.6	9691.9
1.6	住房公积金	其中:计费人工费＋其中:计费人工费＋人工价差－脚手架费人工费价差	1615316.9	8	129225.35
1.7	工程排污费				
2	税金	分部分项工程费＋措施项目费＋其他项目费＋规费	10423630.28	3.48	362742.33
	合计				994331.24

编制人(造价人员):　　　　　　　　复核人(造价工程师):　　　　　　　　表-13